前沿科技·人工智能系列

图像非聚焦模糊智能处理及应用

赵文达　王海鹏　著

電子工業出版社·
Publishing House of Electronics Industry
北京·BEIJING

内 容 简 介

本书是探讨图像非聚焦模糊智能处理及应用的著作，涵盖了从基础理论到技术应用的全方位内容，总结了该领域的研究现状及作者自身的研究成果。全书共由 9 章组成，主要内容包括绪论（图像非聚焦模糊处理的目的、意义、基本概念、评估指标和研究历史及现状）、多尺度特征学习的图像非聚焦模糊检测、深度集成学习的图像非聚焦模糊检测、强鲁棒图像的非聚焦模糊检测、弱监督学习的图像非聚焦模糊检测、弱监督非聚焦图像去模糊、多聚焦图像融合的非聚焦图像去模糊、图像非聚焦模糊智能处理的实际应用，以及回顾、建议与展望。

本书旨在为读者提供理论基础及针对图像非聚焦模糊处理实际应用的指导，可供计算机科学、人工智能、图像处理等领域的学生及研究人员参阅，也可供摄影、机器人等领域的工程技术人员参考，是一本既深入理论，又注重实践的参考书。

图书在版编目（CIP）数据

图像非聚焦模糊智能处理及应用 / 赵文达，王海鹏

著. -- 北京 : 电子工业出版社，2024. 7. --（前沿科

技）. -- ISBN 978-7-121-48336-3

Ⅰ. TP391.413

中国国家版本馆 CIP 数据核字第 20240772Y8 号

责任编辑：曲　昕　　特约编辑：田学清

印　　刷：北京雁林吉兆印刷有限公司

装　　订：北京雁林吉兆印刷有限公司

出版发行：电子工业出版社

　　　　　北京市海淀区万寿路 173 信箱　邮编：100036

开　　本：787×1092　1/16　印张：13.5　字数：346 千字

版　　次：2024 年 7 月第 1 版

印　　次：2024 年 7 月第 1 次印刷

定　　价：89.00 元

前　言

非聚焦模糊是一种常见的图像退化现象，是由于被摄物体处于成像系统的景深范围外所导致的。非聚焦模糊会导致图像中的目标清晰度差、细节难以辨认，进而降低图像信息在复杂环境中的使用价值。图像非聚焦模糊处理是非聚焦模糊现象的重要应对手段，主要分为非聚焦模糊检测和非聚焦去模糊。前者负责检测并分割出图像中的非聚焦模糊区域，后者则将含有非聚焦模糊的图像还原为清晰图像。近年来，随着深度学习技术的发展，图像非聚焦模糊智能处理受到了关注和研究，其性能更为优异，应用场景更为广泛。本书凝聚了作者多年在图像非聚焦模糊处理领域的研究成果，全面、系统地向读者介绍了该领域的发展情况及最新研究成果，旨在为读者提供一份深入、全面的图像非聚焦模糊智能处理学习参考。

全书共分为 9 章。第 1 章介绍图像非聚焦模糊处理的目的、意义、基本概念、评估指标和研究历史及现状，帮助读者树立对图像非聚焦模糊处理的基础认知。接下来的第 2～5 章，着重介绍图像非聚焦模糊检测的研究成果，其中第 2 章介绍多尺度特征学习的图像非聚焦模糊检测，研究多尺度特征的提取和学习，以进行更好的非聚焦模糊检测。第 3 章介绍深度集成学习的图像非聚焦模糊检测，将集成学习引入非聚焦模糊检测当中。第 4 章介绍强鲁棒图像的非聚焦模糊检测，以鲁棒性这一关键指标，设计非聚焦模糊检测方法。第 5 章介绍弱监督学习的图像非聚焦模糊检测，使用矩形框级标签代替像素级标签，进行非聚焦模糊检测模型的训练，以减小数据的标注压力。第 6、7 章着重介绍非聚焦图像去模糊。第 6 章介绍弱监督非聚焦图像去模糊，采用对抗促进学习和可逆攻击两种方式实现图像去模糊。第 7 章介绍多聚焦图像融合的非聚焦图像去模糊，该章研究并整合了不同焦点的多个模糊图像，以生成清晰的融合图像。第 8 章介绍图像非聚焦模糊智能处理的实际应用，提出了 10 种能够应用非聚焦图像智能处理技术的工程实践场景，并给出了相应案例及说明。第 9 章回顾和总结本书的所有内容，并讨论图像非聚焦模糊处理领域现存的问题及未来的发展趋势。

在撰写本书的过程中，大连理工大学研究生胡广、张骁、王文波、何睿坤、李云祥、贾蝶蝶、崔恒帅、张哲溥也参加了本书部分内容的校对。由于作者水平有限，书中内容难免存在纰漏和不足，恳请广大读者提出宝贵意见和建议。

目　录

第1章 绪 论

1.1 图像非聚焦模糊处理的目的和意义

随着科学技术的迅速发展及电子产品的不断普及，数字图像的传播和应用变得越来越广泛。在各种数字图像采集场景中，成像模糊是较普遍且多发的问题。根据形成原因，图像模糊一般可以分为运动模糊和非聚焦模糊。运动模糊主要是由相机抖动或者被摄物体相对运动所导致的；而非聚焦模糊主要是由成像系统的景深受限所导致的。非聚焦模糊产生原因示意图如图1.1.1所示。对于由一系列光学透镜组成的镜头，其可以在每次拍摄时以一定深度聚焦，处于该深度范围内的被摄物体成像是清晰的，这段距离范围被称为景深。但是，受限于光圈大小、镜头焦距等各种因素的影响，景深范围总是有限的，只有处于焦平面附近区域的被摄物体才有最好的成像清晰度，拍摄处于远离焦平面区域内的物体则会产生模糊，这种模糊即非聚焦模糊。本书将着重讨论由非聚焦引起的模糊。

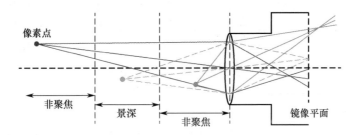

图 1.1.1 非聚焦模糊产生原因示意图

无论是对于人类视觉感知还是对于计算机处理而言，清晰的图像在多数情况下都比模糊的图像提供的信息多，因此对图像非聚焦模糊进行处理具有一定的实用性价值。目前，图像非聚焦模糊处理手段主要可以分为非聚焦模糊检测和非聚焦去模糊两类，前者旨在检测图像的每个像素属于聚焦清晰区域还是非聚焦模糊区域，并完成对图像中清晰区域和模糊区域的有效分割，而后者则需要将输入图像的非聚焦模糊区域，转变为在理想情况下拍摄的聚焦情形，使原本模糊的图像变得清晰可见。上述两类非聚焦模糊处理手段侧重于在不同角度对非聚焦模糊图像进行处理，非聚焦模糊检测更多地作为一种对图像进行质量评价和深入理解的手段，经其处理后，人类视觉或计算机能够增强对该输入图像的理解和场景的解释。因此，非聚焦模糊检测常被用于自动聚焦[1]、图像恢复[2]、图像重定目标[3]等需要对图像进行深入理解的应用中。而非聚焦去模糊处理则更直观地试图将非聚焦模糊图像转变为聚焦图像，并尽可能地还原由于非聚焦模糊导致的在图像退化中丢失的信息，这实际上增加了非聚焦模糊图像的信息量，因此其常被用于语义分割[4]、追踪[5]等需要高质量图像的后续任务中。

随着硬件和计算机性能的不断提高，图像非聚焦模糊处理也随之发展，顺应智能化潮流，已有越来越多基于深度学习的图像非聚焦模糊智能处理方法被提出，也有越来越多适合非聚焦模糊处理的应用场合出现。例如，随着生活水平的提高，人们追求更好的照片拍摄效果，此时非聚焦模糊智能处理方法能用于处理拍摄过程中和所拍摄的照片模糊的问题及对图像数据进行清洗，从而保障各类深度学习模型的训练。可以预见的是，作为模糊这一广泛存在的图像退化问题的应对方法，非聚焦模糊智能处理方法将持续保有实用价值和泛用性。

1.2　图像非聚焦模糊处理中的相关基本概念

1.2.1　非聚焦模糊图像的定义及类别

为明确图像非聚焦模糊处理的处理对象以便后续讨论，本节将介绍非聚焦模糊图像的定义及类别。在各类研究中，常将非聚焦模糊图像中的模糊区域称为离焦区域，清晰区域称为聚焦区域。并且，在各类非聚焦模糊检测方法的输出和非聚焦模糊检测训练数据集中，经常将聚焦区域标记为白色（值为 1），非聚焦区域标记为黑色（值为 0），最终形成一个分割出离焦区域和聚焦区域的二值图掩模，如图 1.2.1 的第二行所示。

除了较常见的由模糊前景和清晰背景组成的非聚焦模糊图像，在各类场景下还会产生其他种类的非聚焦模糊图像。具体来讲，可以将非聚焦模糊种类分为前景聚焦背景模糊的前景聚焦场景、前景模糊背景聚焦的背景聚焦场景、前景和背景全部模糊的全离焦场景，此外，还有前景和背景全部聚焦的全聚焦场景。各类非聚焦模糊图像请参考图 1.2.1。鉴于各类非聚焦模糊的不同特性，图像的非聚焦模糊处理方法往往需要有针对性地做出改变。

(a) 前景聚焦场景　　　　(b) 背景聚焦场景　　　　(c) 全离焦场景　　　　(d) 全聚焦场景

图 1.2.1　非聚焦模糊图像、非聚焦模糊检测图像及非聚焦模糊图像种类示意图

1.2.2　图像非聚焦模糊智能处理中的深度学习技术

随着硬件条件和相关技术的发展，深度学习被越来越多的关注，也在诸多场合发挥了相当的应用价值。因此，近年来也有大量基于深度学习的图像非聚焦模糊智能处理方法被

提出。为使读者易于理解后续内容，本节将简单介绍图像非聚焦模糊智能处理部分重要的基本概念。

卷积神经网络（CNN）是深度学习领域最重要的组成部分之一。其应用范围包括但不局限于图像识别与检测、自然语言处理、视频数据识别与分析等。在卷积神经网络被大众熟知之前，图像处理一直是难以攻关的难题，一张图片通常有 3 个维度，分别是高、宽、通道数，通道数在彩色图片中即红、蓝、绿 3 个通道，在计算机中存储图片时，对应的三维矩阵即高的像素数×宽的像素数×3，当数据量非常大时，通常情况下一般的机器学习方法（如线性回归、随机森林）很难解决这类问题，对图像进行处理时便需要对该矩阵进行大量的计算，费时费力且计算成本极其高。在卷积神经网络出现后，受益于卷积神经网络局部感知和参数共享等特性，极大地降低了图像处理的复杂度和计算成本，为提高图像处理的实时性和准确性做出了巨大贡献[6]。

卷积神经网络的基本组成包括卷积层、池化层和全连接层，随着研究人员探索的逐渐深入，还扩展出了非线性激活层、批归一化层等。简单来说，卷积层的工作模式是用卷积核扫描图像，提取特征的。随着卷积次数的增加，图像的特征不断被提取和压缩，最终卷积层提取的特征层次越来越高，也就是说，卷积层对原始特征进行一步又一步地浓缩提取，从而得到能表示整张图像信息的可靠特征。卷积层的重要特点是能实现权值共享，在一个卷积层中，给定一张图像，用一个卷积核扫描图像，这张图像上的所有位置都是被同一个卷积核扫描的，权重相同。在卷积神经网络中，局部连接中隐藏层的每个神经元连接的局部图像权值都会共享给剩余的神经元使用。不管隐藏层包含多少个神经元，网络需要训练的仅是一组权值参数，也就是卷积核的大小，这样就极大地减少了计算参数量。在卷积层中，卷积核以滑窗的形式在其感受野内通过卷积运算进行特征提取，进而将其传输给后面的全连接层作为图像分类的依据。卷积层最重要的作用有两点：首先，卷积层局部感知、参数共享的特点大大降低了网络参数，且保证了网络的稀疏性；其次，通过卷积核的组合及随着网络后续操作的进行，模型靠近底部的卷积层提取的是局部的、高度通用的特征图，而靠近顶部的卷积层提取的是更加抽象的语义特征。

池化层的目的是对特征进行压缩，以减少特征中的冗余信息量，只保留最重要的部分信息，也叫作下采样。通常来说，池化层出现在卷积层之后，可以起到减少卷积层输出特征数量的作用，进而减少计算量，改善过拟合。具体做法是选择某个区域内所有像素的最大值或均值，随后以该值替换区域内的所有像素值，从而压缩特征。几种常见的池化操作有平均池化、最大池化、随机池化等。平均池化即对池化模板做均值化操作，优点是可以保留特征的整体特性，一定程度上可以去除噪声。最大池化即取池化模板内的最大值，优点是能提取特征更多的纹理特征，保留局部细节。随机池化即按照池化模板内值的大小分配选中概率，元素值越大，被选中的概率也越大，模板内各元素选中的概率和为 1，但这种池化操作不够稳定。

全连接层的目的是将隐式的特征表示映射到样本标记空间，起到分类的作用，一般全连接层位于卷积神经网络的最后一层。与多层感知机类似，全连接层需要对输入的所有神经元做矩阵计算，从而得到最具代表性的特征信息。在实际应用中，通常使用 1×1 卷积层作为全连接层，全连接层的输入是上一层输出的所有特征值，对于分类任务来说，输出是一个长度为类别总数的向量，这个向量中的每一个预测值为该张图像属于这个类别的概率值，选择最大的预测值对应的分类结果为最终的图像类别。全连接层在卷积神经网络中大大降低了参数计算量，提高了模型对特征进行压缩提取的能力。

1.2.3　图像非聚焦模糊智能处理

本节将概括性地总结非聚焦模糊智能处理的基本流程及常见分类，作为后续章节介绍具体方法应用的前置知识。

非聚焦模糊检测的一般流程如图 1.2.2 所示。在一般性的方法中，非聚焦模糊检测都可以抽象凝练为：首先提取高度总结了输入图像关键信息的特征，其次设立相应的评判规则，最后根据所获取的特征判断图像的各部分是否为非聚焦模糊。在传统的非聚焦模糊检测中，特征提取常由手工设计的方法来完成，特征提取方法的设计主要依据频率、梯度等。同时，由特征判断图像是否模糊的判断规则，也基于所提取的特征的性质来人为裁定。而在基于深度学习的非聚焦模糊检测中，特征提取方法则由深度网络来完成，该部分的设计往往是整个流程的核心。后续基于网络提取的特征来判断是否模糊的工作，则交由全连接层等各类深度网络模块通过分类来完成。

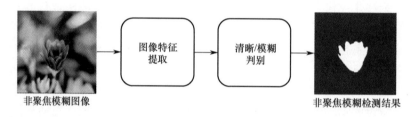

图 1.2.2　非聚焦模糊检测的一般流程

非聚焦模糊图像的去模糊任务，需要对图像进行直接处理以去除图像中的非聚焦模糊，相比仅是识别离焦区域的非聚焦模糊检测任务，非聚焦模糊图像的去模糊任务的整体流程则相对更多样化。传统的去模糊方法往往将模糊现象视为一种滤波器，即模糊图像由清晰图像与作为滤波器的模糊核卷积而来，故传统的去模糊方法试图通过已知或估计得来的模糊核，来对模糊图像进行反卷积操作。因此，去模糊可以分为已知模糊核的非盲去模糊和模糊核未知的盲去模糊[7]，一般来讲，盲去模糊更契合现实中的多数模糊情景，所以被更多地研究。在基于深度学习的去模糊中，则应用多种多样的深度网络结构来完成去模糊，如利用生成对抗式网络直接端到端地输出去模糊图像，或利用二阶段的网络先估计模糊核，再完成去模糊。

1.3　图像非聚焦模糊处理的设计要求和评估指标

1.3.1　图像非聚焦模糊处理的设计要求

对于非聚焦模糊检测的工程设计，往往需要考虑以下三个要素的相互制约：模糊检测的准确性、鲁棒性和实时性。模糊检测的准确性要求模糊区域和清晰区域的分割足够精准，是非聚焦模糊检测的基础要求。在各类实际应用场景中，非聚焦模糊的具体种类、模糊程度和对图像纹理与结构的改变程度都是多变且不稳定的因素，会极大地影响非聚焦模糊检测的准确性，因此要求非聚焦模糊检测方法具有一定的鲁棒性以应对各种模糊场景。非聚焦模糊检测方法能够广泛应用于各类系统中，如自动聚焦系统，因此在实际设计时还需要考虑方法的实时性以匹配系统整体的处理速度，其具体体现为方法每秒可以处理的图像帧数。以上三者相互制约、难以同时抵达最优，往往需要根据实际应用场景有所取舍和平衡。

对于非聚焦去模糊的工程设计，同样需要考虑非聚焦去模糊的综合性能、鲁棒性和实时性。相比非聚焦模糊检测，非聚焦去模糊的综合性能需要纳入更多因素进行衡量，具体而言可以分为信息量、保真度和清晰度三个因素。信息量表征去模糊过程成功从模糊这一图像退化现象中还原出清晰信息的能力，是确保非聚焦去模糊方法能在工程上应用于各类系统的关键度量。保真度则要求非聚焦去模糊方法保持原始图像清晰部分的真实性，避免方法引入失真或伪影，确保输出图像的综合质量。清晰度能直接衡量去模糊结果在视觉上的效果，一个成功的非聚焦去模糊方法应当能够提供清晰度较高的图像，使细节更突出、模糊边缘更锐利。

1.3.2 图像非聚焦模糊处理的评估指标

非聚焦模糊检测的常见评估指标如下。

（1）精确率和召回率（PR）曲线。精确率（Precision）是图像中的聚焦像素能够被正确检测的百分比，召回率（Recall）是被检测为聚焦像素的正确检测的百分比，两者从像素的角度直观地反映了非聚焦模糊检测的性能，两者的计算公式如下：

$$\text{Precision} = \frac{\text{TP}}{\text{TP} + \text{FP}} \tag{1.3.1}$$

$$\text{Recall} = \frac{\text{TP}}{\text{TP} + \text{FN}} \tag{1.3.2}$$

式中，TP、FP、FN 分别表示预测为非聚焦像素且实际也为非聚焦像素的个数、预测为非聚焦像素但实际为聚焦像素的个数、预测为聚焦像素但实际为非聚焦像素的个数。

以 P 为纵坐标，R 为横坐标绘制点，将所有点连成曲线后即构成 PR 曲线，PR 曲线能够同时反映方法的精确率和召回率，PR 曲线与坐标轴围成的面积越大，代表方法同时保有的精确率和召回率越高。

（2）精确率和召回率的加权调和指标 F-measure。F-measure 是精确率和召回率的加权调和平均值，能更为全面、综合地反映算法的整体性能。

$$F_\beta = \frac{(1 + \beta^2) \cdot \text{Precision} \cdot \text{Recall}}{\beta^2 \cdot \text{Precision} + \text{Recall}} \tag{1.3.3}$$

式中，β 为参数，更大的 F-measure 代表更好的方法性能。

（3）平均绝对误差（MAE）。MAE 为方法输出的非聚焦模糊检测图和相应的真值二值图之间的平均像素的绝对差，整体上衡量了预测结果图和真值二值图之间的相似度，较小的 MAE 值通常意味着较准确的结果。

$$\text{MAE} = \frac{1}{W \times H} \sum_{x=1}^{W} \sum_{y=1}^{H} |G(x,y) - Y(x,y)| \qquad (1.3.4)$$

式中，x、y 分别为像素的横坐标和纵坐标；W 和 H 分别为图像的宽度和高度；G 为非聚焦模糊区域的检测真值；Y 为方法输出的检测结果。

非聚焦去模糊的常见评估指标如下。

（1）平均梯度（AG）。平均梯度常被用来描述图像中灰度或颜色的变化强度，平均梯度越大，图像的边缘细节越清晰。

$$\text{AG} = \frac{1}{M \times N} \sum_{i=1}^{M-1} \sum_{j=1}^{N-1} \left[\frac{1}{2} x(i,j) - x(i+1,j) \right]^2 + [x(i,j) - x(i,j+1)^2]^{\frac{1}{2}} \qquad (1.3.5)$$

式中，i 和 j 为像素的坐标；$x(i,j)$ 为对应的像素值；M 和 N 分别表示图像 x 的高度和宽度。

（2）信息熵（EN）。信息熵被用于衡量图像的信息含量，其值越大代表图像的信息量越多。

$$\text{EN} = \sum_{l=1}^{L-1} p_l \log_2 p_l \qquad (1.3.6)$$

式中，L 为灰度级；p_l 为灰度级 l 的归一化直方图。

（3）空间频率（SF）。空间频率被用于反映图像灰度的变化率，其值越大代表图像越清晰。

$$\text{SF} = \left(\frac{1}{M \times N} \sum_{i=1}^{M-1} \sum_{j=1}^{N-1} [x(i,j) - x(i+1,j)]^2 + \frac{1}{M \times N} \sum_{i=1}^{M-1} \sum_{j=1}^{N-1} [x(i,j) - x(i,j+1)]^2 \right)^{\frac{1}{2}} \qquad (1.3.7)$$

式中，i 和 j 为像素的坐标；$x(i,j)$ 为对应的像素值；M 和 N 分别表示图像 x 的高度和宽度。

（4）均方差（MSD）。均方差被用于衡量去模糊结果的图像质量，均方差越大一般代表图像清晰度越高。

$$\text{MSD} = \left\{ \frac{\sum_{i=1}^{M} \sum_{j=1}^{N} \left[x(i,j) - \dfrac{\sum_{i=1}^{M} \sum_{j=1}^{N} x(i,j)}{M \times N} \right]^2}{M \times N} \right\}^{\frac{1}{2}} \qquad (1.3.8)$$

式中，i 和 j 为像素的坐标；$x(i,j)$ 为对应的像素值；M 和 N 分别表示图像 x 的高度和宽度。

（5）峰值信噪比（PSNR）。峰值信噪比常用于评价图像质量、衡量图像的失真程度，其值越大代表去模糊处理后的图像质量越好，单位为 dB。

$$\text{PSNR} = 20\log(\text{MAX}_I) - 10\log(\text{MSE}) \qquad (1.3.9)$$

$$\text{MSE} = \frac{1}{h \times w} \sum_{i,j} |I_{i,j} - K_{i,j}|^2 \qquad (1.3.10)$$

式中，MAX_I 为图像中像素的最大值；MSE 为两张图像之间的平均平方误差；$I_{i,j}$ 为输入图像 I 在像素位置 (i,j) 的像素值；$K_{i,j}$ 为非聚焦去模糊的像素级真值图像 K 在像素位置 (i,j) 的像素值；w 和 h 分别代表图像的宽度和高度。

（6）结构相似性（SSIM）。结构相似性用于衡量两张图像的相似度，从亮度（Luminance）、对比度（Contrast）和结构（Structure）三个方面进行比较。

$$SSIM(x,y) = \frac{(2\mu_x\mu_y + c_1)(2\sigma_{xy} + c_2)}{(\mu_x^2 + \mu_y^2 + c_1)(\sigma_x^2 + \sigma_y^2 + c_2)} \tag{1.3.11}$$

式中，μ_x 和 μ_y 分别为两张图像 x 和 y 的平均值；σ_x^2 和 σ_y^2 分别为两张图像 x 和 y 的方差；σ_{xy} 为图像 x 和 y 的协方差；$c_1 = (k_1L)^2$ 和 $c_2 = (k_2L)^2$ 为维稳常数，其中 L 为像素值的动态范围，k_1 为 0.01，k_2 为 0.03。当两张图像完全一致时，结构相似性的值为 1。

1.4 图像非聚焦模糊处理技术的研究历史及现状

1.4.1 非聚焦模糊检测

本节将详细总结传统的非聚焦模糊检测方法和基于深度学习的非聚焦模糊检测方法的研究历史和关键工作，并介绍非聚焦模糊检测领域的研究现状。

在非聚焦模糊检测任务出现初期，非聚焦区域通常依赖于手工特征提取，包括图像梯度、频率等低层次的局部信息。在一张图像上，对于每个像素点来说，它与周围像素点的值相差越小，图像的纹理越不明显，即该图像的清晰度越差。手工特征提取不满足于对简单的像素点求差，其改进为求二次梯度、图像频率等，提高了对图像清晰程度判定的准确性和可靠性。基于梯度的方法出发点是聚焦区域比非聚焦区域的梯度更大，可以根据像素点对应的梯度值判断像素点对应的位置是否属于非聚焦区域。XU 等人[8]分析了非聚焦模糊区域的局部秩和其模糊量之间的关系，并提出了一种基于不同方向对应局部块最大秩来预测边缘处的非聚焦模糊量，从而得到一张完整的非聚焦模糊检测图。PANG 等人[9]提出了一种新的核特征向量来预测非聚焦模糊检测图，该特征向量由滤波后模糊核的方差和图像块的梯度方差的乘积构成。基于频率的方法出发点是清晰图像比模糊图像的高频分量更多，可以根据图像某区域中高频分量的比例来衡量该区域的清晰度，进而区分聚焦区域与非聚焦区域。SHI 等人[10]结合了图像梯度、傅里叶域和局部滤波器来表示非聚焦模糊特征，从而区分非聚焦区域和聚焦区域。ALIREZA 等人[11]设计了一种基于梯度幅度的高频多尺度融合和排序变换方法来计算非聚焦模糊检测图。

这些基于手工提取特征的传统方法在一些特定的场景中获得了不错的效果，如在模糊程度较均匀或纹理信息较单一的场景中效果较好。然而，这些方法只能使用低层次的局部感知特征，缺少高层次语义信息的指导，很难应对各种非聚焦模糊场景的挑战。

近些年来，受益于深度卷积神经网络（DCNN）强大的特征表示能力，基于深度学习的非聚焦模糊检测方法有了一些新的进展。ZENG 等人[12]基于多个卷积神经网络的特征学习，首先以监督的方式在图像的超像素级别自动学习局部相关特征，通过从训练好的神经网络结构中提取卷积核来进行主成分分析及处理，然后通过重塑主成分向量来自动获得局部锐度度量，最后利用双曲正切函数的内在特性，提出了一种有效的迭代更新机制，将非聚焦模糊检测结果从粗到细细化。TANG 等人[13]提出了一种可以反复融合和细化多尺度深度特征的深度神经网络用于非聚焦模糊检测。ZHAO 等人[14]提出了一种方向上下文启发网络，可以有效地利用方向上下文，首先通过用恒等矩阵初始化的循环神经网络提取方向上下文，对特征图进行加权，并将它们集成到两组集成方法中，从而可以生成粗略的非聚焦模糊检测（Defocus Blur Detection，DBD）图；然后通过引导非聚焦模糊检测图与源图像进行水平集成，并逐步细化非聚焦模糊检测图。WANG 等人[15]使用新的端到端深度神经网络开发了一种准确、快速的运动模糊和非聚焦模糊检测方法，首先提出了一种新颖的多输入多损失编码器-解码器网络来学习与模糊相关的丰富层次表示；然后为了解决模糊度易受尺度影响的问题，构建了一个由不同尺度的 M 形子网和统一融合层组成的金字塔集成模型。TANG 等人[16]提出了一种 DCNN，用于通过双向残差细化网络进行非聚焦模糊检测，首先设计了一个残差学习和细化模块来纠正中间非聚焦模糊图中的预测误差；然后通过将多个残差学习和细化模块嵌入其中来开发具有两个分支的双向残差特征精炼网络，以循环组合和精炼残差特征，网络的一个分支将残差特征从浅层细化到深层，另一个分支将残差特征从深层细化到浅层。低层空间细节和高层语义信息都可以在两个方向上逐步编码，以抑制背景杂波并增强检测到的区域细节；最后融合两个分支的输出以生成最终结果。ZHAI 等人[17]引入了一个全局上下文引导的分层残差特征细化网络，用于从自然图像中进行非聚焦模糊检测，使低级精细的细节特征、高级语义和全局上下文信息以分层方式聚合，以提高最终的检测性能。为了减少复杂背景杂波和没有足够纹理的平滑区域对最终结果的影响，ZHAI 等人设计了一个基于多尺度扩张卷积的全局上下文池模块，首先从主干特征的最深特征层捕获全局上下文信息提取网络，然后引入全局上下文引导模块，将全局上下文信息添加到不同的特征细化阶段，以指导特征细化过程，此外考虑到非聚焦模糊对图像尺度的敏感，该网络添加了一个深度特征引导融合模块来整合不同阶段的输出以生成最终的分数图。ZHAO 等人[18]首次探索了弱监督非聚焦模糊检测的方向，提出了自生成的非聚焦模糊检测生成器，首先以对抗双鉴别器 D_c 和 D_b 的方式训练生成器 G，G 通过学习生成一个非聚焦模糊检测掩模，将相应源图像的聚焦区域和非聚焦区域复制到另一个全清晰图像和全模糊图像来生成合成清晰图像和合成模糊图像；然后 D_c 和 D_b 不能同时将它们与现实的全清晰图像和全模糊图像区分开来，通过隐式方式实现自生成非聚焦模糊检测来定义非聚焦模糊区域是什么。此外，ZHAO 等人还提出了一种双边三元组挖掘约束，以避免由一个鉴别器击败另一个鉴别器引起的退化问题。CUN 等人[19]首次将深度信息引入非聚焦模糊检测，并将深度信息视为非聚焦模糊检测的近似软标签，提出了一种受知识蒸馏启发的联合学习框架，首先从地面实况中学习非聚焦模糊和从训练有素的深度估计网络中提取深度，锐利区域将为深度估计提供强大的先验，而模糊检测也能从蒸馏深度中受益。

1.4.2　非聚焦模糊图像去模糊

本节将详细总结传统的非聚焦去模糊方法和基于深度学习的非聚焦去模糊方法的研究历史和关键工作，并介绍非聚焦去模糊领域的研究现状。

在去模糊任务的早期，去模糊问题的研究多聚焦于非盲去模糊，此时假设使图像模糊的模糊核是已知的，进而研究模糊的逆过程。例如，经典的 Lucy-Richardson 去模糊方法，通过使用已知的模糊核进行卷积操作，来一步步迭代使图像逐步清晰。盲去模糊不可知模糊核，相对来说更具有研究价值。例如，XU 等人[20]使用空间先验和迭代支持检测来获取模糊核以进行去模糊。还有部分方法先估计非聚焦模糊检测图，再进行反卷积操作以去模糊。SHI 等人[21]建立了稀疏边缘表示和模糊强度之间的对应关系，以获取非聚焦模糊检测图。

上述传统的去模糊任务在特定情况下展现出不错的效果，然而在更多常见的场合中并不适用。近年来，随着深度学习技术的发展，越来越多基于深度学习的端到端去模糊方法被提出。例如，ABUOLAIM 等人[22]首次实现用于非聚焦去模糊的端到端网络。他们构建了一个双像素图像数据集，并制定了显式的训练测试协议。LEE 等人[23]通过借助双像素立体图像预测可分离的去模糊滤波器，构建了一个空间变化的非聚焦去模糊框架。SON 等人[24]提出了空间变化的逆核来实现对单像素输入图像的非聚焦去模糊。RUAN 等人[25]构建了一种新的动态残差块，以从粗到细的方式重建清晰的图像。LEE 等人[26]通过构建具有配对真值的合成模糊图像，并实施域自适应，生成真实虚焦图像的虚焦模糊图。PARK 等人[27]结合多尺度深度和手工特征对模糊检测图进行估计。此外，还有一些尝试不利用像素级去模糊真值的弱监督方法被提出。LEE 等人[28]设计了一个端到端的卷积神经网络架构，并设法合成现有图像的非聚焦图来训练网络。KARAALI 等人[29]介绍了一种局部自适应方案和新的滤波器，以获得更好的映射。SHI 等人[30]首先学习模糊字典，然后通过模糊特征来构建非聚焦图。ZHAO 等人[31]提出了一种对抗性促进学习框架，用于联合训练非聚焦检测任务和去模糊任务，以实现两个任务之间的相互指导。

1.5 本书的研究范围和概览

模糊作为最常见的图像退化方式之一，如何感知模糊、处理模糊注定是一个十分重要的课题，图像非聚焦模糊处理技术应运而生。在不断的发展进步中，图像非聚焦模糊处理的性能越发强大，也越发在各类大小应用场合中发挥着重要作用。本书总结了多年来图像非聚焦模糊处理技术的研究和该领域的最新进展情况，介绍了几大类图像的非聚焦模糊处理方案及其应用，以期为读者树立对非聚焦模糊处理的全面认识，并作为进一步理论研究和实际应用的基础。本书总体安排及各章节内容如下。全书结构框图如图 1.5.1 所示。

第 2 章：多尺度特征学习的图像非聚焦模糊检测

本章重点关注尺度这一概念，并研究提取和学习多尺度特征的方法，以更好地进行非聚焦模糊检测。在同一张图像中，不同尺度的区域可能存在不同程度的模糊，其模糊程度随尺度的增大而增大。为了有效应对图像中非聚焦模糊在不同尺度下的变化，多尺度特征学习需要从不同尺度的非聚焦模糊图像中提取关键信息，包括细节、纹理和上下文等。本章介绍了两种基于多尺度特征学习的图像非聚焦模糊检测方法，分别是级联映射残差学习网络和图像尺度对称协作网络，并与多种图像非聚焦模糊检测方法进行比较，得出相关结论。

第 3 章：深度集成学习的图像非聚焦模糊检测

集成学习是通过结合多个模型的预测结果来提高整体性能的深度学习方法。本章主要关注图像非聚焦模糊检测中的两个关键问题，首先单一检测器方法存在缺乏多样性和大量参数导致计算成本高昂的问题；其次非聚焦模糊区域的语义信息不完整，不能正确利用这些高级语义信息会导致性能下降。本章发现这两点都是可以通过引入其他模型，即进行集成学习来解决的，故本章要介绍两种基于深度集成学习的检测方法，深度交叉集成网络和自适应集成网络，以有效提高性能，并通过相关实验进行分析。

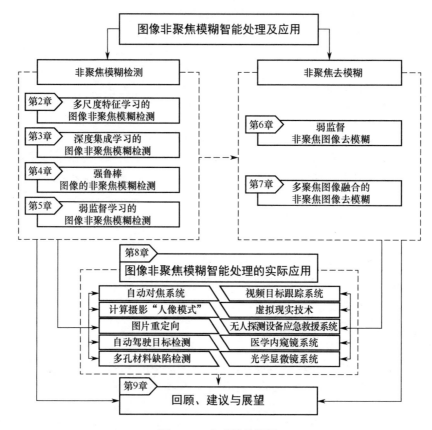

图 1.5.1　全书结构框图

第 4 章：强鲁棒图像的非聚焦模糊检测

在实际应用中，非聚焦场景呈现出多样性。当输入图像中的非聚焦场景多样性增加或者受到人为攻击时，模型性能可能会降低。本章关注鲁棒性这一关键指标，对强鲁棒性图像的非聚焦模糊检测进行探索。具体而言，本章关注两类强鲁棒图像：一类是包括背景非聚焦图像、前景非聚焦图像、全非聚焦图像和全聚焦图像在内的全场景非聚焦模糊图像；另一类是带有对抗攻击的图像，这种强鲁棒图像会导致非聚焦模糊检测方法产生错误的判断。本章介绍多层级蒸馏学习的全场景非聚焦模糊检测和基于 MRFT 的非聚焦模糊检测攻击，并进行大量实验验证其鲁棒性。

第 5 章：弱监督学习的图像非聚焦模糊检测

弱监督学习是一种深度学习方法，其训练数据的真值标签信息相对不完整，通过有效利用这些弱标签来训练模型。本章介绍弱监督学习的图像非聚焦模糊检测，并提出从真实图像中直接获得非聚焦模糊检测结果，而不使用任何像素级注释。具体来讲，本章提出了基于 RCN 的弱监督焦点区域检测和基于双对抗性鉴别器的自生成非聚焦模糊检测两个弱监督模糊检测方法，并进行对应的实验，同时还构建了一个带有边界框级标签的大规模部分聚焦图像数据集 FocusBox，以供后续研究使用。

第 6 章：弱监督非聚焦图像去模糊

本章使用弱监督方法完成对非聚焦图像去模糊模型的训练，提出了对抗促进学习的非聚焦去模糊，以及通过模糊感知变换攻击非聚焦检测以实现非聚焦去模糊两个弱监督的训练方法。其中前者联合非聚焦模糊检测和去模糊两个任务，使两个任务共同促进，免去了真值需求；后者从输入图像本身学习模糊信息，人为制造训练样本和真值对，完成对去模糊模型的训练。与多种弱监督去模糊方法和全监督去模糊方法的对比实验证明该方法的高性能。

第 7 章：多聚焦图像融合的非聚焦图像去模糊

本章通过整合来自不同焦点的多张图像，创建全焦点图像，使图像中的所有物体都能保持清晰最终完成去模糊。然而，这种多聚焦图像融合通常存在聚焦图像数量的限制，而且在同质性强的区域中没有能区分它们是聚焦还是非聚焦模糊的线索。针对该问题，本章提出具有端到端自然增强多聚焦图像融合方法和深度蒸馏多聚焦图像融合方法，并进行相关实验验证。

第 8 章：图像非聚焦模糊智能处理的实际应用

本章介绍非聚焦模糊智能处理技术在工程场景中的应用，并详细描述非聚焦模糊智能处理技术如何与工程系统协调工作。具体来讲，本章引入十种非聚焦模糊智能处理的落地应用场景：自动对焦系统、计算机摄影"人像模式"、图片重定向、自动驾驶目标检测、多孔材料缺陷检测、视频目标跟踪系统、虚拟现实技术、无人探测设备应急救援系统、医学内窥镜系统及光学显微镜系统。

第 9 章：回顾、建议与展望

本章回顾全书的主要内容及研究成果，总结非聚焦模糊智能处理技术的现存问题和具有意义的待解决课题，并对非聚焦模糊智能处理技术的未来发展进行了展望。

参 考 文 献

[1]　ZHANG Z, LIU Y, XIONG Z, et al. Focus and blurriness measure using reorganized DCT coefficients for an autofocus application[J]. IEEE Transactions on Circuits and Systems for Video Technology, 2018, 28(1): 15-30.

[2]　WANG Y, WANG Z, TAO D, et al. Allfocus: Patch-based video out-of-focus blur reconstruction[J]. IEEE Transactions on Circuits and Systems for Video Technology, 2017, 27(9): 1895-1908.

[3]　KARAALI A, JUNG C R. Image retargeting based on spatially varying defocus blur map[C]//Institute of Electrical and Electronics Engineers. IEEE International Conference on Image Processing. New Jersey, IEEE, 2016: 2693- 2697.

[4]　WANG L, LI D, ZHU Y, et al. Dual super-resolution learning for semantic segmentation[C]//Institute of Electrical and Electronics Engineers. Proceedings of the IEEE/CVF Conference on Computer Vision and Pattern Recognition. New Jersey, IEEE, 2020: 3774-3783.

[5] DING J, HUANG Y, LIU W, et al. Severely blurred object tracking by learning deep image representations[J]. IEEE Transactions on Circuits and Systems for Video Technology, 2016,26(2): 319-331.

[6] 卢宏涛, 张秦川. 深度卷积神经网络在计算机视觉中的应用研究综述[J]. 数据采集与处理, 2016, 31(1): 1-17.

[7] 王成曦, 罗晨, 周江澔, 等. 深度特征维纳反卷积用于均匀离焦盲去模糊[J]. 光学精密工程, 2023, 31(18): 2713-2722.

[8] XU G, QUAN Y, JI H. Estimating defocus blur via rank of local patches[C]//Institute of Electrical and Electronics Engineers. Proceedings of the IEEE International Conference on Computer Vision. New Jersey, IEEE, 2017: 5371-5379.

[9] PANG Y, ZHU H, LI X, et al. Classifying discriminative features for blur detection[J]. IEEE Transactions on Cybernetics, 2015, 46(10): 2220-2227.

[10] SHI J, XU L, JIA J. Discriminative blur detection features[C]//Institute of Electrical and Electronics Engineers. Proceedings of the IEEE Conference on Computer Vision and Pattern Recognition.New Jersey, IEEE, 2014: 2965-2972.

[11] ALIREZA GOLESTANEH S, KARAM L J. Spatially-varying blur detection based on multiscale fused and sorted transform coefficients of gradient magnitudes[C]//Institute of Electrical and Electronics Engineers. Proceedings of the IEEE Conference on Computer Vision and Pattern Recognition. New Jersey, IEEE, 2017: 5800-5809.

[12] ZENG K, WANG Y, MAO J, et al. A local metric for defocus blur detection based on CNN feature learning[J]. IEEE Transactions on Image Processing, 2018, 28(5): 2107-2115.

[13] TANG C, ZHU X, LIU X, et al. Defusionnet: defocus blur detection via recurrently fusing and refining multi-scale deep features[C]//Institute of Electrical and Electronics Engineers.Proceedings of the IEEE/CVF Conference on Computer Vision and Pattern Recognition.New Jersey, IEEE, 2019: 2700-2709.

[14] ZHAO F, WANG H, ZHAO W. Deep direction-context-inspiration network for defocus region detection in natural images[J].IEEE Access,2019,7: 64737-64743.

[15] WANG X, ZHANG S, LIANG X, et al. Accurate and fast blur detection using a pyramid M-Shaped deep neural network[J]. IEEE Access,2019,7: 86611-86624.

[16] TANG C, LIU X, AN S, et al. BR^{2}Net: defocus blur detection via a bidirectional channel attention residual refining network[J].IEEE Transactions on Multimedia, 2020, 23: 624-635.

[17] ZHAI Y, WANG J, DENG J, et al. Global context guided hierarchically residual feature refinement network for defocus blur detection[J]. Signal Processing, 2021, 183: 107996.

[18] ZHAO W, SHANG C, LU H. Self-generated defocus blur detection via dual adversarial discriminators[C]// Institute of Electrical and Electronics Engineers. Proceedings of the IEEE/CVF Conference on Computer Vision and Pattern Recognition. New Jersey, IEEE, 2021: 6933-6942.

[19] CUN X, PUN C M. Defocus blur detection via depth distillation[C]//European Computer Vision Association. Computer Vision-ECCV 2020. Cham: Springer International Publishing, 2020: 747-763.

[20] XU L, JIA J. Two-Phase kernel estimation for robust motion deblurring[C]// European Computer Vision Association, Daniilidis, K, Maragos, P, Paragios. N. (eds) Computer Vision - ECCV 2010. Cham, Springer, 2010: 157-170.

[21] SHI J, XU L, JIA J. Just noticeable defocus blur detection and estimation[C]// Institute of Electrical and

Electronics Engineers. Proceedings of the IEEE Conference on Computer Vision and Pattern Recognition. New Jersey, IEEE, 2015: 657-665.

[22] ABUOLAIM A, BROWN M S. Defocus deblurring using dual-pixel data[C]// European Computer Vision Association. European Conference on Computer Vision. Cham, Springer, 2020: 111-126.

[23] LEE J, SON H, RIM J, et al. Iterative filter adaptive network for single image defocus deblurring[C]// Institute of Electrical and Electronics Engineers. The IEEE Conference on Computer Vision and Pattern Recognition (CVPR). New Jersey, IEEE, 2021: 2034-2042.

[24] SON H, LEE J, CHO S, et al. Single image defocus deblurring using kernel-sharing parallel atrous convolutions[C]//Institute of Electrical and Electronics Engineers. Proceedings of the IEEE Conference on Computer Vision and Pattern Recognition. New Jersey, IEEE, 2021: 2622-2630.

[25] RUAN L, CHEN B, LI J, et al. Learning to deblur using light field generated and real defocus images[C]//Institute of Electrical and Electronics Engineers.Proceedings of the IEEE/CVF Conference on Computer Vision and Pattern Recognition. New Jersey, IEEE, 2022: 16304-16313.

[26] LEE J, LEE S, CHO S, et al. Deep defocus map estimation using domain adaptation[C]//Institute of Electrical and Electronics Engineers. Proceedings of the IEEE Conference on Computer Vision and Pattern Recognition. New Jersey, IEEE, 2019: 12222-12230.

[27] PARK J, TAI Y, CHO D, et al. A unified approach of multi-scale deep and hand-crafted features for defocus estimation[C]//Institute of Electrical and Electronics Engineers. Proceedings of the IEEE Conference on Computer Vision and Pattern Recognition. New Jersey, IEEE, 2017: 1736-1745.

[28] LEE J, LEE S, CHO S, et al. Deep defocus map estimation using domain adaptation[C]//Institute of Electrical and Electronics Engineers. Proceedings of the IEEE Conference on Computer Vision and Pattern Recognition.New Jersey, IEEE, 2019: 12222-12230.

[29] KARAALI A, JUNG C R. Edge-based defocus blur estimation with adaptive scale selection[J]. IEEE Transactions on Image Processing, 2018,27(3): 1126-1137.

[30] SHI J, XU L, JIA J. Just noticcable defocus blur detection and estimation[C]// Institute of Electrical and Electronics Engineers. Proceedings of the IEEE Conference on Computer Vision and Pattern Recognition. New Jersey, IEEE, 2015: 657-665.

[31] ZHAO W, WEI F, HE Y, et al. United defocus blur detection and deblurring via adversarial promoting learning[C]//European Computer Vision Association. European Conference on Computer Vision. Cham, Springer, 2022: 569-586.

第2章 多尺度特征学习的图像非聚焦模糊检测

2.1 引言

非聚焦模糊检测是一项重要的图像处理技术，它可以帮助我们分析和理解图像中不同区域的清晰度，从而实现更好的图像质量和视觉效果。非聚焦模糊检测方法根据所采用的图像特征，一般可以分为两大类：基于手工特征的方法和基于深度学习特征的方法。前者利用低水平的非聚焦模糊线索，如梯度和频率。基于梯度的方法[1-6]利用模糊会直接抑制图像梯度这一特点，即清晰区域中的梯度分布倾向于包含更多的重尾分量。从频率的角度来看[7-12]，模糊会衰减高频成分。这些方法在简单的非聚焦模糊检测场景中通常是有效的，但是它们难以处理以下有挑战性的情况：缺乏结构信息的同质区域和包含背景杂波的低对比度的聚焦区域。图 2.1.1（a）所示的矩形区域就是一个例子，图 2.1.1（b）所示为放大的矩形区域。基于手工特征的方法不能有效地捕捉聚焦的平滑区域中隐藏的语义上下文，导致在同质聚焦区域中产生错误的检测结果 [见图 2.1.1（d）中的边框]。这些方法也难以检测低对比度的聚焦区域，因为它们只考虑了对局部特征的测量，而没有利用全局的语义信息。

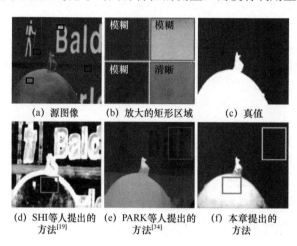

(a) 源图像　　(b) 放大的矩形区域　　(c) 真值

(d) SHI等人提出的　(e) PARK等人提出的　(f) 本章提出的
　　方法[19]　　　　　 方法[34]　　　　　　 方法

图 2.1.1　非聚焦模糊检测的挑战性

DCNN 已经在各种计算机视觉任务中显示出优于传统手工特征的性能，如实例分割[13]、图像分类[14]、图像去噪[15]、图像超分辨率[16]、显著性检测[17-18]和对象跟踪[19-20]。XU 等人[12]提出了一种基于卷积神经网络的块级方法来解决非聚焦模糊检测问题。然而，这种方法不能准确地区分低对比度聚焦区域并抑制背景杂波 [见图 2.1.1（e）中的边框]，因为它们通过多级空间池化和卷积层对初始图像块进行逐步下采样，导致大部分精细图像的结构丢失。

本章致力于研究图像非聚焦模糊与多尺度变化的密切关系,以及从多尺度学习的角度解决上述问题的方法。非聚焦模糊与多尺度变化的关系,即在同一张图像中,不同尺度的区域可能存在不同程度的模糊,其模糊程度随尺度的增大而增大。对于不同尺度的非聚焦模糊,需要以不同的分辨率和判别标准来检测,这就需要利用多尺度特征学习的技术,从不同尺度的非聚焦模糊图像中提取有用的信息,包括细节、纹理、上下文等,从而有效解决两种高难度场景的模糊检测。具体而言,这两种场景分别是低对比度区域的非聚焦模糊和同质区域的非聚焦模糊。本章聚焦于这两种场景的模糊检测,探讨在多尺度学习的框架下如何提高模型的性能,并通过残差学习和协助策略优化特征融合,以实现对精准非聚焦模糊的检测。本章通过下面 3 节分别论述并总结多尺度图像非聚焦模糊检测模型。

2.2 节提出级联映射残差学习网络[21],首先通过全卷积神经网络级联映射的结构来学习多尺度的非聚焦模糊特征,然后设计一种新的融合和循环重建网络,以提高模型对于不同尺度区域的特征提取和融合。2.3 节提出图像尺度对称协作网络[22],以对称地从大到小和由小到大的变换形式融合多尺度信息,通过分层特征集成和双向传递机制沟通不同图像尺度的级联网络,实现对缺乏结构信息的同质区域和低对比度的聚焦区域的精准去模糊。2.4 节将对上述方法进行总结,给出方法的核心思想及启示,说明方法的适用场景和实际应用场景。

2.2 级联映射残差学习网络

2.2.1 方法背景

目前基于手工提取特征和深度学习提取特征这两种方法都不能准确地检测以下区域的图像非聚焦模糊:低对比度聚焦区域和同质区域。为了精确地分离聚焦区域和非聚焦区域,本节提出了级联映射残差学习网络,利用多尺度特征学习技术,从不同尺度同时提取和融合高层语义信息和低层图像细节,从而有效地检测以上两个区域的非聚焦模糊。其中,高层语义信息可以辅助定位非聚焦区域,而低层图像细节可以帮助细化顶层的稀疏和不规则的检测图。多尺度模糊感知的示例如图 2.2.1 所示。

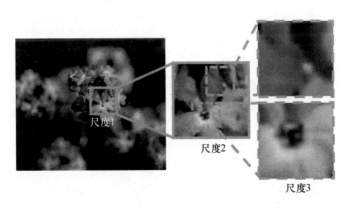

图 2.2.1　多尺度模糊感知的示例

为综合利用多尺度和多层次特征，本节提出了一种自下向上–自上向下的网络（BTBNet），通过网络信息流的反馈，将高层特征和低层特征有效地融合起来，在像素级上集成低级线索和高级语义信息。BTBNet 将具有低层特征的空间丰富信息的底部–顶部流与逐步编码在顶部–底部流中的高层语义知识相结合。本节还开发了一种融合和递归重建网络（FRRNet），用于递归地优化多尺度非聚焦模糊检测图。此外，本节还设计了一个级联残差学习网络（CRLNet）模型，通过学习从小尺度到大尺度的残差，逐步细化之前的模糊检测图，并输出最终的非聚焦模糊检测结果。实验结果表明，该模型的性能优于其他先进模型。本节所提出的方法可以准确地区分同质区域并抑制背景杂波［见图 2.1.1（f）］。

本节的主要贡献可以概括如下：

（1）本节提出了一种新颖的多流全卷积网络 BTBNet，用于直接从原始输入图像推断像素级非聚焦模糊检测图。这是首次利用端到端的深度网络来处理非聚焦模糊检测问题。该网络综合了多尺度和多层次特征，能够准确区分同质区域，检测低对比度聚焦区域，同时抑制背景杂波。

（2）本节提出的 BTBNet，用于有效地将编码在自下向上流中的高层语义知识与编码在自上向下流中的低层特征逐步融合，并设计了一种 FRRNet，用于递归地优化多尺度非聚焦模糊检测图，并输出最终的非聚焦模糊检测结果。此外，本节还设计了一种新的 CRLNet，相比 FRRNet，通过从小尺度到大尺度的级联非聚焦模糊检测图进行残差学习，逐步细化非聚焦模糊检测图，而不是递归重建非聚焦模糊检测图。

2.2.2　级联映射残差学习模型

2.2.2.1　多流自下向上–自上向下网络

本节利用端到端全卷积网络来提取和集成非聚焦模糊检测的多级多尺度特征。本节所提出的非聚焦模糊检测方法的示例图如图 2.2.2 所示。非聚焦模糊检测的框架由两个互补的部分组成，一个多流 BTBNet 和一个 CRLNet。首先多流 BTBNet 整合了来自不同尺度的自下向上和自上向下的特征，然后 CRLNet 通过残差学习策略将先前的模糊检测图从小尺度逐步细化到原始尺度。其中，多流 BTBNet、CRLNet 和模型训练的详细介绍如下。

本节的目标是设计一个端到端的 BTBNet，它可以被视为一个将输入图像映射到像素级非聚焦模糊检测图的回归网络。在构思这样的架构时，考虑了以下几个方面。首先，网络应该足够深，以产生大的感受野来检测不同程度的非聚焦模糊；其次，网络需要同时利用低级线索和高级语义信息来提高非聚焦模糊检测的精度。模型需要微调现有的深度模型，因为标注的非聚焦模糊图像不足以从头开始训练这样的深度网络。本节选择 VGG16 网络[23]作为预训练网络，并修改它以满足需求。虽然 VGG16 网络在许多识别任务中表现出色，但是它在处理非聚焦模糊检测问题上有明显的局限性。多级空间池化对初始图像进行逐步下采样，导致精细图像的结构大量丢失。这对于分类任务是有利的，因为分类任务不需要空间信息，但是准确检测聚焦图像区域和非聚焦图像区域需要精细的图像结构。为了将原始 VGG16 网络转换为完全卷积网络，作为本节自下而上的主干网络，删除了 VGG16 网络顶部的 3 个全连接层，还删除了 5 个池化层，以增加自下而上非聚焦模糊检测图的分辨率，优化后的 VGG16 网络的输出分辨率与原始的输入分辨率相同。BTBNet 结构图如图 2.2.3 所示。

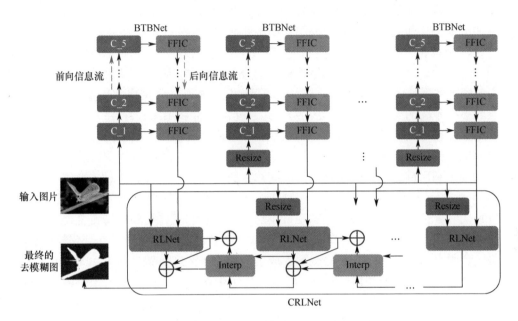

图 2.2.2　本节所提出的非聚焦模糊检测方法的示例图

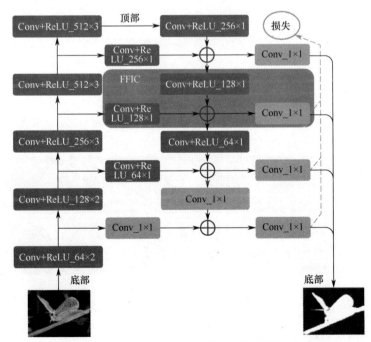

Conv：卷积；Conv+ReLU：卷积+非线性激活。

图 2.2.3　BTBNet 结构图

本节设计了一个逐步反馈的过程，以使用自上向下的结构来扩充主干网络（见图 2.2.3）。在自下向上的主干网络的每个块之间，将反馈信息与前向信息逐步结合起来，反馈信息和前向信息的融合是通过逐元素相加实现的。在每步的信息融合之前，本节在自下向上和自上向下的分支上分别添加了一个额外的卷积层和非线性激活（ReLU）单元层。额外的层分别具有 3×3 个核和 256 个通道、128 个通道、64 个通道和 1 个通道。最终输出的是一张非聚焦模糊检测图，其分辨率与原始输入图像的分辨率相同。考虑到非聚焦模糊与尺度的关系，本节同时使用了多个 BTBNet，其中针对每个尺度都有一个网络。具体而言，输入图像被调整到多个不同的尺度（$n = 1,2,\cdots,N$），并通过相应的 BTBNet，产生具有相同分辨率尺度的非聚焦模糊检测图。最后本节使用双线性插值将这些非聚焦模糊检测图的分辨率调整到与原始输入图像相同的分辨率。

递归网络利用跳跃连接来整合不同层次的特征，如用于分割的 UNet[13] 方法和用于对象检测的 FPN 方法[4]。UNet 方法将高分辨率特征与上采样输出相结合，生成最细粒度的预测图。FPN 方法利用具有横向连接的自上向下结构来构建高层特征和低层特征，从而生成对所有层次的预测。相比之下，本节方法不仅在每个层次或步骤上生成了非聚焦模糊检测图，而且进一步整合多步非聚焦模糊检测图生成了最终的非聚焦模糊检测图。此外，为了在每步都有效地融合反馈特征和前向特征，本节采用了带有 ReLU 的卷积层来将前向特征转换为与反馈特征相同幅度的特征。多流 BTBNet 可以生成一系列不同比例尺的非聚焦模糊检测图，需要进一步融合才能生成最终的非聚焦模糊检测结果。本节试图利用三种融合模型来执行融合任务，为了融合多流概率图，可以直接采用基于软权重的方法[24]，输出 $\hat{M}^f$ 由所有尺度上的概率图的加权和产生，公式如下：

$$\hat{M}^f = \sum_{n=1}^{N} w_n \cdot M^n \tag{2.2.1}$$

式中，w_n 表示从多流 BTBNet 生成的非聚焦模糊检测结果 M^n 的权重；N 为非聚焦模糊检测图的总数。该模型仅将线性权重分配给多流非聚焦模糊检测图。因此，它不能有效地重建不完整的前景信息并抑制背景杂波［见图 2.2.4（b）］。基于多流非聚焦模糊检测图的精化结果的比较如图 2.2.4 所示。

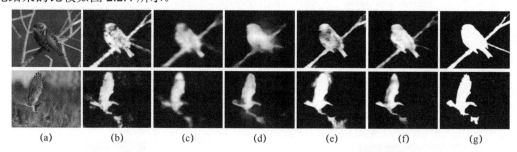

| (a) | (b) | (c) | (d) | (e) | (f) | (g) |

图 2.2.4　基于多流非聚焦模糊检测图的精化结果的比较

2.2.2.2　融合多流模糊检测图

本节的 FRRNet 由两个子网络组成，即融合网络（FNet）和递归重建网络（RRNet）。首先，FNet 将多流 BTBNet 生成的非聚焦模糊检测图融合起来，产生具有改进的空间相干性的非聚焦模糊检测图 M^f。然后，RRNet 逐步递归地细化非聚焦模糊检测图 M^f，以得到最终的非聚焦模糊检测图 M_{final}。本节提出了一个简单而有效的 FNet，用于融合多流非聚焦模糊检测图，如图 2.2.5（a）所示。除了多流非聚焦模糊检测图，本节还利用原始图像的密集空间信息来提高融合图的空间一致性。多流非聚焦模糊检测图 $(M^1, M^2, \cdots, M^N)$ 和原始图像 I^1 首先被拼接成一个（N+3）通道的特征图 F_0。然后这个特征图被输入到一系列的卷积层和非线性激活层。卷积层分别具有 3×3 个内核和 64 个通道、128 个通道、64 个通道和 1 个通道。卷积层的最终输出是融合的非聚焦模糊检测图 M^f，其分辨率与原始图像的分辨率相同。

$$F_0 = \text{cat}(M^1, M^2, \cdots, M^N, I^1) \qquad (2.2.2)$$

$$F_t = \max(0, W_t * F_{t-1} + b_t) \qquad (2.2.3)$$

$$\hat{M}^f = W_t * F_{t-1} + b_t \qquad (2.2.4)$$

式中，F_t 为第 t 个卷积层生成的多通道特征。FNet 非线性地融合了多流非聚焦模糊检测图，并利用了原始图像的密集空间信息。图 2.2.4（d）展示了 FNet 可以生成更平滑且具有像素级精度的结果。

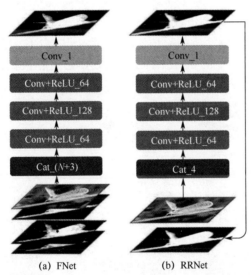

(a) FNet　　　　　　(b) RRNet

Conv：卷积；Conv+ReLU：卷积+非线性激活。

图 2.2.5　FNet 和 RRNet 的体系结构

为了进一步改进 FNet 生成的融合非聚焦模糊检测图的空间相干性，本节引入了 RRNet 来消除噪声。图 2.2.5（b）显示了 RRNet 的体系结构，它与 FNet 具有相同的架构，但是具有不同的参数。在每次迭代中，将原始图像和输入的非聚焦模糊检测图一起通过 RRNet，会得到细化的非聚焦模糊检测图，该图又作为下一次迭代中输入的非聚焦模糊检测图。输入的非聚焦模糊检测图被初始化为 FNet 生成的融合非聚焦模糊检测图 $d\hat{M}^f$。设 R 表示递归建模的函数，最终的非聚焦模糊检测图 M_{final} 可以通过以下方式获得

$$M_{\text{final}} = (R \cdot R \cdots R)\hat{M}^f; W_r, b_r \qquad (2.2.5)$$

式中，W_r 和 b_r 表示 RRNet 的卷积滤波器和偏置。本节提出的 RRNet 可以通过纠正其先

前的错误来改进非聚焦模糊检测图，直到在最后一次迭代中产生最终的非聚焦模糊检测图。实际上，使用三个迭代步骤就足以实现令人满意的性能。图 2.2.4（d）展示了本节方法在使用 RRNet 后生成的非聚焦模糊检测图可以在前景中重建丢失的信息，并抑制背景中的噪声。

首先 FRRNet 直接将多流非聚焦模糊检测图上采样到原始尺度，然后同时处理这些非聚焦模糊检测图以得到最终输出。这种策略导致两个问题：①直接上采样降低了非聚焦模糊检测图的分辨率，导致聚焦区域和非聚焦区域的过渡边界模糊不清（见图 2.2.4 第一行）；②同时处理这些非聚焦模糊检测图不可避免会受到每个尺度上背景噪声的干扰（见图 2.2.4 第二行）。为了解决上述问题，本节提出了一种逐步重建网络 CRLNet，它从小尺度到大尺度逐步将输出的分辨率重建到原始图像的分辨率。在尺度由小到大的过程中，CRLNet 逐渐定位聚焦区域和非聚焦区域的边界，并计算当前尺度上的残差特征。最后将输出的非聚焦模糊检测图和前一步的残差特征分别传递到当前步骤的尾部和中部。双路径传递机制提高了当前非聚焦模糊检测图的残差学习能力。此外，原始图像也被输入到 CRLNet 中，以指导当前步骤更好地学习残差特征。

CRLNet 的体系结构如图 2.2.6 所示。首先多流非聚焦模糊检测图 $(M^1, M^2, \cdots, M^N)$ 和多尺度原始图像 $I^1, I^2, \cdots, I^N$ 分别拼接成一个 4 通道的特征图 $\tilde{F}_0$，然后将得到的特征图输入一系列带有 3×3 核和非线性激活层的卷积层，包括两个具有 64 个通道的卷积层、池化（Pool）层、两个具有 128 个通道的卷积层和三个具有 256 个通道的卷积层。卷积层最终的输出是当前多流非聚焦模糊检测图的残差特征。

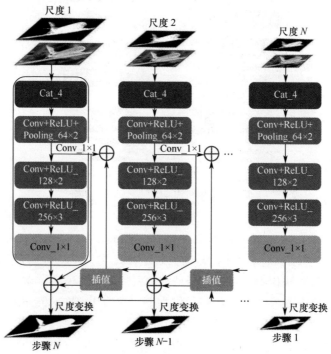

Conv：卷积；Conv+ReLU：卷积+非线性激活；Conv+ReLU+Pooling：卷积+非线性激活+池化。

图 2.2.6　CLRNet 的体系结构

$$\tilde{\boldsymbol{F}}_0^n = \mathrm{cat}(\boldsymbol{M}^n, \boldsymbol{I}^n)$$
$$\tilde{\boldsymbol{F}}_k^n = \max(0, W_k * \tilde{\boldsymbol{F}}_{k-1}^n + b_k) \qquad (2.2.6)$$
$$\tilde{\boldsymbol{M}}_r^n = W_K * \tilde{\boldsymbol{F}}_{K-1}^n + b_K$$

第 n 个输出细化图 $\tilde{\boldsymbol{M}}_{\mathrm{final}}^n$ 可由下式获得

$$\tilde{\boldsymbol{M}}_{\mathrm{final}}^n = \begin{cases} \tilde{\boldsymbol{M}}_r^1, & n=1 \\ \tilde{\boldsymbol{M}}_r^n \oplus (\tilde{\boldsymbol{M}}_{\mathrm{final}}^{n-1})_\uparrow, & n=2,3,\cdots,N \end{cases} \qquad (2.2.7)$$

式中，$\oplus$ 表示逐元素相加；而 $(\tilde{\boldsymbol{M}}_{\mathrm{final}}^{n-1})$ 通过上采样操作将第 $(n-1)$ 个输出细化图放大到当前尺度 [见图 2.2.4（f）]，CRLNet 不仅能产生更清晰的背景，还能更好地保留过渡区域边界的像素级精度。CLRNet 和 SCCRLNet 体系结构的比较如图 2.2.7 所示。

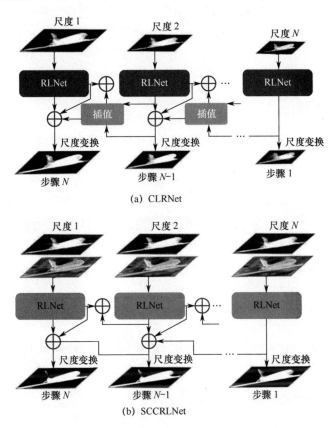

(a) CLRNet

(b) SCCRLNet

图 2.2.7　CLRNet 和 SCCRLNet 体系结构的比较

残差学习[25]是为了解决深度网络性能下降问题而提出的。通过假设残差特征比原始特征更容易学习，使残差网络显式地学习几个堆叠层的残差映射。虽然残差学习策略已用于低级任务，如图像超分辨率[26]和图像去噪[27]，但它在基于深度学习的非聚焦模糊检测框架中尚未被研究。如前所述，BTBNet 能产生一个初始的粗糙的非聚焦模糊检测图。因此，本节只需要专注于学习高度非线性的残差，以减轻重复学习非聚焦模糊检测映射的负担。例如，在初始非聚焦模糊检测映射已经是最优的极端情况下，残差学习网络只需要生成零残差来保持最优。利用 BTBNet 产生的多尺度非聚焦模糊检测映射，本节设计了一个级联的非聚焦模糊检测映射残差学习结构，从小尺度到大尺度逐步学习残差。这种由粗到细的残差学习策略实现了更好的细化效果。具体来说，本节的残差学习结构与文献[26]和文献[27]的有两个主要区别：文献[26]和文献[27]中的方法仅在单一尺度输入上应用残差学习，而本节的 CRLNet 在前面较小尺度上生成的非聚焦模糊检测图上逐步应用残差学习。这种基于尺度金字塔的残差学习结构能通过分步机制更有效地实现残差学习。

本节设计了一种双路径传递机制，将当前非聚焦模糊检测图和残差特征分别传递到下一个网络的尾部和中部，以增强残差学习能力。此外，本节将 BTBNet 生成的当前非聚焦模糊检测图和调整后的原始图像作为输入，从而指导当前步骤更好地学习残差特征。PANG 等人[28]也提出了一种残差学习方法，该方法在单个尺度输入上跨多个特征层次来实现残差学习。相比之下，本节的 CRLNet 则在前面生成的非聚焦模糊检测图上一步一步地应用残差学习。多尺度输入策略为下一个 CRLNet 的残差学习提供了改进的非聚焦模糊检测图，提高了残差学习的简单性和效率。此外，CRLNet 通过逐渐将小尺度非聚焦模糊检测图输入到大尺度网络中，用以粗到细的方式学习残差，从而实现改进的细化效果。

2.2.3　模型训练

本节使用像素级标注的训练图像来确定网络参数，并联合训练多流 BTBNet 和 FRRNet，使用标准随机梯度下降法来优化它们的参数。首先使用在 ImageNet 上预训练的 VGG16 网络来初始化自下向上的主干网络，并用随机值初始化自上向下的流和 FRRNet；然后联合微调多流 BTBNet 和 FRRNet，给定训练集 $\{T = (Xd, Gd)\}Dd=1$，其中包含训练图像 Xd 及其逐像素的非聚焦模糊检测标注 Gd，D 是训练图像的数量，d 代表从当前数据集采集的一个数据。网络输出 Md 和真值 Gd 之间的像素级损失函数定义如下：

$$L(W,b) = -\sum_{i,j}\sum \{\boldsymbol{G}_{i,j}^{d}\log p(\boldsymbol{S}_{i,j}^{d}|\ W,b) + (1-\boldsymbol{G}_{i,j}^{d})\log[1-p(\boldsymbol{S}_{i,j}^{d}|\ W,b)]\} \tag{2.2.8}$$

式中，$p(\boldsymbol{S}_{i,j}^{d}|\cdot) = (1+\mathrm{e}^{-S_{i,j}^{d}})^{-1}$；$\boldsymbol{S}_{i,j}^{d}$ 和 $\boldsymbol{G}_{i,j}^{d}$ 分别为第 d 个网络输出和像素 (i,j) 的真值；$\{W,b\}$ 为所有网络层的参数集合。

为了提高模型的性能，本节在每个多流 BTBNet 的输出端应用了一个辅助损失。主损失函数和辅助损失函数都有助于优化学习过程。因此，最终的损失函数由主损失和辅助损失构成，表示为

$$L_{\text{final}}(W,b) = \sum_{m=1}^{4}L_m(W_m,b_m) + \sum_{n=1}^{N}L_n(W_n,b_n) + \sum_{j=1}^{J}L_j(W_j,b_j) \tag{2.2.9}$$

2.2.4　实验

2.2.4.1　实施细节和数据集

目前只有一个公开的模糊图像数据集[8]（Shi 的数据集）可用于研究和评估非聚焦模糊检测。这个数据集由 704 张部分非聚焦模糊图像和人工标注的真值图像组成。本节首先将 Shi 的数据集分成两部分，即 604 张图像用于训练，其余 100 张图像用于测试。然后按照文献[29-30] 中的方法对训练集进行数据增强。具体地，通过在每个方向上水平翻转并旋转到 8 个不同的角度，训练集被扩充到 9664 张图像。此外，为了促进非聚焦模糊检测方法的研究和评估，本节提出了一个新的非聚焦模糊检测数据集，由 500 张图像组成，带有逐像素标注。该数据集非常具有挑战性，因为许多图像包含同质区域、低对比度聚焦区域和背景杂波。本节对之前的数据集进行了扩展，添加了 600 张具有挑战性的图像作为训练，这些图像都有像素级标注，这是构建由训练和测试部分组成的非聚焦模糊数据集的首次尝试。本节提出的数据集中的图像具有以下特点：①场景多样；②图像包含不同尺度的同质区域；③背景（非聚焦区域）复杂；④聚焦区域对比度低。为了提高标注的准确性，本节邀请了三名志愿者使用定制设计的交互式分割工具分别标注 1100 张图像中的聚焦区域。通过平均三个独立标注的掩模得到最终的非聚焦模糊检测标注。

图 2.2.8 所示为本节提出的数据集中带有真值标签的图像。此外，本节还设计了一个模拟图像数据集，通过其生成更多的非聚焦图像来训练深度网络，从分割数据集[31]和未压缩彩色图像数据集[32]中收集了 2000 张清晰图像。用于生成模拟非聚焦模糊图像的代表性图像如图 2.2.9 所示。图 2.2.10 所示为给定清晰图像及其真值图后生成的模拟非聚焦模糊图像。本节使用模拟图像数据集来预训练模型，使模型学习区分聚焦区域和非聚焦模糊区域的一般特征。最后在 Shi 的数据集和本节提出的数据集中微调模型，用于学习模型中的高级语义表示。

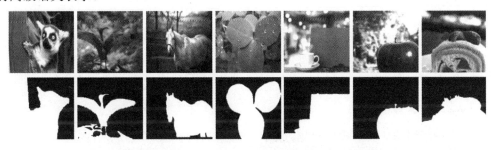

图 2.2.8　本节提出的数据集中带有真值标签的图像

图 2.2.9　用于生成模拟非聚焦模糊图像的代表性图像

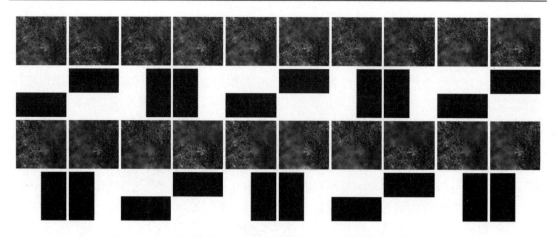

图 2.2.10　给定清晰图像及其真值图后生成的模拟非聚焦模糊图像

本节的网络是基于 Caffe 框架实现的。使用小批量梯度下降法优化分类目标来进行训练，批量大小为 1。首先使用在 ImageNet 上预训练的 VGG16 网络来初始化自下向上的主干网络，并用随机值初始化自上向下的流和 FRRNet。使用像素级标注的训练图像来确定网络参数，并联合训练多流 BTBNet 和 FRRNet，使用标准随机梯度下降法优化它们的参数。其次通过在模拟图像数据集上对网络进行预训练来微调网络。具体来说，本节从数据集[31]和未压缩的彩色图像数据集中收集了 2000 张清晰图像。对每张图像应用高斯滤波器来平滑图像的一半作为非聚焦模糊区域，而保留另一半作为聚焦区域。最后通过对每张图像的不同位置（上、下、左和右）区域进行平滑，得到 4 个模糊版本。对于每个模糊版本，使用标准差为 2、窗口为 7 像素×7 像素的高斯滤波器重复模糊图像 5 次。因此对于每张图像，可以得到 20 张模拟图像（4 个模糊版本，每个版本有 5 个不同的模糊程度）。通过对上述数据的增强，得到 640000 张预训练图像。本节在 Shi 的数据集上对网络进行了微调。对于主干网络，将初始学习率设置为 0.0001，对于新添加的层，将初始学习率设置为 0.001，动量参数为 0.9，权重衰减为 0.0005。本节在一台配备了 32GB 内存的 Intel 3.4GHz CPU 和 11GB 内存的 GTX1080TI GPU 工作站上训练本节提出的模型，并在大约 5 天后完成训练。对于 320 像素×320 像素的测试图像，生成非聚焦模糊检测图大约需要 25s（秒）。

2.2.4.2　评价标准

为了评价不同的非聚焦模糊检测方法，本节将 Shi 的数据集分成两部分：604 张图像用于训练，其余 100 张图像用于测试。此外，将本节提出的数据集分成两部分：600 张训练图像和 500 张测试图像。本节执行文献[33]中的数据扩充。

本节采用精确率、召回率、PR 曲线、F-measure 和 MAE 对非聚焦模糊检测方法进行评价，各指标的介绍请参照 1.3.2 节。对于 PR 曲线[5,9,18,34]，所有非聚焦模糊检测图在[0，255]范围内的每个整数阈值都被二值化，并与二进制真值掩模比较，通过计算精确率和召回率获取 PR 曲线。在计算精确率、召回率和 F-measure 时，每个非聚焦模糊检测图都被自适应阈值二值化，阈值为非聚焦模糊检测图平均值的 1.5 倍。

2.2.4.3　对比实验

本节将由（BTBNets+FRRNet）和（BTBNets+CRLNet）组成的方法（分别表示为 BTBFRR 和 BTBCRL）与 5 种较先进的方法进行比较，包括判别模糊检测特征（DBDF）[9]、光谱和空间（SS）[17]、深度和手工制作的特征（DHCF）[34]、局部二元进制模式（LBP）[18]及高频多尺度融合和梯度幅度排序变换（HiFST）[7]。本节使用这些方法的原始实现和推荐的参数进行定性评价。图 2.2.11 所示为本节提出的方法和其他先进方法生成的非聚焦模糊检测图。本节提出的方法［见图 2.2.11（g）和（h）］在各种具有挑战性的情况（如均匀区域、低对比度聚焦区域和杂乱背景）下表现都良好，能产生最接近真值的非聚焦模糊检测图。

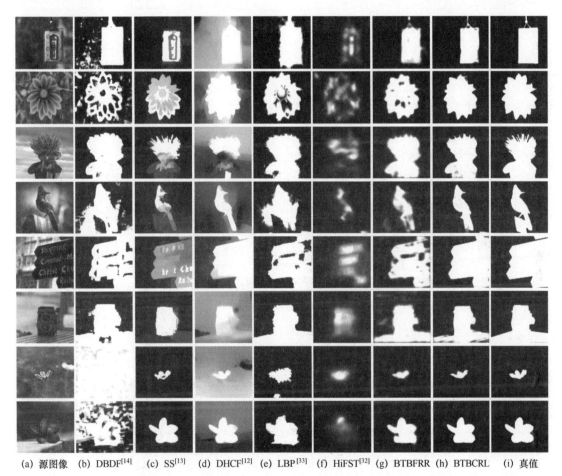

(a) 源图像　(b) DBDF[14]　(c) SS[13]　(d) DHCF[12]　(e) LBP[33]　(f) HiFST[32]　(g) BTBFRR　(h) BTBCRL　(i) 真值

图 2.2.11　本节提出的方法和其他先进方法生成的非聚焦模糊检测图

定量评估。图 2.2.12 和图 2.2.13 中展示了 PR 曲线和 F-measure，可以看出，本节提出的方法在数据集和所有评估指标上都实现了最佳性能。此外，本节提出的方法与其他先进方法在 F-measure 和 MAE 指标上进行了定量比较，结果如表 2.2.1 所示。

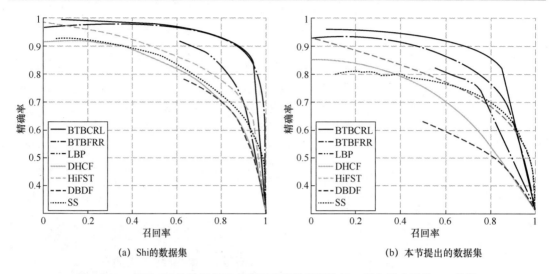

(a) Shi的数据集　　　　　　　　　　　　(b) 本节提出的数据集

图 2.2.12　使用 Shi 的数据集和本节提出的数据集比较 7 种先进方法的 PR 曲线

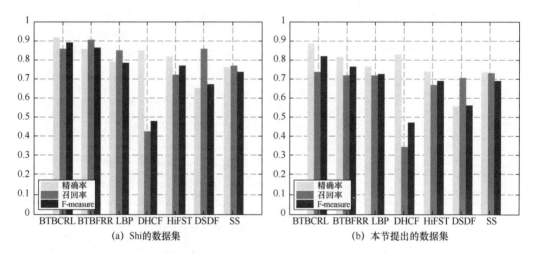

(a) Shi的数据集　　　　　　　　　　　　(b) 本节提出的数据集

图 2.2.13　使用 Shi 的数据集和本节提出的数据集比较精确率、召回率和 F-measure

表 2.2.1　F-measure 和 MAE 的定量比较结果

数据集	评价方法	DBDF[9]	SS[5]	DHCF[34]	LBP[18]	HiFST[7]	BTBFRR	BTBCRL
Shi 的数据集	F-measure	0.675	0.734	0.477	0.787	0.772	0.867	0.889
	MAE	0.290	0.229	0.372	0.136	0.219	0.107	0.082
本节提出的数据集	F-measure	0.558	0.695	0.468	0.719	0.687	0.761	0.827
	MAE	0.381	0.291	0.410	0.193	0.248	0.194	0.138

可以看出，本节的 BTBCRL 方法与性能较好的 BTBFRR 方法相比，MAE 在 Shi 的数据集和本节提出的数据集上分别降低了 30.5%和 40.6%。此外，BTBCRL 方法与 BTBFRR 方法相比，在两个数据集上分别将 F-measure 提高了 2.5%和 8.7%。总之，由于本节的 BTBNet 有效地融合了高层语义信息，以及对低层特征的空间丰富信息，因此本节提出的方法实现了相对于其他先进方法的实质性改进。高级语义信息被转换到低层语义信息，以帮助更好

地定位非聚焦区域。同时，丰富的低层特征有助于细化顶层的稀疏和不规则检测图。此外，本节还设计了一个 CRLNet 来进一步提高先前提出的 FRRNet [31]的性能。CRLNet 从小尺度到大尺度逐步定位聚焦区域和非聚焦区域的边界，克服了 FRRNet 在直接上采样的同时处理非聚焦模糊检测图的缺点。

2.2.4.4　消融实验

为了证明 BTBNet 的优越性，本节训练了一个基于 VGG16 网络的全卷积网络，记为 VGGNet(FC)进行比较。具体来说，本节去掉了 VGG16 网络上面的三个全连接层。VGGNet(FC)使用与 BTBNet 相同的设置进行训练。本节将 VGGNet(FC)与名为 BTBNet(1S)的单流 BTBNet 进行比较。使用 F-measure 和 MAE 对 BTBNet 的有效性进行分析如表 2.2.2 所示。

表 2.2.2　使用 F-measure 和 MAE 对 BTBNet 的有效性进行分析

网络	Shi 的数据集		本节提出的数据集	
	F-measure	MAE	F-measure	MAE
VGGNet(FC) BTBNet(1S)	0.807	0.157	0.762	0.194
	0.849	**0.118**	**0.779**	**0.178**

对比 MAE，BTBNet(1S)方法比 VGGNet(FC)方法在 Shi 的数据集和本节提出的数据集上分别降低了 33.1%和 9.0%。此外，BTBNet(1S)提高了两个数据集上的 F-measure 得分。CRLNet 取代了 FRRNet，以逐步细化多流 BTBNet 生成的多尺度非聚焦模糊检测图，利用从小尺度到大尺度的级联非聚焦模糊检测映射残差学习来提高性能。为了分析 CRLNet 的相对贡献，本节通过以下方法进行比较：①作为直接后处理步骤的非基于深度学习的图像引导滤波方法（MSJF）[35]；②融合递归重构网络（FRRNet）；③直接平均每一步的 RLNet 输出（ARL net）；④具有非共享参数的 CRLNet［CRLNet（非共享）］。本节用规模 s3 = {1,0.8,0.6}和用 VGG16 网络参数初始化的相同配置来实现这些网络，训练策略是固定 BTBNet 来微调 CRLNet，MSJF 用文献[35]中的参数实现。

表 2.2.3 所示为使用 F-measure 和 MAE 对 CRLNet 的有效性进行分析。MSJF 使用低级特征（如颜色和边缘）作为参考来抑制非聚焦模糊检测图上的噪声，导致性能不佳，其 F-measure 值比本节的 CRLNet 的 F-measure 值低，MAE 值比本节的 CRLNet 的 MAE 值高。与 ARLNet 相比，基于级联映射残差学习结构的 CRLNet (share)在 Shi 的数据集和本节提出的数据集上 MAE 值分别降低了 23.5%和 10.9%。此外，CRLNet (share)改进了两个数据集的 F-measure。CRLNet 中的不同步骤（除了第一步）能处理学习残差的相同任务。因此，各个步骤可以共享参数以减少存储。表 2.2.3 显示，CRLNet (share)比 CRLNet (unshare)更具有竞争力或具有更高的性能。特别地，CRLNet (share)在 Shi 的数据集和本节提出的数据集上 MAE 值分别降低了 11.1%和 9.5%，因为 CRLNet (unshare)具有更多的参数，这导致收敛困难。可视化比较结果和收敛性分析 CRLNet (share)和 CRLNet (unshare)的资料可以在补充资料中找到。通过分解成不同的级联步骤来分析 CRLNet，如下所示：第 1 步 CRLNet 具有输入图像的尺度 s1 = {0.6}和由 BTBNet 生成的非聚焦模糊检测图，输入图像和非聚焦模糊检测图的尺度 s2 = {0.8,0.6}；第 2 步 CRLNet 具有输入图像和非聚焦模糊检测图的比例 s3 =

{1,0.8,0.6}；第 3 步 CRLNet。

表 2.2.3　使用 F-measure 和 MAE 对 CRLNet 的有效性进行分析

网络	Shi 的数据集		本节提出的数据集	
	F-measure	MAE	F-measure	MAE
MSJF	0.847	0.128	0.780	0.184
FRRNet	0.853	0.125	0.791	0.178
ARLNet	0.868	0.100	0.805	0.152
CRLNet (unshare)	**0.889**	0.090	**0.817**	0.150
CRLNet (share)	0.872	**0.081**	0.815	**0.137**

表 2.2.4 和表 2.2.5 展示了使用 F-measure 和 MAE 对它们的性能进行的详细比较。可以看出，随着级联步骤的增加，性能逐渐提高，3 级 CRLNet 表现出最佳性能。

表 2.2.4　Shi 的数据集上 F-measure 和 MAE 的定量结果比较

网络	指标	1 级	2 级	3 级
CRLNet	F-measure	0.870	0.880	**0.889**
	MAE	0.112	0.095	**0.082**

表 2.2.5　本节提出的数据集上 F-measure 值和 MAE 值的定量结果比较

网络	指标	1 级	2 级	3 级
CRLNet	F-measure	0.812	0.823	**0.827**
	MAE	0.158	0.145	**0.138**

多步级联非聚焦模糊检测细化的直观比较如图 2.2.14 所示。图 2.2.14（a）～（c）所示分别为 CRL（1S）、CRL（2S）和 CRL（3S）的结果。可以看出，图 2.2.14（b）所示的图像逐步恢复了非聚焦模糊检测图的精细结构，只有一个公共模糊图像数据集[19]（由 704 张非聚焦模糊图像组成的数据集）可用于像素级非聚焦模糊检测。由于与非聚焦模糊检测相关的挑战（如同质区域的区分、低对比度聚焦区域的检测和背景杂波的抑制）需要大规模数据集，因此本节构建了一个新的非聚焦模糊检测数据集，它由 1100 张图像（600 图像用于训练，500 张图像用于测试）组成，并带有逐像素标注。此外，模拟图像标签比详细图像标签更容易收集，也更方便进行像素标注。因此，本节首先构建了一个由 40000 张图像组成的模拟图像数据集进行预训练，使 BTBNet 能够学习及区分焦点对准和焦点不对准区域的一般特征。然后在 Shi 的数据集和本节提出的数据集上进行微调，以学习网络中的高级语义表示。

本节设计了 4 种数据集来训练 BTBNet 进行比较，以分析本节提出的数据集的相对贡献。这些方法是：①用 Shi 的数据集（DT-ShD）直接训练 BTBNet；②用模拟数据集（PT-SD）预训练 BTBNet；③用 Shi 的数据集［FT-(SD+ShD)］微调 BTBNet；④用 Shi 的数据集和本节提出的数据集［FT-(SD+ShD+OD)］微调 BTBNet。表 2.2.6 所示为使用 F-measure 和 MAE 对数据集进行消融分析。该表表明，PT-SD 在 Shi 的数据集和本节提出的数据集上分别获得了 0.462 和 0.462 的 F-measure 值，以及 0.367 和 0.383 的 MAE 值，PT-SD 的这些值次于

DT-ShD 的这些值。然而，在微调之后，基于预训练机制的 FT-(SD+ShD) 将 DT-ShD 实现的 F-measure 值分别提高了 7.9% 和 3.4%，将 MAE 值分别降低了 50.4% 和 21.2%。此外，通过添加本节的像素标注数据集来微调 BTBNet，提高了方法的性能。关于 F-measure 值，FT-(SD+ShD+OD) 在 Shi 的数据集和本节提出的数据集上比 FT-(SD+ShD) 分别提高了 5.2% 和 7.3%，但降低了 FT-(SD+ShD+OD) 在两个数据集上的 MAE 值。本节提出的数据集上的非聚焦图具有固定的形状，包含用于一般特征学习的粗糙聚焦区域或模糊区域。本节又构建了另一个形状不固定的模拟数据集 PT-SDUS。具体地，每个原始图像被分成 16 个小块，用 5 种不同的模糊等级随机模糊 8 个面片。

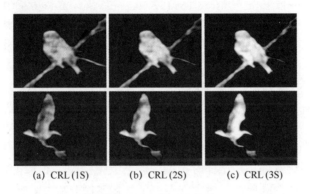

(a) CRL (1S)　　　　(b) CRL (2S)　　　　(c) CRL (3S)

图 2.2.14　多步级联非聚焦模糊检测细化的直观比较

表 2.2.6　使用 F-measure 和 MAE 对数据集进行消融分析

数据集	Shi 的数据集		本节提出的数据集	
	F-measure	MAE	F-measure	MAE
DT-ShD	0.748	0.206	0.702	0.246
PT-SD	0.462	0.367	0.462	0.383
FT-(SD+ShD)	0.807	0.137	0.726	0.203
FT-(SD+ShD+OD)	**0.849**	**0.118**	**0.779**	**0.178**
PT-SDUS	0.469	0.401	0.451	0.409
FT-(SDUS+ShD+OD)	0.827	0.147	0.768	0.204

　　在表 2.2.6 中，BTBNet 在形状不固定的模拟数据集 PT-SDUS 上预训练生成的结果比在模拟数据集 PT-SD 上预训练生成的结果差。原因在于，尽管随机修补增强了样本的多样性，但不固定的形状比固定的形状对场景纹理的损害更大，从而导致网络难以学习一般的低级特征。基于 PT-SDUS 的微调 BTBNet，使用 Shi 的数据集和本节提出的数据集 [FT-(SD+ShD+ OD)] 进行微调，本节提出的方法在上述两个数据集上分别实现了 0.827 和 0.768 的 F-measure 值及 0.147 和 0.204 的 MAE 值。图 2.2.15 所示为 BTBNet 在不同数据集的可视化。图 2.2.15 (b) 用模拟数据集预先训练 BTBNet，能够学习一般特征（如场景纹理），以区分聚焦区域和非聚焦区域。基于预训练机制的 FT-(SD+ShD) [见图 2.2.15 (d)] 比 DT-ShD [见图 2.2.15 (c)] 产生的结果更好（如尖锐的非聚焦模糊检测边界）。通过添加本节的每像素带标注的数据集来微调网络所获得的结果，突出聚焦区域并有效

定位边界，如图 2.2.15（e）所示。

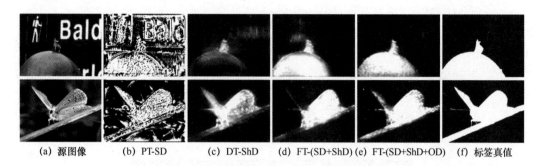

　　(a) 源图像　　　(b) PT-SD　　　(c) DT-ShD　　(d) FT-(SD+ShD) (e) FT-(SD+ShD+OD)　(f) 标签真值

图 2.2.15　BTBNet 在不同数据集的可视化

2.3　图像尺度对称协作网络

2.3.1　方法背景

　　非聚焦模糊是光学成像系统中常见的现象，当成像的场景正好位于系统的焦平面时，图像是清晰的。而当场景偏离焦平面时，图像就会变得模糊。非聚焦模糊检测的目的是识别出图像中的非聚焦模糊区域，这对于许多应用（如实例分割[13]、图像分类[14]、图像去噪[15]、图像超分辨率[16]、显著性检测[19]）都是重要且有用的。现有的非聚焦模糊检测方法大多基于人工设计的特征[5-9]。这些方法利用了一些低层次的视觉线索（如梯度域[5-6]、局部二值模式[8]），以及不同低层次特征的组合，如傅里叶域描述符、局部滤波器、小波系数、曲线系数等，但是这些人工设计的特征难以捕捉到高层次语义信息。

　　近年来，卷积神经网络（CNN）已被考虑用来提取非聚焦模糊检测[7,18-19]的高级特征。例如，XU 等人[12]提取了一个基于卷积神经网络的补丁级的高级特征，并将其与手工设计的特征结合起来，以提高精度。Zhao 等人提出了一种上下端的卷积网络来整合低级线索和高级语义信息。通过将非线性叠加到卷积层，使这些方法能够捕获语义表示。然而，非聚焦模糊检测中的两个具有挑战性的方面仍然需要解决。

　　均匀区域中的聚焦量是模糊的，因为这些区域在聚焦或非聚焦时外观上几乎没有区别［见图 2.3.1（a）］。利用边缘的模糊程度指导的抠图可以解决均匀区域的检测问题。然而，本节的目标是执行没有任何后处理任务的端到端卷积神经网络，以提高均匀区域的检测性能。基于分级特征提取的卷积神经网络面临均匀区域检测的挑战，因为这种区域几乎不显示特征（如纹理和细节）。因此，许多基于深度学习的方法[34,36-37]也将均匀区域检测视为挑战。从后期处理来看，聚焦区域和非聚焦区域的边界检测是后续抠图的基础。精确的边界检测也是一个挑战，尤其是在过渡区域中，提取相似表征边界的特征模糊，导致难以准确检测边界。

　　过渡区域检测从聚焦区域到非聚焦区域的过渡是逐渐的。非聚焦模糊是由大光圈引起的，当场景位置不在相机的焦距上时，大光圈会阻止光线汇聚。从相机的聚焦距离到非聚焦距离的场景位置在图像中产生过渡区域。因此，过渡区域存在于许多自然图像中。矩形虚线框中包含过渡区域的自然图像示例如图 2.3.2 所示。准确定位过渡区域的边界有利于非聚焦模糊检测任务的应用（如抠图和图像重聚焦）。现有的非聚焦模糊检测方法[18-19,38]受过渡区域检测的影响如图 2.3.3 所示。

(a) 源图像　　　　　　　　　　　　　(b) 真值

图 2.3.1　非聚焦去模糊的挑战

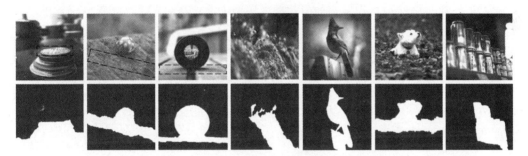

图 2.3.2　矩形虚线框中包含过渡区域的自然图像示例

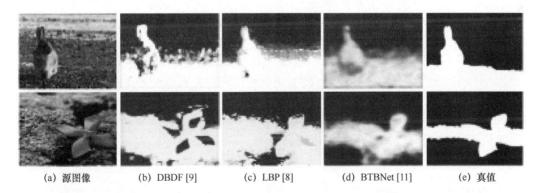

(a) 源图像　　(b) DBDF [9]　　(c) LBP [8]　　(d) BTBNet [11]　　(e) 真值

图 2.3.3　现有的非聚焦模糊检测方法受过渡区域检测的影响

　　最近的卷积神经网络方法已经使用尺度递归结构实现了较先进的性能。例如，WANG 等人[39]采用单尺度递归卷积网络来实现显著性检测。ZHAO 等人[40]提出了一种从低分辨率图像到高分辨率图像的逐级框架，以逐步改进片段预测。CHEN 等人[24]首先通过将多个调整大小的输入图像馈送到共享的深度网络来提取多尺度特征，然后合并所得特征用于逐像素分类。

本节提出了一种端到端的图像尺度对称协作网络（IS2CNet）方法来解决非聚焦模糊检测问题。与现有的方法相比，本节方法有两个主要优势：一是利用对称图像金字塔策略，从不同尺度的图像中学习非聚焦模糊特征，并通过级联细化网络逐步优化检测结果；二是利用分层特征集成和双向传递机制，将低层的细节特征和高层的语义特征有效地融合和传递，以实现对缺乏结构信息的同质区域和包含背景杂波的低对比度的聚焦区域的精准非聚焦模糊检测。本节的动机描述如下：低级特性侧重于局部详细结构，而高级特性具有丰富的语义。因此，为了结合高级特征的语义信息和低级特征的空间信息，本节提出了一种对称级联协作网络 HFI-BDM。HFI-BDM 集成了低级特征和高级特征，以进行分层特性集成。此外，HFI-BDM 将集成的层次特征转移到下一个图像尺度网络的输入中，引导网络有效地学习非聚焦模糊检测的层次特征。同时，受残差学习[25]的启发，HFI-BDM 将集成的层次特征传递到下一个图像尺度网络的尾部，使其学习残差，减轻重复非聚焦模糊检测地图学习的负担，以实现对非聚焦模糊检测的改进。

综上所述，本节的工作主要总结如下：

（1）以图像尺度对称合作策略的形式探索图像的多尺度特征。在图像从大到小的过渡过程中，IS2CNet 逐步扩展了图像特征的提取范围，从而可以逐步优化均匀区域的检测图。在从小到大的图像尺度变化过程中，IS2CNet 逐渐感受到高分辨率的图像内容，从而逐渐细化过渡区检测。

（2）本节建立了图像尺度级联网络之间的桥梁，通过分层特征集成和双向传递机制，将以前的图像尺度网络的层次特征转移到当前图像尺度网络的输入和尾部，以指导当前图像尺度网络更好地学习残差。

（3）结果表明，IS2CNet 具有较好的应用性能。

2.3.2　图像尺度对称协作模型

2.3.2.1　图像尺度对称协作模型动机

图像比例是非聚焦模糊检测的一个重要因素，模糊置信度与图像尺度的高度相关，本节 IS2CNet 的动机如图 2.3.4 所示。当尺度减小时，可以认为均匀区域更清晰。相反，当尺度增加时，过渡区域会更加模糊。因此，本节设计了一种对称图像金字塔策略，通过级联的细化网络来学习多尺度图像信息。用于图像处理的代表性多尺度网络的图示如图 2.3.5 所示。利用减小的尺度来逐渐优化均匀区域检测图。此外，在逐步细化过渡区域边界的同时，采用增加尺度的方法来重构原始尺度。

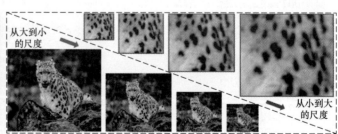

图 2.3.4　本节 IS2CNet 的动机

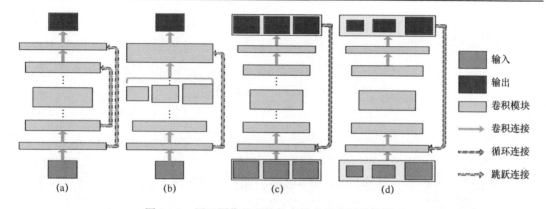

图 2.3.5　用于图像处理的代表性多尺度网络的图示

低层特征侧重于局部细节结构，高层特征语义丰富。因此，HFI-BDM 集成了低级别功能和高级别功能，用于分层功能集成（见图 2.3.6）。此外，HFI-BDM 能将整合的分级特征转移到下一个图像尺度网络的输入，以指导网络有效地学习非聚焦模糊检测的分级特征。同时，受残差学习[25]的启发，HFI-BDM 将集成的分层特征传递到下一个图像尺度网络的尾部，使其学习残差，以减轻重复非聚焦模糊检测映射学习的负担，从而实现对非聚焦模糊检测的改进。IS2CNet 以对称的从大到小和从小到大的变换形式考虑图像的多尺度信息。本节的非聚焦模糊检测方法结构图如图 2.3.6 所示。通过从大到小的转换，IS2CNet 能逐渐增加图像的感受野，可以逐步优化均匀区域的检测图。随着检测区域的增大，IS2CNet 越来越注重图像的细节纹理，这逐渐细化了非聚焦模糊检测图的细节（见图 2.3.6 左下角的石头）。作为 IS2CNet 的重要组成部分，HFI-BDM 集成了网络的分层特征，并将集成的分层特征双向传递到当前网络的输入和尾部。一方面，HFI-BDM 将先前图像尺度网络的分层特征添加到当前图像尺度网络的尾部，使当前图像尺度网络学习残差；另一方面，HFI-BDM 将先前的分层特征转移到当前图像尺度网络的输入，以增强残差学习的能力。因此，HFI-BDM 有效地提高了 IS2CNet 的性能。

本节的网络组件非常灵活，为了验证上述策略的有效性，通过简单的组件来构建网络，在大规模 ImageNet 上训练的 VGGNet[10]用于提取多层次特征。考虑到参数和时间成本，本节选择前三个卷积块作为特征编码器，这足以为非聚焦模糊检测获得优越的性能。具体来说，①选择 VGGNet 的前三个卷积块，包括两个具有 64 个通道的卷积层，随后进行池化操作；两个具有 128 个通道的卷积层，随后进行池化操作；三个具有 256 个通道的卷积层。②顺序地添加对应于前面三个卷积块的三个反卷积块，以保持特征的空间分辨率。

本节采用两种尺寸的卷积核（如在从大到小处理图像尺度网络中，使用 3×3 卷积核；在从小到大处理图像尺度网络中，使用 5×5 卷积核）来实现卷积运算。其动机如下：①在图像尺度由大到小的过程中，图像特征逐渐细密。因此，3×3 卷积核可以获得足够的感受野来产生感知层次特征。②在图像尺度由小变大的过程中，图像特征变得稀疏。因此，使用 5×5 卷积核来获得足够的接收。

2.3.2.2　对称协作级联网络

HFI-BDM 是图像尺度对称协作级联网络之间的桥梁，它结合了分层特征集成和双向传递机制的优点。根据 HFI-BDM 在两个过程中（从大到小和从小到大）输出特征尺寸的不同，HFI-BDM 图示如图 2.3.7 所示。首先将 $C_{i\_}1$、$C_{i\_}2$ 和 $C_{i\_}3$ 的输入分别与相应的 $DeC_{i\_}1$、$DeC_{i\_}2$ 和 $DeC_{i\_}3$ 按元素相加，然后分层特征 DIP_{i+1} 和 DOP_{i+1} 被分别馈送到 Conv_1、Conv_2 和 Conv_3 的卷积层以降低到一维，最后通过逐元素相加来整合 3 个级别的特征。为了对准第 $(i+1)$ 级网络，采用下采样或上采样操作，这两种操作产生了两种版本的 HFI-BDM_d 和 HFI-BDM_u。

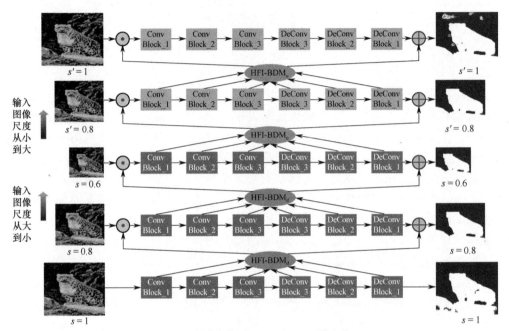

Conv Block：卷积块；Deconv Block：反卷积块。

图 2.3.6　本节的非聚焦模糊检测方法结构图

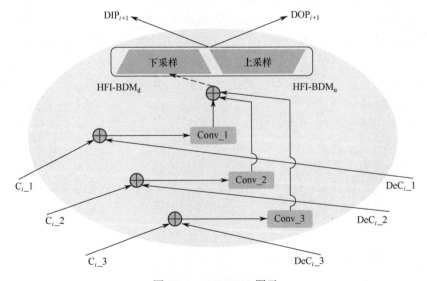

图 2.3.7　HFI-BDM 图示

第一个 HFI-BDM 公式如下：

$$DIP_{i+1} = DOP_{i+1}$$

$$= \begin{cases} D(W_1 * A_{i\_}1 + W_2 * A_{i\_}2 + W_3 * A_{i\_}3) \\ \qquad\qquad i = 1,2 \\ U(W'_1 * A_{i\_}1 + W'_2 * A_{i\_}2 + W'_3 * A_{i\_}3) \\ \qquad\qquad i = 3,4 \end{cases} \qquad (2.3.1)$$

式中，$\{W_1, W_2, W_3\}$ 和 $\{W'_1, W'_2, W'_3\}$ 分别为 HFI‑BDM$_d$ 和 HFI‑BDM$_u$ 的 Conv_1、Conv_2 和 Conv_3 的卷积权重；$D(\cdot)$ 和 $U(\cdot)$ 代表下采样操作和上采样操作；$A_{i\_}k(k=1,2,3)$ 表示 k 级综合特征，公式如下：

$$A_i\_k = C_i\_k \oplus DeC_i\_k \qquad (2.3.2)$$

式中，C_i_k 表示 k 级卷积特征；DeC_i_k 表示对应的反卷积特征；$\oplus$ 表示逐元素相加。

　　为了进一步理解本节的非聚焦模糊检测方法的有效性，设计了 IS2CNet 的 3 个变体进行比较，以分析图像尺度对称协作结构和双向传输机制的相对贡献。这些变体如下：①仅考虑单尺度 $s=1$，本节去除下采样和上采样操作以获得表示为 SSCNet 的单尺度级联网络 [见图 2.3.8 (a)]；②通过丢弃到下一级网络的输入的连接，具有单向传送机制的镜像级对称协作网络，表示为 IS2CNet w/o CI [见图 2.3.8 (b)]；③通过丢弃到下一尺度网络尾部的连接，具有单向传递机制的 IS2CNet，表示为 IS2CNet w/o CT [见图 2.3.8 (c)]。

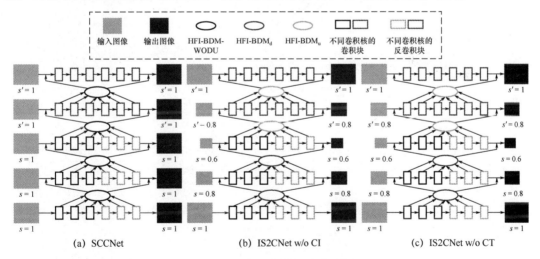

图 2.3.8　IS2CNet 的不同变体的图示

　　首先 SCCNet 打乱了优化同质区域检测图，然后细化过渡区域检测的机制。因此，SCCNet 输出的非聚焦模糊检测图具有嘈杂的聚焦区域，以及聚焦区域和非聚焦区域之间的不准确边界 [见图 2.3.9 (b)]。IS2CNet w/o CI 或 IS2CNet w/o CT 破坏了双向传送机制（如丢失了由先前网络生成的非聚焦模糊检测图的引导或没有学习到剩余部分）。因此，它们不能实现非聚焦模糊检测的良好性能 [见图 2.3.9 (c) 和 (d)]。综合考虑图像尺度对称的协作结构和双向传输机制，IS2CNet 取得了最好的非聚焦模糊检测结果 [见图 2.3.9 (e)]。本章将在 2.3.4 节的消融实验中进一步讨论这一点。

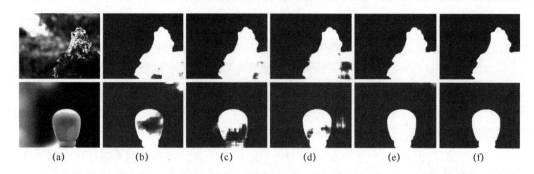

图 2.3.9　IS2CNet 及其不同变体的比较

2.3.3　模型训练

给定具有 N 个训练对的非聚焦模糊检测训练数据集 $T=\{(X_n,Y_n)\}_{n=1}^{N}$，其中，$X_n=\{x_j^{(n)}, j=1,\cdots,P\}$ 和 $Y_n=\{y_j^{(n)}, j=1,\cdots,P\}$ 分别是具有 P 个像素的输入图像和真值二值图像。$y_j^{(n)}=1$ 代表聚焦像素，$y_j^{(n)}=0$ 代表非聚焦像素。首先单独训练基线网络以获得其初始权重，然后依次训练 IS2CNet 从大到小和从小到大的流，最后共同用多尺度深度监督对整个 IS2CNet 进行微调，使训练过程收敛。用于训练基线网络、从大到小网络和从小到大网络的损失函数定义如下：

$$L(W,b)=-\sum_{T}\sum_{j}\{y_j^{(n)}\log p(x_j^{(n)}|\ W,b)$$
$$+(1-y_j^{(n)})\log[1-p(x_j^{(n)}|\ W,b)]\}$$

（2.3.3）

本节联合微调整个 IS2CNet 的最终损失函数可以写成

$$L_{\text{final}}(\Theta)=L(W_b,b_b)$$
$$+\sum_{s=0.8,0.6}L_s(W_{\text{lts}},b_{\text{lts}})+\sum_{s'=0.8,1}L_{s'}(W_{\text{stl}},b_{\text{stl}})$$

（2.3.4）

式中，$\Theta=\{W_b,W_{\text{lts}},W_{\text{stl}},b_b,b_{\text{lts}},b_{\text{stl}}\}$ 为所有网络层的参数集；$\{W_b,b_b\}$、$\{W_{\text{lts}},b_{\text{lts}}\}$ 和 $\{W_{\text{stl}},b_{\text{stl}}\}$ 分别代表基线网络、从大到小网络和从小到大网络的学习参数集。

2.3.4　实验

2.3.4.1　数据集

目前，两个公共非聚焦模糊图像数据集可用于像素级非聚焦模糊检测。一个是 Shi 的数据集[19]，包含 704 张部分非聚焦模糊图像。另一个是 Zhao 的数据集[38]，包含 500 张部分非聚焦模糊图像。如文献[38]所述，本节使用 Shi 的数据集的 604 张图像进行训练，并使用剩余的 100 张图像和 Zhao 的数据集进行测试。实现细节：网络是在 TensorFlow 的基础上实现的。训练过程通过使用 1 的小批量优化目标损失函数来进行。Adam [41] 用于优化网络，动量值为 0.9，权重衰减为 0.005，学习率设置为 0.0001，权重衰减为 0.005。本节的模型是在 11GB 内存的 GTX1080Ti GPU 上训练的。对于 320 像素×320 像素的图像，GPU 的平均运行时间约为 0.32s。

2.3.4.2 评判标准

首先，采用 F-measure[14-15,18]和 MAE 来评估非聚焦模糊检测的性能。其中，计算 F-measure 时按文献[42]的建议将 ζ^2 设置为 0.3。精确率和召回率通过二进制化的非聚焦模糊检测图来计算，该图采用 1.5 倍于非聚焦模糊检测平均值的自适应阈值，以便与文献[38]进行公平比较。此外，本节还使用结构相似性度量（SS-measure）[43]来同时评估非聚焦模糊检测图和真值之间的区域感知与对象感知的结构相似性。

$$SS = \alpha \cdot S_o + (1-\alpha) \cdot S_r \tag{2.3.5}$$

式中，S_o 和 S_r 分别代表区域感知和对象感知的结构相似性度量；$\alpha \in [0,1]$，集合 $\alpha = 0.5$，如文献[43]中所建议的。SS 值越大，结果越好。具体来说：

$$S_r = \sum_{k=1}^{K} w_k \cdot \mathrm{ssim}(k) \tag{2.3.6}$$

式中，ssim 表示显著图（SM）和真值图（GT）之间的结构相似性度量；k 表示块数，如文献[42]中所建议的，取为 4，k 是第 k 个块的权重。设 μ 为 GT 中前景面积与图像面积的比值，则定义为

$$S_o = \mu \cdot O_{FG} + (1-\mu) * O_{BG} \tag{2.3.7}$$

式中，O_{FG} 和 O_{BG} 分别为前景比较和背景比较，分别定义为

$$O_{FG} = \frac{2\overline{x}_{FG}}{(\overline{x}_{FG})^2 + 1 + 2\lambda\sigma_{x_{FG}}}$$
$$O_{BG} = \frac{2\overline{x}_{BG}}{(\overline{x}_{BG})^2 + 1 + 2\lambda\sigma_{x_{BG}}} \tag{2.3.8}$$

式中，$\overline{x}_{FG}$ 和 $\overline{x}_{BG}$ 分别为前景区域（x_{FG}）和背景区域（x_{BG}）的平均概率值；$\sigma_{x_{FG}}$ 和 $\sigma_{x_{BG}}$ 分别为前景区域（x_{FG}）和背景区域（x_{BG}）的概率分布离差的标准化度量。

2.3.4.3 对比实验

本节将所提出的 IS2CNet 与具有判别模糊检测特征（DBDF）[19]、光谱和空间（SS）[17]、深度和手工制作的特征（DHCF）[10,34]、局部二进制模式（LBP）[18]、多尺度融合和排序变换系数（MFSTC）[15]、多流底部–顶部–底部网络（BTBNet）[38]、双向残差精化网络（BR2Net）的方法进行比较，并在 Shi 的数据集和 Zhao 的数据集上递归地细化多尺度残差特征（R2MRF）。BTBNet[38]、R2MRF[44]、BR2Net[45]和 IS2CNet 的参数分别为 44.4 M、122.6 M、88.64 M 和 32.1 M。这些方法的相应计算复杂度分别为 42.1×10^9 次浮点运算、316.3×10^9 次浮点运算、104.6×10^9 次浮点运算和 65.3×10^9 次浮点运算。本节提出的 IS2CNet 参数个数少于 BTBNet、R2MRF 和 BR2Net 的参数个数，且 IS2CNet 的计算复杂度少于 R2MRF 和 BR2Net 的计算复杂度。F-measure 值、MAE 值和 SS-measure 值的定量比较 1 如表 2.3.1 所示。

表 2.3.1 F-measure 值、MAE 值和 SS-measure 值的定量比较 1

数据集	参数	DBDF[14]	SS[13]	DHCF[12]	LBP[18]	MFSTC	BTBNet	BR2Net	R2MRF	IS2CNet
	F-measure	0.674	0.734	0.477	0.786	0.770	0.861	0.815	0.861	**0.907**
Shi 的数据集	MAE	0.289	0.229	0.372	0.136	0.220	0.111	0.099	0.093	**0.063**
	SS-measure	0.600	0.688	0.560	0.760	0.627	0.851	0.801	0.828	**0.862**

定性评估：图 2.3.10 所示为将 IS2CNet 和其他较先进方法生成的非聚焦模糊检测图进行比较，其提供了一个较直观的比较。手工制作的基于特征的方法会导致不准确的检测结果［见图 2.3.10（b）、（c）、（e）和（f）］，原因可能是该类方法的功能缺少高级语义信息。单向图像金字塔[11]或基于多尺度特征的卷积神经网络模型[44-45]提出了挑战，尤其是在存在同质区域和过渡区域的情况下［见图 2.3.10（d）和（g）～（i）］。相比之下，IS2CNet 在各种具有挑战性的情况下能生成更精确的非聚焦模糊检测图。例如，均匀区域、聚焦区域和非聚焦区域之间的过渡区域，以及杂乱的背景［见图 2.3.10（j）］。

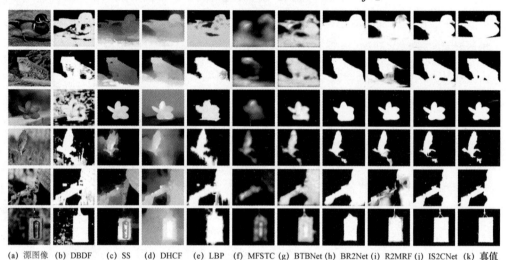

(a) 源图像　(b) DBDF　(c) SS　(d) DHCF　(e) LBP　(f) MFSTC　(g) BTBNet (h) BR2Net (i) R2MRF (j) IS2CNet (k) 真值

图 2.3.10　将 IS2CNet 和其他较先进方法生成的非聚焦模糊检测图进行比较

定量评估：IS2CNet 在 PR 曲线（见图 2.3.13）、准确度、召回率和 F-measure（见图 2.3.14）方面，在 Shi 的数据集和 Zhao 的数据集上优于其他较先进方法。此外，在表 2.3.1 和表 2.3.2 中记录了 F-measure 值、MAE 值和 SS-measure 值。在 Shi 的数据集和 Zhao 的数据集上，IS2CNet 比 BTBNet[11]的 MAE 值降低了 76.2%和 41.2%，同时改进了 F-measure 和 SS-measure。在 Shi 的数据集上，IS2CNet 取得了比 BR2Net[46]和 R2MRF[47]更好的性能。在 Zhao 的数据集上，IS2CNet 在 F-measure 和 MAE 上取得了最好的性能。综合来看，IS2CNet 优于其他较先进方法。文献[37]报道了 Shi 的数据集更好的 F-measure 值，但是 F-measure 的计算方式不同。首先用从 1～255 的阈值来计算文献[37]中的 F-measure 值，然后选择最大的 F-measure 值作为结果。相比之下，本节采用阈值为非聚焦模糊检测均值的 1.5 倍来计算 F-measure 值，以便与文献[11]进行公平比较。此外，本节与文献[37]之间存在不一致的 F-measure 值，原因是文献[37]中的非聚焦模糊检测图是以与本节相反的方式表示的。具体来说，本节用值 1 表示聚焦区域，用值 0 表示非聚焦区域。

表 2.3.2　F-measure 值、MAE 值和 SS-measure 值的定量比较 2

数据集	参数	DBDF[14]	SS[13]	DHCF[12]	LBP[34]	MFSTC	BTBNet	BR2Net	R2MRF	IS2CNet
	F-measure	0.565	0.699	0.470	0.726	0.693	0.767	0.743	0.772	**0.795**
Shi 的数据集	MAE	0.379	0.289	0.408	0.191	0.246	0.192	0.150	0.162	**0.136**
	SS-measure	0.514	0.608	0.513	0.698	0.641	0.704	0.709	0.680	**0.705**

　　图像尺度对称协作策略：比较本节模型中不同级联级的性能如下：1 级（1S）IS2CNet，输入图像尺度 S1 = {1}；2 级（2S）IS2CNet，输入图像尺度 S2 = {1,0.8}；3 级（3S）IS2CNet，输入图像尺度 S3 = {1,0.8,0.6}；4 级（4S）IS2CNet，输入图像尺度 S4 = {1,0.8,0.6,0.8 }；而 5 级（5S）IS2CNet，输入图像尺度 S5 = {1,0.8,0.6,0.8,1}。表 2.3.3 所示为 Shi 的数据集上的 F-measure 值、MAE 值和 SS-measure 值对图像尺度对称合作策略的分析。从该表可以看出，随着级联级的增加，非聚焦模糊检测任务逐渐改善，并且 5 级 IS2CNet 已经表现出优异的性能。图 2.3.11 所示为使用图像尺度对称合作策略生成多级级联非聚焦模糊检测图的图示。

表 2.3.3　Shi 的数据集上的 F-measure 值、MAE 值和 SS-measure 值对图像尺度对称合作策略的分析

IS2CNet 的级数	F-measure	MAE	SS-measure
1S{1}	0.891	0.079	0.835
2S{1,0.8}	0.906	0.066	0.848
3S{1,0.8,0.6}	0.907	0.066	0.845
4S{1,0.8,0.6,0.8}	**0.908**	**0.063**	0.852
5S{1,0.8,0.6,0.8,1}	0.907	**0.063**	**0.862**
3S'{0.6,0.8,1}	0.893	0.072	0.847
3S″{0.25,0.5,1}	0.842	0.072	0.823

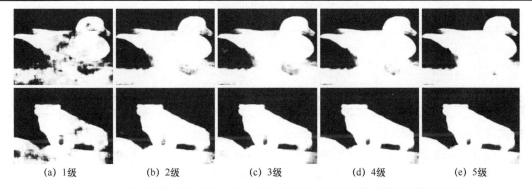

(a) 1级　　　(b) 2级　　　(c) 3级　　　(d) 4级　　　(e) 5级

图 2.3.11　使用图像尺度对称合作策略生成多级级联非聚焦模糊检测图的图示

　　此外，受文献[48]的启发，本节比较了从小到大的不同比例因子的尺度设计。具体来说，考虑两个比例因子：S3 = {0.6,0.8,1} 和 S3 = {0.25,0.5,1}，分别命名为 3S′ 和 3S″。从表 2.3.3 可以看出，3S 的表现优于 3S′ 或 3S″。

　　一个原因可能是 3S 在图像尺度由大到小的过程中逐渐分散了对图像内容的接收，从而更好地检测同质区域。况且 3S 表现比 3S″ 好。可能是比例为 0.25 时产生的图像太小，并且其模糊区域容易被错误地识别为聚焦区域。因此，比例为 0.25 时的噪声非聚焦模糊检测图，会影响后续处理。为了进一步理解多尺度协作策略的有效性，本节设计并训练了一个 IS2CNet 的变体，如下：一个具有 5 个级联级的单规模级联网络（SCCNet）[见图 2.3.8（a）]。使用 Shi 的数据集上的 F-measure 值、MAE 值和 SS-measure 值对 IS2CNet 及其不同变体进行定量比较，如表 2.3.4 所示。IS2CNet 将 SCCNet 的 MAE 值降低了 33.3%。此外，IS2CNet 显著提高了 F-measure 值和 SS-measure 值。残差图的可视化如图 2.3.12 所示。双向传送机制的多级级联网络以对称的形式逐渐学习残差形象金字塔。图像尺度由大到小的网络逐渐

学习同质区域检测图的残差［见图 2.3.12（a）和（b）］；而图像尺度由小到大的网络逐渐学习残差以细化过渡区边界［见图 2.3.12（c）和（d）］。

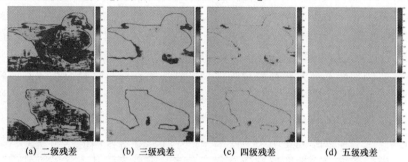

(a) 二级残差　　　(b) 三级残差　　　(c) 四级残差　　　(d) 五级残差

图 2.3.12　残差图的可视化

2.3.4.4　消融实验

为了进一步证明双向传送机制[48]的优越性，本节构建了两种单向传输级联网络：IS2CNet w/o CI 和 IS2CNet w/o CT［见图 2.3.8（c）］。使用 Shi 的数据集上的 F-measure 值、MAE 值和 SS-measure 值对 IS2CNet 及其不同变体进行定量比较，如表 2.3.4 所示。

表 2.3.4　使用 Shi 的数据集上的 F-measure 值、MAE 值和 SS-measure 值对 IS2CNet 及其不同变体进行定量比较

网络	F-measure	MAE ↓	SS-measure
IS2CNet	**0.907**	**0.063**	**0.862**
SCCNet	0.877	0.084	0.828
IS2CNet w/o CI	0.866	0.097	0.826
IS2CNet w/o CT	0.872	0.093	0.857

IS2CNet 与 IS2CNet w/o CI 和 IS2CNet w/o CT 相比，MAE 值分别降低了 54.0%和 47.6%，同时实现了 F-measure 值和 SS-measure 值的增加。

7 种先进方法的比较如图 2.3.13 所示。使用 Shi 的数据集和 Zhao 的数据集比较精确率、召回率和 F-measure 如图 2.3.14 所示。使用 Zhao 的数据集上的 F-measure 值、MAE 值和 SS-measure 值对 IS2CNet 及其不同变体进行定量比较如表 2.3.5 所示。由 IS2CNet 生成的故障实例如图 2.3.15 所示。

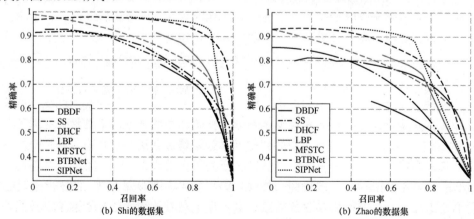

(b) Shi的数据集　　　　　　　　　(b) Zhao的数据集

图 2.3.13　7 种先进方法的比较

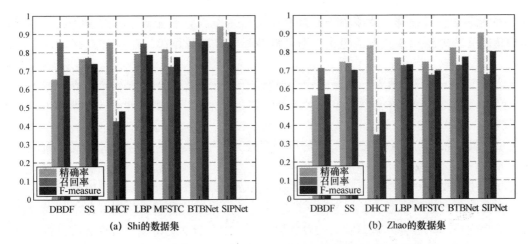

	(a) Shi的数据集		(b) Zhao的数据集

图 2.3.14　使用 Shi 的数据集和 Zhao 的数据集比较精确率、召回率和 F-measure

表 2.3.5　使用 Zhao 的数据集上的 F-measure 值、MAE 值和 SS-measure 值对 IS2CNet 及其不同变体进行定量比较

方法	F-measure	MAE	SS-measure
IS2CNet-F{3}	0.776	0.152	0.676
IS2CNet-F{2,3}	0.784	0.146	0.688
IS2CNet-F{1,2,3}	**0.795**	**0.136**	**0.705**

图 2.3.15　由 IS2CNet 生成的故障实例

　　不同数量的块作为骨干的非聚焦模糊检测性能：在 IS2CNet 中分析具有不同数量的特征编码器块的非聚焦模糊检测性能。具体来说，将实现的 IS2CNet 与一个块（命名为 IS2CNet-1B）、两个块（命名为 IS2CNet-2B）、三个块（命名为 IS2CNet-3B）、四个块（命名为 IS2CNet-4B）和五个块（命名为 IS2CNet-5B）进行比较。使用 F-measure 值和 MAE 值对本节的编码器模型中不同层的量化进行比较如表 2.3.6 所示。分级特征集成：以 s 为单位。本节将所有级别的输出传播到金字塔中的下一个尺度，这与文献[23]的多尺度方法不同，该方法只传播中间一个级别的输出。本节通过将不同级别的输出传播到金字塔中的下一级来比较性能，如下所示：仅第 3 级特征集成（IS2CNet-F{3}）；2 级和 3 级特征集成

（IS2CNet-F{2,3}）；全级特性集成（IS2CNet-F{1,2,3}）。表 2.3.5 中显示了定量比较结果。全级集成（IS2CNet-F{1,2,3}）由于采用了多级分层功能而实现了最佳性能。

表 2.3.6　使用 F-measure 值和 MAE 值对本节的编码器模型中不同层的量化进行比较

数据集	参数	IS2CNet-1B	IS2CNet-2B	IS2CNet-3B	IS2CNet-4B	IS2CNet-5B
Shi 的数据集	F-measure	0.812	0.898	0.907	0.911	0.912
	MAE	0.170	0.071	0.063	0.061	0.060
Zhao 的数据集	F-measure	0.709	0.790	0.795	0.797	0.801
	MAE	0.203	0.140	0.136	0.133	0.131

随着数量的增加，非聚焦模糊检测的性能会变得更好（见表 2.3.5）。与 IS2CNet-3B 相比，IS2CNet-4B 和 IS2CNet-5B 在 F-measure 和 MAE 上的改进并不大，但会引入更多的参数。因此，本节选择三层结构的特征编码器。

2.4　小结

本章通过研究图像非聚焦模糊与多尺度区域的密切关系，提出了两种基于多尺度特征学习的图像非聚焦模糊检测方法。2.2 节提出了级联映射残差学习网络，通过全卷积神经网络级联映射的结构来学习多尺度的非聚焦模糊特征，同时利用残差学习的思想来提高特征的表达能力。2.3 节提出了 IS2CNet，利用对称协作策略结合图像的局部和全局信息，优化了非聚焦模糊特征的融合和选择。2.2 节和 2.3 节分别从两种不同的角度设计多尺度学习框架，从不同尺度的图像中提取和融合非聚焦模糊特征，有效地解决了均匀区域检测和过渡区域检测的两个挑战，为以后研究模糊检测方法提供了两种不同的解决思路：利用多尺度特征的级联残差映射或多尺度对称协作所提取的高层–低层和大尺度–小尺度特征来优化非聚焦模糊检测的效果。

本章提出的方法适用于以下两种场景的图像非聚焦模糊检测：具有大尺度同质区域的非聚焦模糊检测和具有复杂场景的低对比过渡区域的非聚焦模糊检测。需要注意的是，两种方法具有难以检测小规模聚焦区域的缺点。这是因为网络框架在多尺度学习图像特征时，从大尺度分支网络过渡到小尺度分支网络的过程中会丢失部分细节信息，导致对小尺度的非聚焦区域检测不够准确，无法有效识别一些小范围的模糊区域。总体而言，本章提出的方法可以准确地检测出模糊区域和清晰区域之间边界不明显（低对比度过渡区域）或模糊程度较高（大尺度同质区域的非聚焦模糊）的图像，可用于深度估计、多焦点图像融合、图像重聚焦和非聚焦放大等相关领域，同时也可以为图像分割、图像增强和图像修复等其他图像处理任务提供有价值的信息。

参　考　文　献

[1] KANG K, OUYANG W, LI H, et al. Object detection from video tubelets with convolutional neural networks[C]//Institute of Electrical and Electronics Engineers. IEEE/CVF Conference on Computer Vision and Pattern Recognition. Las Vegas, IEEE, 2016: 817-825.

[2]　VU C T, PHAN T D, CHANDLER D M. S3: A spectral andspatial measure of local perceived sharpness in natural images[J].IEEE Transactions on Image Processing,2012, 21(3): 934-945.

[3]　TANG C, HOU C, SONG Z. Defocus map estimation from a single image via spectrum contrast[J]. Optics Letters, 2013, 38(10): 1706-1708.

[4]　LIN T Y , DOLLAR P , GIRSHICK R, et al. Feature pyramid networks for object detection[C]//Institute of Electrical and Electronics Engineers. IEEE/CVF Conference on Computer Vision and Pattern Recognition. Hawaii, IEEE, 2017: 2117-2125.

[5]　TANG C, WU J, HOU Y, et al. A spectral and spatial approach of coarse-to-fine blurred image region detection[J]. IEEE Signal Processing Letters, 2016, 23(11): 1652-1656.

[6]　ZHANG Y, HIRAKAWA K. Blur processing using double discrete wavelet transform[C]//Institute of Electrical and Electronics Engineers.IEEE/CVF Conference on Computer Vision and Pattern Recognition. Portland, IEEE, 2013: 1091-1098.

[7]　ZHU X, COHEN S, SCHILLER S, et al. Estimating spatially varying defocus blur from a single image[J]. IEEE Transactions on Image Processing, 2013, 22(12): 4879-4891.

[8]　GOLESTANEH S A, KARAM L J. Spatially-varying blur detection based on multiscale fused and sorted transform coefficients of gradient magnitudes[C]//Institute of Electrical and Electronics Engineers. IEEE/CVF Conference on Computer Vision and Pattern Recognition.Portland, IEEE, 2017: 5800-5809.

[9]　SHI J, XU L, JIA J. Discriminative blur detection features[C]//Institute of Electrical and Electronics Engineers. IEEE/CVF Conference on Computer Vision and Pattern Recognition. Columbus, IEEE, 2014: 2965-2972.

[10]　LIU R, LI Z, JIA J. Image partial blur detection and classification[C]//Institute of Electrical and Electronics Engineers. IEEE/CVF Conference on Computer Vision and Pattern Recognition. Alaska, IEEE, 2008: 1-8.

[11]　COUZINIEDEVY F, SUN J, ALAHARI K, et al. Learning to estimate and remove non-uniform image blur[C]//Institute of Electrical and Electronics Engineers. IEEE/CVF Conference on Computer Vision and Pattern Recognition. Portland, IEEE, 2013: 1075-1082.

[12]　XU G D, QUAN Y　H, JI H. Estimating defocus blur via rank of local patches[C]//Institute of Electrical and Electronics Engineers.IEEE International Conference on Computer Vision. Venice, IEEE, 2017: 5371-5379.

[13]　RONNEBERGER O, FISCHER P, BROX T. U-net: convolutional networks for biomedical image segmentation[C]//Medical Image Computing and Computer-Assisted Intervention–MICCAI 2015: 18th International Conference. Proceedings Part III 18. Munich: Springer International Publishing, 2015: 234-241.

[14]　HOU S, LIU X, WANG Z. Dualnet: learn complementary features for image recognition[C]//Institute of Electrical and Electronics Engineers. IEEE International Conference on Computer Vision. Venice, IEEE, 2017: 502-510.

[15]　ZHANG K, ZUO W, CHEN Y J, et al. Beyond a gaussian denoiser: Residual learning of deep cnn for image denoising[J]. IEEE Transactions on Image Processing, 2017, 26(7): 3142-3155.

[16]　KIM J, LEE J K, LEE K M. Accurate image super-resolution using very deep convolutional networks[C]//Institute of Electrical and Electronics Engineers. IEEE/CVF Conference on Computer Vision and Pattern Recognition. Las Vegas, IEEE, 2016: 1646-1654.

[17] HOU Q, CHENG M M,HU X, et al. Deeply supervised salient object detection with short connections[C]// Institute of Electrical and Electronics Engineers.IEEE/CVF Conference on Computer Vision and Pattern Recognition, Hawaii, IEEE, 2017: 3203-3212.

[18] YI X, ERAMIAN M. LBP-based segmentation of defocus blur[J]. IEEE Transactions on Image Processing, 2016, 25(4): 1626-1638.

[19] LI G, YU Y. Visual saliency detection based on multiscale deep CNN features[J]. IEEE Transactions on Image Processing, 2016, 25(11): 5012-5024.

[20] SUN C, WANG D, LU H, et al. Learning spatial-aware regressions for visual tracking[C]//Institute of Electrical and Electronics Engineers.IEEE/CVF Conference on Computer Vision and Pattern Recognition.Salt Lake City, IEEE, 2018: 8962-8970.

[21] ZHAO W, ZHAO F, WANG D, et al. Defocus blur detection via multi-stream bottom-top-bottom network[J]. IEEE Transactions on Pattern Analysis and Machine Intelligence, 2019, 42(8): 1884-1897.

[22] ZHAO F, LU H, ZHAO W, et al. Image-scale-symmetric cooperative network for defocus blur detection[J]. IEEE Transactions on Circuits and Systems for Video Technology, 2021, 32(5): 2719-2731.

[23] SIMONYAN K, ZISSERMAN A. Very deep convolutional networks for large-scale image recognition[J]. arXiv preprint arXiv:1409.1556, 2014.

[24] CHEN L C, YANG Y, WANG J, et al. Attention to scale: scale-aware semantic image segmentation[C]//Institute of Electrical and Electronics Engineers. IEEE/CVF Conference on Computer Vision and Pattern Recognition.Las Vegas, IEEE, 2016: 3640-3649.

[25] HE K M, ZHANG X Y, REN S Q, et al. Deep residual learning for image recognition[C]//Institute of Electrical and Electronics Engineers.IEEE/CVF Conference on Computer Vision and Pattern Recognition.Las Vegas, IEEE, 2016: 770-778.

[26] DONG C, LOY C, HE K, et al. Image super-resolution using deep convolutional networks[J]. IEEE Transactions on Pattern Analysis and Machine Intelligence, 2015, 38(2): 295-307.

[27] WANG T, SUN M, HU K. Dilated deep residual network for image denoising[C]//Institute of Electrical and Electronics Engineers. IEEE 29th International Conference on Tools with Artificial Intelligence (ICTAI).Boston, IEEE, 2017: 1272-1279.

[28] PANG J, SUN W, REN J S, et al. Cascade residual learning: a two-stage convolutional neural network for stereo matching[C]//Institute of Electrical and Electronics Engineers. IEEE International Conference on Computer Vision. Venice, IEEE, 2017: 887-895.

[29] ZHANG X, WANG R, JIANG X, et al.Spatially variant defocus blur map estimation and deblurring from a single image[J]. Journal of Visual Communication and Image Representation, 2016, 35: 257-264.

[30] ELDER J H, ZUCKER S W.Local scale control for edge detection and blur estimation[J]. IEEE Transactions on Pattern Analysis and Machine Intelligence, 1998, 20(7): 699-716.

[31] ARBELAEZ P, MAIRE M, FOWLKES C, et al. Contour detection and hierarchical image segmentation[J]. IEEE Transactions on Pattern Analysis and Machine Intelligence, 2010, 33(5): 898-916.

[32] SCHAEFER G, STICH M. UCID. An uncompressed benchmark image dataset for colour imaging[C]// Institute of Electrical and Electronics Engineers.IEEE International Conference on Image Processing. IEEE, 2010: 3537-3540.

[33] XIE S, TU Z. Holistically-nested edge detection[C]//Institute of Electrical and Electronics Engineers.IEEE

International Conference on Computer Vision. Santiago, IEEE, 2015: 1395-1403.

[34] PARK J, TAI Y W, CHO D, et al. A unified approach of multi-scale deep and hand-crafted features for defocus estimation[C]//Institute of Electrical and Electronics Engineers. IEEE/CVF Conference on Computer Vision and Pattern Recognition, Hawaii, IEEE, 2017: 1736-1745.

[35] SHEN X, ZHOU C, XU L, et al. Mutual-structure for joint filtering[C]//Institute of Electrical and Electronics Engineers.IEEE International Conference on Computer Vision. Santiago, IEEE, 2015: 3406-3414.

[36] PUROHIT K, SHAH A B, RAJAGOPALAN A N. Learning based single image blur detection and segmentation[C]//Institute of Electrical and Electronics Engineers.2018 25th IEEE International Conference on Image Processing (ICIP). Athens, IEEE, 2018: 2202-2206.

[37] TANG C, ZHU X, LIU X, et al. Defusionnet: Defocus blur detection via recurrently fusing and refining multi-scale deep features[C]//Institute of Electrical and Electronics Engineers.IEEE/CVF Conference on Computer Vision and Pattern Recognition. Long Beach, IEEE, 2019: 2700-2709.

[38] ZHAO W, ZHAO F, WANG D, et al. Defocus blur detection via multi-stream bottom-top-bottom fully convolutional network[C]//Institute of Electrical and Electronics Engineers.IEEE/CVF Conference on Computer Vision and Pattern Recognition.Salt Lake City, IEEE, 2018: 3080-3088.

[39] WANG L, LU H, ZHANG P, et al. Salient object detection with recurrent fully convolutional networks[J]. IEEE Transactions on Pattern Analysis and Machine Intelligence, 2018, 41(7): 1734-1746.

[40] ZHAO H, QI X, SHEN X, et al. Icnet for real-time semantic segmentation on high-resolution images[C]// European Association for Computer Vision.Computer Vision-ECCV 2018: 15th European Conference. Munich, Germany, 2018: 405-420.

[41] KINGMA D P, BA J. "Adam: A method for stochasticoptimization[J]" arXiv:1412.6980, 2014.

[42] ACHANTA R, HEMAMI S, ESTRADA F, et al. Frequency-tuned salient region detection[C]//Institute of Electrical and Electronics Engineers. IEEE/CVF Conference on Computer Vision and Pattern Recognition. Miami, IEEE, 2009: 1597-1604.

[43] FAN D P, CHENG M M, LIU Y, et al. Structure-measure: a new way to evaluate foreground maps[C]// Institute of Electrical and Electronics Engineers. IEEE International Conference on Computer Vision. Venice, IEEE, 2017: 4548-4557.

[44] TANG C, ZHU X, LIU X, et al. Defusionnet: defocus blur detection via recurrently fusing and refining multi-scale deep features[C]//Institute of Electrical and Electronics Engineers. IEEE/CVF Conference on Computer Vision and Pattern Recognition. Long Beach, IEEE, 2019: 2700-2709.

[45] TANG C, LIU X, AN S, et al. BR2Net: Defocus blur detection via a bidirectional channel attention residual refining network[J]. IEEE Transactions on Multimedia, 2020, 23: 624-635.

[46] ZHAO W, ZHENG B, LIN Q, et al. Enhancing diversity of defocus blur detectors via cross-ensemble network[C]//Institute of Electrical and Electronics Engineers. IEEE/CVF Conference on Computer Vision and Pattern Recognition. Long Beach, IEEE, 2019: 8905-8913.

[47] ZHAO W, HOU X, HE Y , et al. Defocus blur detection via boosting diversity of deep ensemble networks[J]. IEEE Transactions on Image Processing, 2021, 30: 5426-5438.

[48] TAO X, GAO H, SHEN X, et al. Scale-recurrent network for deep image deblurring[C]//Institute of Electrical and Electronics Engineers. IEEE/CVF Conference on Computer Vision and Pattern Recognition. Salt Lake City, IEEE, 2018: 8174-8182.

第 3 章　深度集成学习的图像非聚焦模糊检测

3.1　引言

　　第 2 章讨论了多尺度特征学习的图像非聚焦模糊检测，其侧重于通过设计特殊的网络结构来增强层次表示，如构建加深加宽的网络结构获取高级语义表示以提高非聚焦模糊检测的精度。然而，在非聚焦模糊检测方法中还存在两个亟待解决的问题，一是现有加深加宽的单个非聚焦模糊检测器缺乏多样性，且大量参数导致计算成本高昂，限制了其在计算资源受限场景下的引用；二是与一些其他任务不同，非聚焦模糊检测具有语义关联较弱的特点，非聚焦模糊区域通常不具有完整的语义信息，通过上述方法获得的高级语义信息并不总是能提高准确性，不正确地使用这些高级语义信息甚至会造成性能下降。

　　本章通过探索深度集成网络来解决上述两个问题。集成学习是机器学习中一种广泛应用且有效的技术，其通过集成多个不同的分支学习器所产生的多样性结果来改善性能。针对第一个问题，3.2 节提出了深度交叉集成网络[1]，与利用加深加宽的网络训练单个非聚焦模糊检测器的方法不同，其将非聚焦模糊检测拆解为多个较小的非聚焦模糊检测器，并设计了交叉负相关和自负相关与误差函数来提高集成的多样性和平衡个体的准确性，成功在不增加较多计算量的情况下有效提升了非聚焦模糊检测器的多样性。针对第二个问题，3.3 节提出了自适应集成网络[2]，专注于探索非聚焦模糊区域中不完全语义信息的有效利用，主要目的是在集成多个非聚焦模糊检测器产生的不同结果时能够使检测误差相互抵消，用自适应集成不完整的语义信息提升模糊检测的精度。3.4 节将对上述方法进行总结，给出方法的核心思想及启示，并说明方法的实际应用场景。

3.2　深度交叉集成网络

3.2.1　方法背景

　　深度卷积神经网络（Deep Convolutional Neural Networks，DCNN）能直接智能地学习输入的层次表示，在许多视觉任务中取得了优异的性能。研究人员已经做出相当大的努力来增强具有更大容量的 DCNN。例如，增加深度[3-4]、扩大宽度[5-6]、新型层[7-8]等。受此启发，研究人员已经提出了几种基于 DCNN 的非聚焦模糊检测模型。有些研究[9-10]以逐块扫描的方式测量块中的非聚焦模糊，导致大量冗余计算。虽然后来通过探索更深或更宽的网络[11-12]在非聚焦模糊检测方面取得了进展，但是它们的单个非聚焦模糊检测器缺乏多样性，大量参数导致计算成本高昂。

　　本节从不同角度提出方法的动机，如图 3.2.1 所示。第一行表达了一个具有代表性的模型（文献[11]中的模型），该模型具有更宽、更深的网络，能加快非聚焦模糊检测的进展，但是非聚焦模糊检测器缺乏多样性。本节采用分工的方法，将其分解为多个较小的非聚焦模糊检测器（卷积层的数量 $L_C < L_W$）。其关注的主要是如何增强这些非聚焦模糊检测器的多样性（左侧虚线框）和如何实现参数较少的网络（右侧虚线框）。

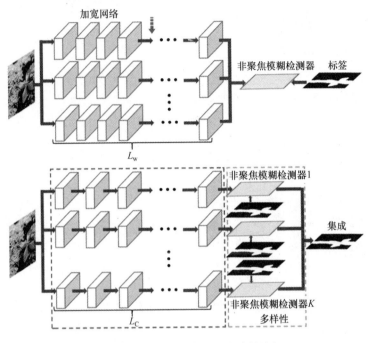

图 3.2.1　从不同角度提出方法的动机

本节提出了一种深度非聚焦模糊检测器交叉集成网络（CENet）。采用分工的方法，首先通过将非聚焦模糊检测问题分解为多个较小的非聚焦模糊检测器；然后将这些非聚焦模糊检测器与均匀加权平均值相结合，其与单个非聚焦模糊检测器相比，有望减少非聚焦模糊检测的误差。对于每个个体，本节设计了交叉负相关和自负相关与误差函数，以增强集合的多样性并平衡个体的准确性。

CENet 的核心思想是通过 CENet 增强非聚焦模糊检测器的多样性，从而使估计误差可以相互抵消。本节的重点是通过交叉集成策略和计算效率来增强分集。因此，本节认为端到端 DCNN 由两个逻辑部分组成：特征提取器网络（FENet）和非聚焦模糊检测器交叉集成网络（DBD-CENet）。FENet 旨在提取低级特征，将特征输入到由两个子网络并排组成的 DBD-CENet 中，以学习两组非聚焦模糊检测器。通过交叉负相关和自负相关与误差函数来交替优化当前组的每个非聚焦模糊检测器，以惩罚另一组和当前组的相关性以增强分集。本节设计了多个浅层网络来产生非聚焦模糊检测器。此外，还采用了卷积特征共享策略来进一步降低网络参数。

总体而言，本节的主要贡献有三方面：

（1）通过使用 CENet 来增强非聚焦模糊检测器的多样性，为非聚焦模糊检测提供了一个新的视角。两组非聚焦模糊检测器通过各自的交叉负相关性和自负相关性交替优化，以增强多样性。

（2）利用多个浅层网络产生非聚焦模糊检测器，并采用卷积特征共享策略实现 CENet。

与更深或更宽的网络（文献[11]中的网络）相比，CENet 实际上是可行的，计算成本更低。

（3）大量的性能评估表明，本节提出的方法在非聚焦模糊检测精度和计算速度方面优于其他先进方法。

3.2.2　深度交叉集成网络模型

3.2.2.1　深度交叉集成网络建模

假设可以访问 N 个训练样本，$X=\{x_1,x_2,\cdots,x_n\}$。样本为 M 维，$M=H\times W\times C$，其中，H、W 和 C 分别表示第 i 个样本的高度、宽度和通道数。学习并估计非聚焦模糊检测映射 $Y=\{y_1,y_2,\cdots,y_n\}$，其中对于 D 维空间中的每个 y_i，$D=H\times W$。待学习问题是使用集合 X 来学习一个或多个检测器，以近似从输入到输出的正确映射。根据检测器数量的不同，网络模型分为三类：单检测器网络（SENet）、多检测器集成网络（MENet）和 CENet，它们的公式说明如下。

SENet：基于单检测器网络的习惯进行非聚焦模糊检测任务，如文献[11]和[12]。为了提高性能，深化或扩大网络是一种常见的策略。然而，众多的参数使优化变得困难并且计算消耗很大。本节使用参数化检测器 f 的最小化期望均方误差来找到参数 w 的集合。

$$e(f)=\frac{1}{N}\sum_{i=1}^{N}[f(x_i,w)-y_i]^2 \tag{3.2.1}$$

式中，$e(\cdot)$ 表示均方误差。不同检测器的集成方法如图 3.2.2 所示。由于缺乏多样性，SENet 很难获得最佳结果（见图 3.2.3）。

图 3.2.2 从上到下所示分别为 SENet 框架、MENet 框架和 CENet 框架。卷积网络的每层由一个卷积和一个整流线性单元组成。具有相同颜色的卷积网络表示可以共享参数。

图 3.2.3 从上到下所示分别为源图像、SENet 结果、MENet 结果、CENet 结果和真值。从图中可以看出，CENet 始终能生成最接近真值的非聚焦模糊检测图。

MENet：MENet 包含一组检测器，而不是单个检测器，$F=\{f_1,f_2,\cdots,f_k\}$，其可以联合训练一组检测器。一旦完成了这一点，个体的输出就会被组合以获得集合 $f^{\wedge}$。本书采用统一加权平均作为组合机制。

$$f^{\wedge}(X;w_1,w_2,\cdots,w_k)=\frac{1}{K}\sum_{k=1}^{K}f_k(X;w_k) \tag{3.2.2}$$

式中，K 为检测器的总数。本节采用了集成方法[13]，该方法在许多应用中取得了成功[14-15]。将集合 $f^{\wedge}$ 视为单个学习单元，有些方法[13,16]使用偏差方差分解：

$$\mathbf{E}\{(f^{\wedge}-Y)^2\}=(\mathbf{E}(f^{\wedge})-Y)^2+\mathbf{E}\{(f^{\wedge}-\mathbf{E}\{f^{\wedge}\})^2\} \tag{3.2.3}$$

式中，使用简写期望算子 $\mathbf{E}\{\cdot\}$ 来表示泛化能力。给定等式（3.2.2），它可以表示为

$$\mathbf{E}\{(f^{\wedge}-Y)^2\}=\frac{1}{K^2}\left(\sum_{k=1}^{K}(\mathbf{E}\{f_k\}-Y)\right)^2+\frac{1}{K^2}\sum_{k=1}^{K}\mathbf{E}\{(f_k-\mathbf{E}\{f_k\})^2\}$$
$$+\frac{1}{K^2}\sum_{k=1}^{K}\sum_{j\neq k}\mathbf{E}\{(f_k-\mathbf{E}\{f_k\})(f_j-\mathbf{E}\{f_j\})\} \tag{3.2.4}$$

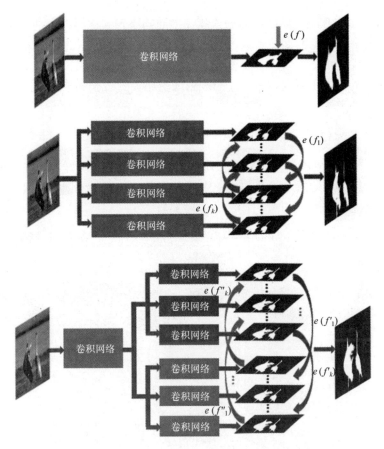

图 3.2.2　不同检测器的集成方法

化简后得

$$\mathbf{E}\{(f^{\hat{}}-Y)^2\}=\frac{1}{K}\sum_{k=1}^{K}\mathbf{E}\{(f_k-Y)^2\}-\frac{1}{K}\sum_{k=1}^{K}\mathbf{E}\{(f_k-f^{\hat{}})^2\} \tag{3.2.5}$$

式中，第一项是个体的加权平均误差；第二项测量集合和每个个体之间的相关性。在此基础上，利用如下损失训练一组非聚焦模糊检测器：

$$e(f_k)=\frac{1}{2}[f_k(X,w_k)-Y]^2-\lambda[f_k(X,w_k)-f^{\hat{}}]^2 \tag{3.2.6}$$

式中，非负权重 λ 表示这两个项之间的权衡。式（3.2.6）中的第二项表示惩罚每个检测器与其他检测器的相关性，以在精度和分集之间进行更好的权衡，从而降低总体损失函数。图 3.2.3 表明，MENet 比 SENet 具有更好的性能。然而，MENet 不能为本节的非聚焦模糊检测任务产生足够的多样性。

CENet：虽然 MENet 提高了检测精度，但当输入图像具有小范围聚焦区域或大范围均匀区域时，它具有局限性（见图 3.2.3）。主要原因是 MENet 并没有有效地鼓励这些检测器，以产生足够的多样性。因此，本节提出了 CENet，它由两组非聚焦模糊检测器构成，$F'=\{f_1',f_2',\cdots,f_k'\}$ 和 $F''=\{f_1'',f_2'',\cdots,f_k''\}$。每组非聚焦模糊检测器分别具有它们自己的参数

$W' = \{w_1', w_2', \cdots, w_k'\}$ 和 $W'' = \{w_1'', w_2'', \cdots, w_k''\}$。从另一个角度考虑式（3.2.6），可以将其分为两项：一项是平衡个体精度的误差函数，另一项是实现集合多样性的负相关。

为了增强集成分集，本节进一步提出了一种交叉负相关损失。每个检测器不仅与当前组的其他检测器负相关，而且与另一组的检测器负相关。对于第一组检测器中的单个检测器有

$$e(f_k') = \frac{1}{2}[f_k'(X;w_k') - Y]^2 - \lambda[f_k'(X;w_k') - f^{\hat{}'}]^2 - \gamma[f_k'(X;w_k') - f^{\hat{}''}]^2 \qquad (3.2.7)$$

式中，$f^{\hat{}''}$ 为第二组检测器的均匀加权平均值。第一项确保准确性；第二项旨在增强当前群体的多样性；第三项侧重于提高与另一组的差异性。λ 和 γ 代表非负权衡权重。第二组中每个检测器的损失如下：

$$e(f_k'') = \frac{1}{2}[f_k''(X;w_k'') - Y]^2 - \lambda[f_k''(X;w_k'') - f^{\hat{}''}]^2 - \gamma[f_k''(X;w_k'') - f^{\hat{}'}] \qquad (3.2.8)$$

式中，$f^{\hat{}'}$ 表示第一组检测器的均匀加权平均值。两组检测器交替优化以增强分集。在图 3.2.3 中，CENet 生成的非聚焦模糊检测图最均匀地突出了聚焦区域，并在过渡区域上具有最清晰的边界。

图 3.2.3　提出的网络生成的非聚焦模糊检测图的比较

3.2.2.2　网络结构细节

在这项工作中，通过 CENet 来增强非聚焦模糊检测器的多样性。本节的重点是通过交叉集成策略和计算效率来增强分集。为了显示交叉集成策略的有效性，采用了简单的卷积神经网络，而没有采用复杂的模型结构。本节采用 VGG16[3] 网络，并对其进行了一些修改作为基线。

图 3.2.4 所示为本节提出的 CENet 架构，其包括两个网络，FENet 和 DBD-CENet。常规地应用集成学习来训练多个卷积网络将显著增加内存成本，相反本节采用分工的方法和卷积特征共享策略来降低内存成本。因此，本节设计了 FENet 来提取低级特征，这些特征由以下并行检测器分支共享。FENet 由 VGG16 网络的前两个卷积块（CB_1 和 CB_2）作为特征提取器，首先该特征提取器以原始 RGB 图像作为输入，并生成 128 个通道的低级别特征图；然后来自 FENet 的特征图被馈送到由平行非聚焦模糊检测器分支组成的以下DBD-CENet 中，用于产生非聚焦模糊检测器每个分支的网络共享参数以减少参数。因此，每个分支由 VGG16 网络的 CB_3、CB_4 和 CB_5（或 CB′_3、CB′_4 和 CB′_5）的最后三个完全卷积块组成。最后是卷积层用 k 个通道将 512 个通道转换为 k 个非聚焦模糊检测器。所以本节将这个卷积块命名为检测器生成层（DGL），通过组合由两个分支产生的非聚焦模糊检测器来获得非聚焦模糊检测图。

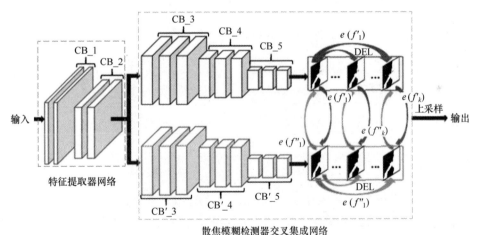

图 3.2.4　本节提出的 CENet 架构

在图 3.2.4 中，每个虚线框被认为是一个卷积块（CB）。每个卷积块后面都有一个池化层，最后一个除外。首先，本节输入的 RGB 图像由 FENet 处理，该 FENet 由两个卷积块：CB_1 和 CB_2 组成，以提取低级特征。然后，将特征输入到包含两个平行分支的 DBD-CENet中，用于学习两组分集非聚焦模糊检测器，并用于产生非聚焦模糊检测器每组的网络共享参数。因此，每个分支由三个卷积块组成：CB_3、CB_4 和 CB_5（或 CB′_3、CB′_4 和 CB′_5），顶部是检测器生成层，分别由具有 k 个通道的卷积层组成。最后，组合多个非聚焦模糊检测器，进行上采样操作，以获得最终的非聚焦模糊检测图。

SENet 和 MENet 包括 FENet 和 DBD-CENet 的一个分支。为了实现与 CENet 的公平比

较，SENet 和 MENet 的设计容量与 CENet 的相同。具体地，VGG16 网络的最后三个全卷积块中的每个卷积层的通道数加倍。

3.2.3　模型训练

本节采用迭代训练策略来训练 CENet。首先在 ImageNet[17]上用 VGG16 网络的预训练参数训练 FENet 和 DBD-CENet 的一个分支；然后固定 FENet，并使用第一个分支的训练参数初始化另一个分支；最后以迭代的方式对每个迭代的 DBD-CENet 的两个分支进行微调。两个非聚焦模糊检测器分支的梯度可以分别通过以下方式获得

$$\frac{\partial e(f_k')}{\partial f_k'} = [f_k'(X;w_k') - Y] - 2\lambda[f_k'(X;w_k') - f^{\wedge \prime \prime}] - 2\gamma[f_k'(X;w_k') - f^{\wedge \prime \prime}] \qquad (3.2.9)$$

$$\frac{\partial e(f_k'')}{\partial f_k'} = [f_k''(X;w_k'') - Y] - 2\lambda[f_k''(X;w_k'') - f^{\wedge \prime \prime}] - 2\gamma[f_k''(X;w_k'') - f^{\wedge \prime}] \qquad (3.2.10)$$

式中，f_k' 和 f_k'' 代表两个分支模型。在测试阶段，使用两组检测器根据式（3.2.11）来计算最终的非聚焦模糊检测结果。

$$Y = \frac{1}{K}\sum_{k=1}^{K} f_k'(X;w_k') + \frac{1}{K}\sum_{k=1}^{K} f_k''(X;w_k'') \qquad (3.2.11)$$

式中，Y 代表最终的非聚焦模糊检测映射；X 代表输入图像。

3.2.4　实验

3.2.4.1　实验设置

基准数据集：实验使用了两个具有逐像素标注的公开可用的基准数据集。

第一个是 CUHK 模糊数据集[18]，由 704 张部分非聚焦模糊图像组成，它包括但不限于背景杂乱的各种场景。第二个是 DUT 非聚焦模糊数据集[11]。它包括 500 张测试图像，许多图像包含多尺度聚焦区域。本节采用文献[11]的策略来训练本节的模型，其中 604 张中大图像模糊数据集用于训练，其余 100 张图像和 DUT 非聚焦模糊数据集用于测试。此外，本节还执行数据扩充（如翻转）。

实施细节：使用 GTX1080TI GPU 在 TensorFlow 中实现所提出的网络和训练过程。使用 Adam[19]优化器优化本节的网络，动量值为 0.9，权重衰减为 5×10^{-3}。本节固定的学习率为 1×10^{-4}，小批量为 2。

评估指标：本节使用了 3 个评估指标，包括 MAE、F-measure 和 PR 曲线，各指标的含义请参照 1.3.2 节。其中，F-measure 计算时取 $\beta^2 = 0.3$，以强调精度。每个映射都使用自适应阈值进行二值化，该阈值是非聚焦模糊检测映射的平均值的 1.5 倍。

3.2.4.2　与先进方法的比较

本节用 CENet 与 6 种较先进的非聚焦模糊检测方法进行了比较，包括判别模糊检测特征（DBDF[18]）、光谱和空间（SS[20]）、深度和手工制作的特征（DHCF[9]）、高频多尺度融合和梯度幅度排序变换（HiFST[21]）、局部二元进制模式（LBP[22]）和 BTBNet[11]。

为了公平比较，使用推荐的参数设置来实现这些方法，或者采用作者提供的非聚焦模糊检测映射。

图 3.2.5 所示为 CENet 生成的结果与其他先进方法生成的结果的视觉比较，显示了各种具有挑战性的情况。例如，背景杂乱的各种场景和从小尺度到大尺度的多尺度聚焦区域。可以看出，本节的 CENet 最均匀地突出了聚焦区域，并在过渡区域产生了清晰的边界。CENet 对于检测不同尺度的聚焦区域具有最佳结果（见图 3.2.5 第二行和第三行中的小尺度检测和大尺度检测）。在图 3.2.5 的第五行中，除 CENet 外，几乎所有方法都会因为背景杂乱和区域均匀而产生噪声。

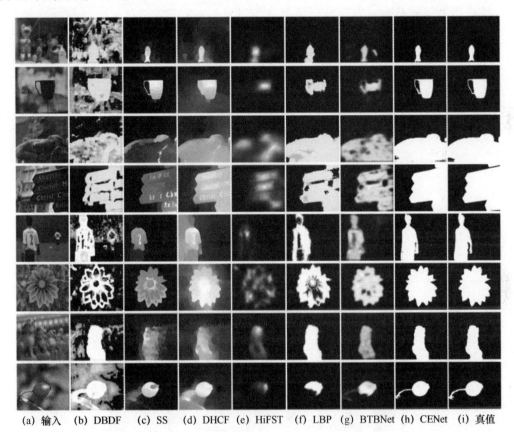

(a) 输入　(b) DBDF　(c) SS　(d) DHCF　(e) HiFST　(f) LBP　(g) BTBNet　(h) CENet　(i) 真值

图 3.2.5　CENet 生成的结果与其他先进方法生成的结果的视觉比较

表 3.2.1 所示为 F-measure 值和 MAE 值的定量比较。可以看到，在两个基准数据集的 F-measure 和 MAE 方面，CENet 都优于其他方法。比较 F-measure，CENet 在 DUT 数据集和 CHU 大数据集上分别比第二好的方法 BTBNet 高 2.2%和 4.5%。此外，CENet 在两个数据集中都显著降低了 MAE 值。同时，CENet 也非常高效，速率为 15.63 FPS，比第二快的方法 SS[20]快 6.2 倍。使用 DUT 数据集和 CUHK 数据集将 CENet 的 PR 曲线和 F-measure 值与其他先进方法的 PR 曲线和 F-measure 值进行比较，如图 3.2.6 和图 3.2.7 所示。可以看到，CENet 在两个数据集上都优于其他方法。

表 3.2.1　F-measure 值和 MAE 值的定量比较

数据集	指标	DBDF	SS	DHCF	HiFST	LBP	BTBNet	CENet
DUT	F-measure	0.565	0.699	0.470	0.693	0.726	0.767	**0.789**
	MAE	0.379	0.289	0.408	0.246	0.191	0.192	**0.135**
CHUK	F-measure	0.674	0.734	0.477	0.770	0.786	0.861	**0.906**
	MAE	0.289	0.229	0.372	0.220	0.136	0.111	**0.059**
DUT&CHUK	速率/FPS	0.022	2.530	0.085	0.021	0.111	0.040	**15.63**

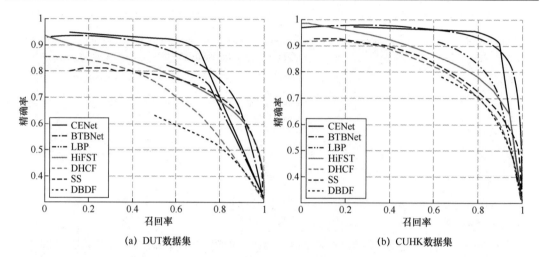

(a) DUT数据集　　　(b) CUHK数据集

图 3.2.6　使用 DUT 数据集和 CUHK 数据集将 CENet 的 PR 曲线与其他先进方法的 PR 曲线进行比较

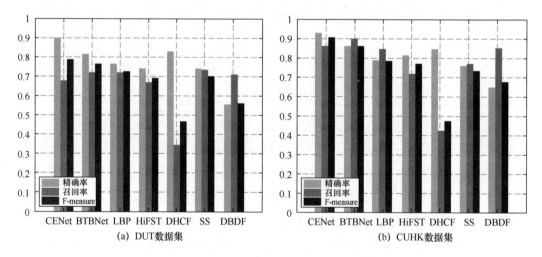

(a) DUT数据集　　　(b) CUHK数据集

图 3.2.7　使用 DUT 数据集和 CUHK 数据集将 CENet 的 F-measure 值与其他先进
方法的 F-measure 值进行比较

表 3.2.1 最后一行列出了在配备 Intel 3.4GHz CPU 和 32GB 内存的工作站上测试的 320
像素×320 像素图像的所有方法的速度。

3.2.4.3 消融实验

CENet 与 SENet 和 MENet 比较：为了验证增强非聚焦模糊检测器多样性的有效性，将 CENet 与 SENet 和 MENet 进行了比较，SENet 和 MENet 的容量与 CENet 的相同（见 3.2.2 节）。表 3.2.2 所示为使用 DUT 数据集和 CUHK 数据集中的 F-measure 值和 MAE 值比较 CENet、SENet 和 MENet，表明 CENet 增强了非聚焦模糊检测器的多样性，实现了更好的性能。

表 3.2.2　使用 DUT 数据集和 CUHK 数据集中的 F-measure 值和 MAE 值比较 CENet、SENet 和 MENet

方法	DUT		CUHK	
	F-measure	MAE	F-measure	MAE
SENet	0.750	0.152	0.884	0.066
MENet	0.758	0.149	0.896	0.062
CENet	**0.789**	**0.135**	**0.906**	**0.059**

参数 γ 和 λ 的有效性：如 3.2.2 节所述，式（3.2.7）和式（3.2.8）中的 γ 和 λ 代表交叉负相关和自负相关之间的权衡。较大的 γ 将鼓励交叉多样性，较大的 λ 将鼓励自我多样性。但过大的 γ 和 λ 会降低个体的准确性。本节首先研究 γ 的影响，并将 λ 设置为 0。表 3.2.3 所示为在 DUT 数据集和 CUHK 数据集上使用 F-measure 值和 MAE 值的参数 γ 和 λ 的影响。可以看出，γ=0.01 可以产生更好的结果，将 γ 设置为 0.01，并调整参数 λ。在表 3.2.3 中，可以看到 λ=0.1 在两个数据集上都获得了较好的结果。

表 3.2.3　在 DUT 数据集和 CUHK 数据集上使用 F-measure 值和 MAE 值的参数 γ 和 λ 的影响

方法	DUT		CUHK	
	F-measure	MAE	F-measure	MAE
CENet 具有不同的 γ 值（$\lambda=0$）				
CENet　$\gamma=0.1$	0.740	0.160	0.899	0.066
CENet　$\gamma=0.05$	0.746	0.157	0.898	0.061
CENet　$\gamma=0.01$	0.766	**0.144**	0.904	**0.059**
CENet　$\gamma=0.005$	**0.770**	0.146	**0.905**	0.062
CENet　$\gamma=0.001$	0.762	0.146	0.901	0.062
CENet 具有不同的 λ 值（$\gamma=0$）				
CENet　$\lambda=0.1$	**0.789**	**0.135**	**0.906**	**0.059**
CENet　$\lambda=0.05$	0.781	0.137	**0.906**	0.063
CENet　$\lambda=0.01$	0.783	0.139	0.903	0.061
CENet　$\lambda=0.005$	0.781	0.138	0.904	0.062
CENet　$\lambda=0.001$	0.778	0.140	0.905	0.060

参数 K 的选择：参数 K 表示交叉系统网络中非聚焦模糊检测器的数量。表 3.2.4 所示为在 DUT 数据集和 CUHK 数据集上对 CENet 的不同 K 值的 F-measure 值和 MAE 值进行比较。可以看出，更多的非聚焦模糊检测器可以获得更好的性能。

表 3.2.4　在 DUT 数据集和 CUHK 数据集上对 CENet 的不同 K 值的 F-measure 值和 MAE 值进行比较

方法	DUT		CUHK	
	F-measure	MAE	F-measure	MAE
CENet K=16	0.789	0.136	0.897	0.069
CENet K=32	**0.793**	**0.135**	0.899	0.069
CENet K=64	0.789	**0.135**	**0.906**	**0.059**

考虑到模型的复杂性和计算效率，本节将 K 取为 64，这已经达到了现有技术的领先水平。

3.3　自适应集成网络

3.3.1　方法背景

前面提到，目前非聚焦模糊检测的进展主要通过探索多尺度或多层次特征来实现[23-27]，并且非聚焦模糊检测已经取得了不俗的性能。然而，对非聚焦模糊检测准确性的挑战仍然存在，与其他像素级分类任务（如显著性检测和对象分割）主要采用高级语义信息来帮助其分类不同，非聚焦模糊检测具有弱语义关联的特点。换句话说，高级语义信息并不总是能够帮助非聚焦模糊检测提高准确性（如同质区域检测），甚至会降低非聚焦模糊检测的性能。非聚焦模糊检测的一个具有挑战性的例子如图 3.3.1 所示。显著性检测和对象分割有效地利用了对象（如鸟和猫）的高级语义特征来实现准确的像素级分类。相反，非聚焦模糊区域具有不完整的语义信息[28]（如猫的一部分及草坪和石头的一部分）。因此，一般的非聚焦模糊检测网络会倾向通过学习边缘和对比度等低级特征来检测非聚焦模糊区域，而这样又忽略了高级语义信息，这是检测均匀区域的重要线索。

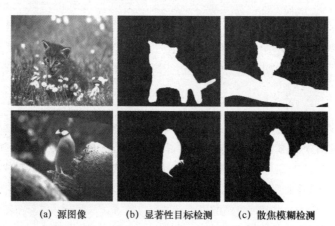

(a) 源图像　　　　(b) 显著性目标检测　　　(c) 散焦模糊检测

图 3.3.1　非聚焦模糊检测的一个具有挑战性的例子

本节通过探索深度集成网络来解决上述问题，深度集成网络通过提高非聚焦模糊检测器的多样性来迫使网络生成不同的结果，其中一些结果更多地依赖于高级语义信息，而另一些结果依赖于低级语义信息。不同的结果集成会使检测误差相互抵消。以具有挑战性的同质区域检测为例,均匀区域在外观上几乎没有差异,这使检测结果通常包含噪声。由于本节鼓励多个检测结果的多样性,因此多个检测误差可以通过集成策略相互抵消,以提高均匀区域的检测结果。

集成学习方法是改进许多视觉任务的有效方法,其性能关键取决于多个学习者之间的多样性水平[28-31]。传统上,集成网络是由浅层神经网络[32-33]进行的,这些网络难以有效地表达特征。最近,研究人员使用 DCNN 进行了集成网络,以利用 DCCN 强大的特征表达优势来增强多样性。大多数集成学习方法通过配备精心设计的多样性约束损失,及两种策略来实现多样性:①为不同的学习者训练多个深度网络分支[34-38];②训练具有多个头部的公共深度网络分支,以产生不同的结果[39-45]。然而,单独生成的多个分支通常会造成更大的计算成本,并且如果没有任何特定的网络设计和分集约束,则具有一个公共分支的多个头不能提供分集。因此,如何在降低计算成本的同时提高多样性成为设计深度集成网络的主要挑战。

针对现有深度集成网络结构中的上述问题,本节从不同角度提出了两种新的深度集成网络。一方面,本节提出了一种自适应集成网络(AENet),通过引入轻量级序列适配器(SA)来增加检测器的组内分集,同时引入较少的参数。另一方面,本节通过探索编码器编码特征的多样性和这种多样性特征的集成策略,提出了一种编码器特征集成网络(EFENet),使特征误差相互抵消。与 AENet 相比,EFENet 侧重于增强特征的多样性,其只生成一个检测器,就能实现优越的性能。

本节的两个深度集成网络的动机描述如下。

AENet:3.2 节提出的 CENet 提高了非聚焦模糊检测的性能。CENet 是利用并行网络分支生成具有组内分集和组间分集的两组非聚焦模糊检测器,并实现共享权重机制以降低参数和计算消耗的。然而,在一个分支内共享高级特征将削弱组内非聚焦模糊检测器的多样性。因此,本节进一步提出了 AENet,通过在最终预测输出之前在卷积层之后构建轻量级序列适配器,从而自适应地学习与其他非聚焦模糊检测器不同的特征,以提高非聚焦模糊检测器的组内多样性。

AENet 能共享每个非聚焦模糊检测器网络的大部分参数,并为每个非聚焦抖动检测器学习少量新参数,以增强多样性,而不引入太多参数和计算。由于其使用了一组非聚焦模糊检测器,因此本节只对每个非聚焦模糊检测采用自负相关损失和误差损失,以实现精度和多样性之间的权衡。

EFENet:CENet 和 AENet 都能生成多个不同的非聚焦模糊检测器,将它们集成以获得最终结果。EFENet 从不同的角度探索了多种编码特征的多样性及这些多样特征的集成策略(如组信道均匀加权平均集成和自门加权集成)。从结构上讲,EFENet 先通过一个编码器来产生多组卷积特征,然后采用解码器从多组卷积特征的集合中获得最终结果。这种结构设计具有以下优点:①多样性由参数较少的编码特征来表示,以降低计算成本;②简单的均方误差损失可以实现优越的性能,而不是复杂的损失设计,如 CENet 和 AENet 中的互负相关损失和自负相关损失。

本节的主要贡献可概括如下:

(1)提出了 AENet,通过为一个骨干网络构建一系列轻量级序列适配器来学习每个非聚焦模糊检测器的少量新参数。与 CENet 相比，AENet 可以产生更多样化的结果，并能实现更高的准确性。

（2）从另一个角度来看，本节通过探索多种编码特征的多样性及这些多样特征的集成策略（如组信道加权平均集成和自门加权集成）提出了 EFENet。与 CENet 和 AENet 相比，EFENet 的分集由参数较少的编码特征表示，并且使用简单的均方误差损失，就可以实现优越的性能。

（3）提供了全面的实验，如对 CENet、AENet 和 EFENet 的计算速度和精度的比较，多样性分析等。

与文献[37]相比，本节从不同角度提出了两种新的深度集成网络。一种是 AENet，它通过序列适配器来增强非聚焦模糊检测器的组内多样性；另一种是 EFENet，它能增强编码特征的多样性。此外，本节还通过更全面的实验和分析来证明 AENet 和 EFENet 的有效性。

3.3.2　自适应集成网络模型

3.3.2.1　自适应集成网络建模

负相关学习（NCL）已被探索用于神经网络集成[12,46-47]，利用 DCCN 强大的特征表达优势，进行基于 NCL 的深度集成网络来改进视觉任务[14,41]。本节应用基于 NCL 的集成学习的思想，但专注于网络结构的具体设计，以提高多样性，降低计算成本。通过式（3.3.1）～式（3.3.8）简要介绍 NCL[13-14,41,46-47]的基本理论，以确保本节是自洽的。

假设非聚焦模糊检测有 N 个训练样本，$X = \{x_1, x_2, \cdots, x_N\}$，有 M 维，$M = H \times W \times C$。H、W 和 C 分别代表第 i 个样本的通道的高度、宽度和数量。给定输入图像，本节的目标是学习输出非聚焦模糊检测映射 $Y = \{y_1, y_2, \cdots, y_N\}$，其中对于 D 维空间中的每个 y_i，$D = H \times W \times 1$。换句话说，本节设计了用样本 X 训练的深度集成网络，以学习从输入到输出的拟合函数。

非聚焦模糊检测的不同集成网络的图解表示如图 3.3.2 所示。每一层都包括一个具有整流线性单元的卷积，具有相同颜色的 ConvNet（卷积网络）表示共享参数。SA 表示序列适配器，Encoder 表示编码器，Decoder 表示解码器。$e(f_k)$ 表示第 k 个检测器的优化损耗，$e(f_k')$ 和 $e(f_k'')$ 分别表示不同组的第 k 个检测器的优化损耗。

现有的深度网络模型主要基于单个检测器（表示为 SENet）。为了增强模型的特征表达，本节在深度网络或广度网络中添加了精心设计的架构（如文献[12,25,44]）。最后利用网络学习单个检测器，该检测器通过损失进行优化［见图 3.3.2（a）］。本节采用均方误差损失 $e(\cdot)$。

$$e(f) = \frac{1}{N}[f(x_i; w) - y_i]^2 \tag{3.3.1}$$

式中，f 为通过网络学习的拟合函数；w 为权重参数。一方面，网络的深化或拓宽会带来大量的权重参数，从而使优化变得困难，并消耗计算。另一方面，单个检测器缺乏多样性，其检测误差无法与其他检测器的检测误差抵消。因此，SENet 很难达到最佳结果［见图3.3.3（b）］。定量分析见第 3.2.4 节。

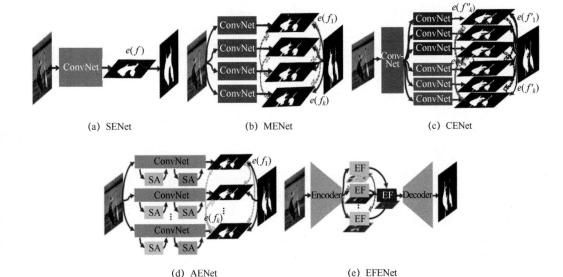

(a) SENet　　　　　　(b) MENet　　　　　　(c) CENet

(d) AENet　　　　　　(e) EFENet

图 3.3.2　非聚焦模糊检测的不同集成网络的图解表示

与单个检测器 f 不同，多个检测器 $F=\{f_1,f_2,\cdots,f_K\}$，其中 f_k 是第 k 个检测器，K 是检测器的总个数，可以通过均匀加权平均进行组合以实现集成 $f^{\hat{}}$。

$$f^{\hat{}}(X;w_1,w_2,\cdots,w_K)=\frac{1}{K}\sum_{k=1}^{K}f_k(X;w_k) \tag{3.3.2}$$

式中，w_k 为第 k 个检测器的权重参数。可以通过 NCL[13-14,41,46] 来联合优化多个检测器。具体而言，给定标签 Y 和集成 $f^{\hat{}}$，均方误差可以分解为以下偏差方差。

$$\mathbf{E}\{(f^{\hat{}}-Y)^2\}=(\mathbf{E}\{f^{\hat{}}\}-Y)^2+\mathbf{E}\{(f^{\hat{}}-\mathbf{E}\{f^{\hat{}}\})^2\} \tag{3.3.3}$$

式中，$\mathbf{E}\{\cdot\}$ 代表简写的期望运算符。顺序地，结合等式（3.3.2），可以得到

$$\mathbf{E}\{(f^{\hat{}}-Y)^2\}=\frac{1}{K^2}\left(\sum_{k=1}^{K}(\mathbf{E}\{f_k\})-Y\right)^2+\frac{1}{K^2}\sum_{k=1}^{K}\mathbf{E}\{(f_k-\mathbf{E}\{f_k\})^2\}$$
$$+\frac{1}{K^2}\sum_{k=1}^{K}\sum_{j\neq k}\mathbf{E}\{(f_k-\mathbf{E}\{f_k\})(f_j-\mathbf{E}\{f_j\})\} \tag{3.3.4}$$

式中，第一项是 F 的二次偏量（$F=\{f_1,f_2,\cdots,f_K\}$），表示为 $b(F)^2$；第二项是 F 的方差，命名为 $v(F)$；第三项是 F 的协方差，表示为 $c(F)$。因此式（3.3.4）可以表示为

$$\frac{1}{K}\sum_{k=1}^{K}\mathbf{E}\{(f_k)-Y^2\}=b(F)^2+K\cdot v(F)+\frac{1}{K}\left[\sum_{k=1}^{K}(\mathbf{E}\{f_k\}-\mathbf{E}\{f^{\hat{}}\})\right]^2 \tag{3.3.5}$$

$$\frac{1}{K}\sum_{k=1}^{K}=-v(F)-c(F)+K\cdot v(F)+\frac{1}{K}\left[\sum_{k=1}^{K}(\mathbf{E}\{f_k\}-\mathbf{E}\{f^{\hat{}}\})\right]^2 \tag{3.3.6}$$

将式（3.3.5）和式（3.3.6）相减，以获得集成误差。

$$\mathbf{E}\{(f^{\hat{}}-Y)^2\}=\frac{1}{K}\left[\sum_{k=1}^{K}\mathbf{E}\{(f_k)-Y^2\}\right]-\frac{1}{K}\left[\sum_{k=1}^{K}\mathbf{E}\{(f_k-f^{\hat{}})\}\right]^2 \tag{3.3.7}$$

式中，第一项是保证个体准确性的误差函数；第二项用来评估集合中每个个体之间的相关性，该相关性被定义为多样性。

在式（3.3.7）中，集成误差不能超过其非聚焦模糊检测器的平均误差，并且使集成网络的优化主要受非聚焦抖动检测器多样性的控制。受文献[14,41]的启发，为了在不牺牲太多单个非聚焦模糊检测器的情况下实现多样性，本节通过以下损失来优化每个检测器。

$$e(f_k) = \frac{1}{2}[f_k(X; w_k) - Y]^2 - \lambda[f_k(X; w_k) - \hat{f}] \qquad (3.3.8)$$

式中，λ 为一个非负超参数，旨在平衡准确性和多样性；第二项通过惩罚检测器之间的相关性来获得分集。图 3.3.2（b）所示为 MENet 的框架，MENet 生成的结果如图 3.3.3（c）所示。可以发现，与 SENet 相比，MENet 的性能提高了。但是 MENet 能通过一个分支网络来共享低级特征和高级特征，这限制了检测器的多样性。

图 3.3.3 显示了两个具有挑战性的示例，如第一行中的精细边缘细节和第二行中的低对比度区域。图 3.3.3（a）～（g）所示分别为源图像、SENet 结果、MENet 结果[41]、CENet 结果[42]、AENet 结果、EFENet 结果和真值。

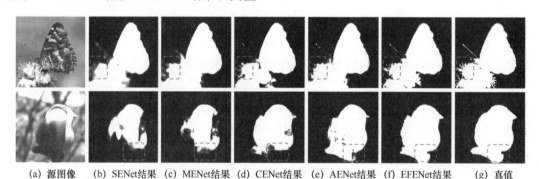

(a) 源图像　(b) SENet结果　(c) MENet结果　(d) CENet结果　(e) AENet结果　(f) EFENet结果　　(g) 真值

图 3.3.3　不同深度集成框架生成的结果比较

AENet 公式建模：虽然 MENet[14,41]提高了非聚焦模糊检测的准确性，但其在精细边缘细节和低对比度区域的检测性能有限 ［见图 3.3.3（c）］。可能是由于具有一组非聚焦模糊检测器的 MENet 不能有效地促进这些检测器的多样性。因此，在文献[42]中提出了构造两组检测器的 CENet。CENet 的框架如图 3.3.2（c）所示，其结果如图 3.3.3（d）所示。可以看出，与 MENet 相比，CENet 进一步提高了非聚焦模糊检测的性能。然而，仍然存在挑战，尤其是当出现低对比度区域时挑战更大。

CENet 能实现并行网络分支，以生成具有组内分集和组间分集的两组非聚焦模糊检测器。然而，在一个分支内共享高级特征将削弱非聚焦模糊检测器的组内多样性。因此，本章进一步提出了 AENet，其通过构建序列适配器来自适应地学习与其他非聚焦模糊检测器不同的特征，框架如图 3.3.2（d）所示。

AENet 能共享每个非聚焦模糊检测器网络的大部分参数，并通过每个非聚焦抖动检测器的序列适配器来学习少量新参数，以增强多样性。利用自负相关损失和误差损失 ［式（3.3.8）］来优化每个非聚焦模糊检测器。

为了实现上述思想，本节需要设计额外的特征学习器，它应该具有强大的特征学习能力，并且包含更少的参数。因此，本节设计的序列适配器如下。

设输入卷积特征的形状为 $C_i \in \mathbb{R}^{W \times H \times C}$。受文献[48-49]的启发，本节通过使串联适配器和并联适配器交叉协作来构建序列适配器，通过分别添加 1×1 滤波器组和一个基，在分集和非聚焦模糊检测精度方面实现有效地提高。公式为

$$C_i' = C_i * (W_1 + A_1) * A_2 + C_i * W_1 * W_2 \qquad (3.3.9)$$

式中，A_1 和 A_2 为滤波器组；W_1 和 W_2 为基；C_i 为第 i 个输出特性；*代表卷积运算。

序列适配器的构建在最终预测输出之前的卷积层之后。其能自适应地学习与其他检测器不同的特征，提高组内分集。从图 3.3.3（e）中可以看出，AENet 的性能进一步提高了，尤其在低对比度区域检测方面。在 3.3.4 节将进行客观比较。

EFENet 公式建模：首先 MENet、CENet 和 AENet 生成了多个不同的非聚焦模糊检测器，然后将它们集成以获得最终结果。与它们不同的是，EFENet 探索了编码特征的多样性和特征的集合策略。EFENet 使用编码器-解码器框架，多样性由编码特征表示，编码特征具有较少的参数能降低计算成本，框架如图 3.3.2（e）所示。

由于解码器网络能生成一个检测器，因此 EFENet 不需要复杂的损耗（如 CENet 和 AENet 中的互负相关损耗和自负相关损耗）。本节采用以下损失和多样性约束。

$$e(f''') = \frac{1}{N}\sum_{n=1}^{N}\{[f'''(x_n;w''') - y_n]^2 + \beta\sum_{i=1}^{P}\sum_{j=1}^{P}\cos(EF_i, EF_j)\} \qquad (3.3.10)$$

式中，f 代表编码器-解码器网络学习的拟合函数；w 为权重参数；EF_i 和 EF_j 分别表示一个检测器的第 i 个编码特征和第 j 个编码特征；β 为一个超参数。

MENet、CENet 和 AENet 学习了多个具有精心设计的负相关损失的不同检测器，通过相互抵消可以减少系统误差。

相反，EFENet 旨在通过学习具有简单均方误差损失和基于余弦的特征多样性约束的不同编码特征来产生准确的检测器［见图 3.3.3（f）］。由 EFENet 生成的非聚焦模糊检测图较均匀地突出了低对比度的聚焦区域，并且在精细边缘细节上具有较清晰的边界。客观比较见 3.3.4 节。

3.3.2.2　网络结构细节

架构设计的动机：对于检测和分割任务，基于卷积神经网络的方法通常侧重于通过设计特殊的网络结构来增强层次表示。例如，低级特征和高级特征集成[50]、多尺度特征融合[51]和特征编码[14]。相反，本节通过集成网络从不同角度做出了贡献，实现了性能的提高，因为来自子网络的多个噪声检测可以被抵消。为了验证所提出的集成策略的有效性，本节选择普通 VGG16 网络[3]作为设计集成框架的骨干网络。请注意，本节的集成框架是灵活的，任何其他复杂的骨干网络都可以用来进一步提高性能。本节对 VGG16 网络做了一些修改并将其作为基线，如删除了其前三个完整的连接层，以保留空间的内容信息。

传统上通过训练多个子网络产生不同的结果，将显著地耗费参数和计算。与此不同的是，通过多个小型检测器的协作，并考虑特征共享策略，可以减少集成网络的参数和计算量。

AENet 的体系结构：AENet 包括一个骨干网络，用于提取低级特征和高级特征。其可添加一系列序列适配器，通过学习较少的参数来生成多样化的检测器。AENet 的架构细节如图 3.3.4 所示。在 AENet 的架构中，首先输入的 RGB 图像会被馈送到骨干网络中，骨干网络包含 5 个卷积块（CB_1、CB_2、CB_3、CB_4 和 CB_5）。请注意，本节为每个检测器复制了骨干网络，以更容易理解及解释 AENet 的架构。然后构建了一系列序列适配器（SA），并将其添加到骨干网络中，以学习少量新参数。最后在每个最终序列适配器的顶部添加了一个检测器生成层（DGL_1），该层包含具有 1 个通道的 1×1 卷积层，以生成不同的结果。

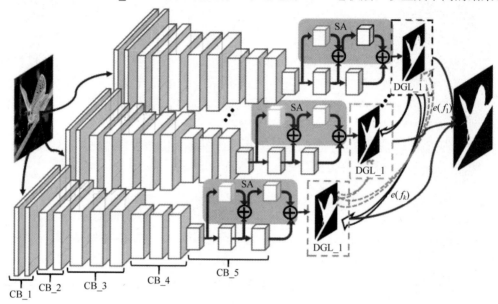

图 3.3.4　AENet 的架构细节

EFENet 的架构：与 AENet 不同，EFENet 使用编码器–解码器框架（见图 3.3.5），其中编码器网络包括 VGG16 网络的前 13 个卷积层，解码器网络包含 8 个卷积层，配置分别为 $1×1×256$、$3×3×256$、$1×1×128$、$3×1×128$、$1×2×64$、$3×4$、$3×2$ 和 $1×1$。$m×n×c$ 分别表示 $m×n$ 的卷积核大小和 c 的卷积核数。除最后一层外，每个卷积层后面都有一个 ReLU 层。在编码器和解码器的卷积块之间要添加跳过连接。

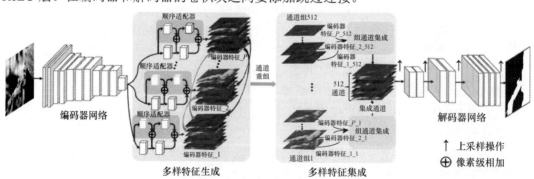

图 3.3.5　EFENet 的架构细节

EFENet 的核心是探索编码特征的多样性和特征的集成策略，使集成网络具有更少的参数，以降低计算成本，同时提高性能。具体而言，序列适配器被添加到等式中具有余弦分集约束的最后两个卷积层中。首先通过式（3.3.10）计算并生成不同的编码器特征，然后通过组合不同编码器特征的相应通道，将通道重新组织为通道组，最后实施通道组集成策略以获得集成特征。

为了在抑制噪声的同时使不同的通道在一个组中合作，一方面采用均匀加权平均，如图 3.3.6（a）所示。另一方面采用自门加权融合策略，如图 3.3.6（b）所示。其中不同通道被馈送到卷积层中来学习 P 个门映射。P 是编码器特征的数量。最后使用不同通道和门映射之间的逐像素相乘运算和逐像素相加运算来获得通道集成。3.3.4 节将进行客观比较。

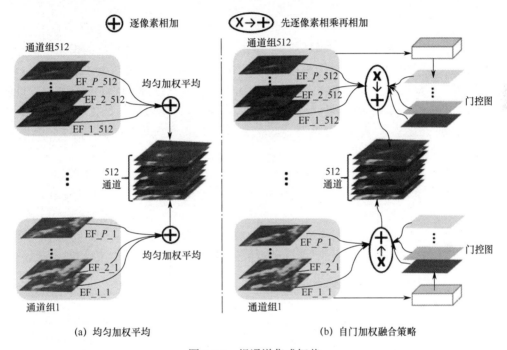

(a) 均匀加权平均　　　　　　　　　　　(b) 自门加权融合策略

图 3.3.6　组通道集成细节

3.3.3　模型训练

AENet 训练：AENet 能共享每个检测器网络的大部分参数，并为每个检测器学习少量的新参数，以增强多样性。由于 MENet 采用由 5 个卷积块组成的一个骨干网络来学习多个检测器的层次特征，因此首先使用 VGG16 网络的预训练参数来训练 MENet；然后利用 MENet 骨干网络的参数，以及具有随机值的序列适配器和检测器生成层，初始化 AENet 的前 5 个卷积块；最后固定前 5 个卷积块，并微调序列适配器和检测器生成层。自负损耗的梯度［式（3.3.8）］计算如下：

$$\frac{\partial e(f_k)}{\partial f_k} = [f_k(X; w_k, a_k) - Y] - 2\lambda [f_k(X; w_k, a_k) - \hat{f}] \tag{3.3.11}$$

在测试阶段，最终结果计算如下：

$$Y' = \frac{1}{K}\sum_{k'=1}^{K} f_k(X; w_k, \alpha_k) \qquad (3.3.12)$$

式中，Y' 表示 AENet 生成的最终非聚焦模糊检测图；K 为检测器的数量。

EFENet 训练：由于 EFENet 能生成一个检测器，不需要复杂的损失（如 CENet 和 AENet 中的交叉负相关损失和自负相关损失），因此 EFENet 可以与梯度联合训练。

$$\frac{\partial e(f''')}{\partial f'''} = \frac{1}{N}\sum_{n=1}^{N}\left\{ 2[f'''(x_n; w''') - y_n] - \beta \sum_{i=1}^{P}\sum_{j=1}^{P}\sin(EF_i, EF_j) \right\} \qquad (3.3.13)$$

3.3.4　实验

3.3.4.1　实验设置

数据集：本节在两个用于非聚焦模糊检测的数据集上评估了所提出的模型，两个数据集为 CUHK 数据集[19]和 DUT 数据集[24,44]。CUHK 数据集包含 704 张背景杂乱、场景多样的部分非聚焦模糊图像，分为 604 张训练图像和 100 张测试图像。DUT 数据集由 600 张训练图像和 500 张具有多尺度聚焦区域的测试图像组成。本节使用来自 CHUK 数据集和 DUT 数据集的 1204 张图像进行训练，使用 100 张来自 CHUK 数据集的图像、500 张来自 DUT 数据集的图像进行测试。

实现细节：本节的框架是通过 TensorFlow 和 PyTorch 实现和训练的，GTX 1080TI GPU 用于加快计算速度。通过 Adam[18]优化了框架，权重衰减为 5×10^{-3}，动量值为 0.9，小批量为 2，学习率固定为 1×10^{-4}。

评估指标：本节使用 MAE、F-measure 和 PR 曲线[42]进行评估。MAE 可以有效地评估输出结果与真值的差异。F-measure 能提供对框架性能的全面评估。

3.3.4.2　消融实验

1. AENet 的有效性分析

序列适配器的有效性：3.3.1 节使用一个序列适配器来构建 AENet，表示为 AENet（1SeqA）。本节将 AENet（1SeqA）与两种方法进行了比较。第一种是用串联适配器[49]取代序列适配器来构建 AENet，表示为 AENet（1SerA）。第二种是用并行适配器[48]替换序列适配器来构建 AENet，表示为 AENet（1ParA）。AENet 中使用的不同适配器的性能比较如表 3.3.1 所示。AENet（1SeqA）在不增加太多计算的情况下实现了非聚焦模糊检测的多样性。

表 3.3.1　AENet 中使用的不同适配器的性能比较

方法	速率/ FPS	DUT				CUHK			
		Diversity'	Diversity''	F-measure	MAE	Diversity'	Diversity''	F-measure	MAE
AENet(1SerA)	25.19	0.053	0.001	0.818	0.123	0.044	0.001	0.908	0.058
AENet(1ParA)	25.29	0.643	0.012	0.815	0.122	0.501	0.010	0.909	0.057
AENet(1SeqA)	22.55	**1.750**	**0.032**	**0.829**	**0.114**	**1.427**	**0.028**	**0.910**	**0.056**

K' 的分析：AENet 包括 K' 个不同的检测器。本节使用一个序列适配器来探索 AENet

中的 K' 值。AENet 中 K' 值的对比分析如表 3.3.2 所示。当 $K'=32$ 时 AENet 能实现更好的性能，达到非聚焦模糊检测的较先进水平。

表 3.3.2　AENet 中 K' 值的对比分析

方法	DUT		CUHK	
	F-measure	MAE	F-measure	MAE
AENet(K'=16)	0.817	0.124	**0.914**	0.058
AENet(K'=32)	**0.829**	**0.114**	0.910	0.056
AENet(K'=64)	0.824	0.117	0.912	**0.054**

序列适配器的评估：3.3.2 节将一系列序列适配器连接到每个非聚焦模糊检测器网络，以构建 AENet。本节研究了 $K=32$ 的 AENet 中不同数量的序列适配器的有效性，表示为 AENet（nSeqA）$n=\{1,2,3\}$。表 3.3.3 所示为对 AENet 中不同数量的序列适配器的评估。随着序列适配器的增加，AENet 的性能变得更好。原因是，更多的序列适配器可以生成更多的结果。

综合考虑计算效率和模型性能，取 $n=2$。

表 3.3.3　对 AENet 中不同数量的序列适配器的评估

方法	DUT		CUHK	
	F-measure	MAE	F-measure	MAE
AENet(1SerA)	0.8293	**0.1137**	0.9098	**0.0557**
AENet(1ParA)	**0.8306**	0.1142	**0.9102**	0.0558
AENet(1SeqA)	**0.8306**	**0.1137**	0.9100	**0.0557**

2. EFENet 的有效性分析

参数 β 的评估：在式（3.3.13）中 β 用于调整编码特征的多样性，即较大的 β 能提高编码特征的分集。为了获得合适的 β，本节评估了不同 β 的性能。用均匀加权平均集成和自门加权融合策略分析 EFENet 中的参数 β 和 P 如表 3.3.4 所示。当 $\beta=0.5$ 时 EFENet 在 DUT 数据集和 CHUK 数据集上都获得了较好的性能。

表 3.3.4　用均匀加权平均集成和自门加权集成策略分析 EFENet 中的参数 β 和 P

方法	DUT		CUHK	
	F-measure	MAE	F-measure	MAE
当 $P=8$ 时验证 β 的有效性				
$\beta=0.5$	**0.854**	**0.094**	**0.914**	**0.053**
$\beta=1.0$	0.827	0.098	0.912	0.054
$\beta=1.5$	0.849	0.099	0.910	0.053
当 $\beta=0.5$ 时验证 P 的有效性				
P=4	0.839	0.106	0.910	0.058
P=8	**0.854**	**0.094**	**0.914**	**0.053**
P=16	0.850	0.098	0.912	0.054

续表

方法	DUT		CUHK	
	F-measure	MAE	F-measure	MAE
当 $\beta = 0.5$ 、 $P = 8$ 时验证集成策略的有效性				
EFENet-UWA	0.854	0.094	**0.914**	**0.053**
EFENet-SGW	**0.858**	**0.092**	0.912	**0.053**

参数 P 的分析：EFENet 中的参数 P 是编码特征的总数。表 3.3.4 评估了 P 的有效性。随着编码特征的增加，EFENet 的性能会先提高后降低。原因可能是编码特征的多样性提高了性能，但过多的多样性会带来噪声。本节取 $P = 8$，这已经达到了现有技术的先进水平。

群通道集成的有效性：3.3.2 节给出了两种群通道的集成策略，以在抑制噪声的同时，使不同的通道在一个群中合作。本节评估具有一致加权平均（UWA）集成和自门加权（SGW）集成策略的 EFENet 的有效性。从表 3.3.4 中可以看出，EFENet-SGW 比 EFENet-UWA 具有更好的性能，但自门加权集成策略需要更多的参数。综合考虑计算成本和模型性能，本节采用 EFENet-UWA 进行以下实验。

3.3.4.3　不同集成方法的比较

在 3.3.3 节中，用更少的计算增强了非聚焦模糊检测器的多样性，本节用到 5 种类型的深度集成网络：SENet、MENet、CENet、AENet 和 EFENet。使用每秒帧数（FPS）、多样性、F-measure 和 MAE 来比较它们在计算速度方面的性能。对于非聚焦模糊检测器的分集测量，使用 l_1 范数和 l_2 范数，其计算如下：

$$\text{Diversity}' = \frac{1}{N \times W \times H} \sum_{n=1}^{N} \sum_{x=1}^{W} \sum_{y=1}^{H} |D_n(x,y) - D^{\wedge}(x,y)| \qquad (3.3.14)$$

$$\text{Diversity}'' = \frac{1}{N \times W \times H} \sum_{n=1}^{N} \left\{ \sum_{x=1}^{W} \sum_{y=1}^{H} [D_n(x,y) - D^{\wedge}(x,y)]^2 \right\}^{\frac{1}{2}} \qquad (3.3.15)$$

式中，$D_n(n = 1, 2, \cdots, N)$ 代表第 n 个非聚焦模糊检测器；$D^{\wedge}$ 表示平均值。

DUT 数据集和 CUHK 数据集上不同集成方法的比较如表 3.3.5 所示。

表 3.3.5　DUT 数据集和 CUHK 数据集上不同集成方法的比较

方法	速率/FPS	DUT				CUHK			
		Diversity'	Diversity''	F-measure	MAE	Diversity'	Diversity''	F-measure	MAE
SENet	**45.50**	—	—	0.750	0.152	—	—	0.884	0.066
MENet	38.77	0.181×10^{-4}	0.108×10^{-4}	0.758	0.149	00.204×10^{-4}	0.118×10^{-4}	0.896	0.062
CENet	25.90	1.792	0.026	0.789	0.135	1.802	0.030	0.906	0.059
AENet	18.33	**2.534**	**0.043**	0.831	0.114	**2.119**	**0.038**	0.910	0.056
EFENet	22.73	0.463×10^{-6}	0.268×10^{-7}	**0.854**	**0.094**	0.198×10^{-5}	0.110×10^{-6}	**0.914**	**0.053**

非聚焦模糊检测器多样性的视觉示例如图 3.3.7 所示。第一行到第三行分别是由

MENet[14,41]、CENet[42]和 AENet 生成的非聚焦模糊检测器。本节展示了 MENet 和 AENet 的前十个非聚焦模糊检测器（$D_1, D_2, \cdots, D_{10}$），以及 CENet 每个分支的前五个非聚焦抖动检测器。

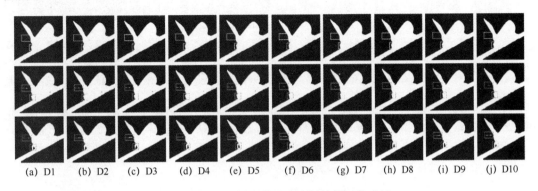

$$(a)\ D1\quad (b)\ D2\quad (c)\ D3\quad (d)\ D4\quad (e)\ D5\quad (f)\ D6\quad (g)\ D7\quad (h)\ D8\quad (i)\ D9\quad (j)\ D10$$

图 3.3.7　非聚焦模糊检测器多样性的视觉示例

本节得到了以下观察结果：

（1）SENet 生成了一个速度较高的非聚焦模糊检测器，但其检测误差无法与其他检测器的检测误差相抵消，因此 SENet 在测试数据集上的性能较差。

（2）MENet 通过一个分支网络来产生多个检测器，比 SENet 工作得更好，并且不会增加太多的计算（38.77 FPS）。然而，一个分支网络能共享低级特征和高级特征，这限制了非聚焦模糊检测器的多样性（见图 3.3.7 的第一行）。

（3）CENet 利用并行网络分支生成了具有组内分集和组间分集的两组非聚焦模糊检测器，并分别共享组间非聚焦模糊检测器的低级特征和组内非聚焦模糊检测器的高级特征，因此 CENet 有效地增强了非聚焦模糊检测器的多样性。例如，CENet 在 Diversity′和 Diversity″方面比 MENet 增加了 5 个数量级和 3 个数量级，并提高了非聚焦模糊检测的性能［见表 3.3.5 和图 3.3.3（d）］。此外，与通常使用多个卷积网络来生成多个非聚焦模糊检测器的方法相比，共享组间检测器的低级特征和组内检测器的高级特征的方法实现了 25.90FPS 的速率。

（4）AENet 能共享每个非聚焦模糊检测器网络的大部分参数，并通过构造序列适配器生成每个非聚焦抖动检测器来学习少量新参数。因此 AENet 解决了 CENet 的问题，即在一个分支内共享高级特征会削弱非聚焦模糊检测器的组内多样性。而且 AENet 与 CENet 相比，提高了非聚焦模糊检测器的多样性（见图 3.3.7 的第三行），并实现了最佳性能［见表 3.3.5 和图 3.3.3（e）］。此外，AENet 的速率高达 18.33 FPS，优于现有的方法。

（5）EFENet 探索的是编码特征的多样性而不是 CENet 和 AENet 中检测器的多样性，其能直接生成一个检测器。本节发现 EFENet 的性能最好，计算速率比 AENet 高 22.73FPS［见表 3.3.5 和图 3.3.3（f）］。表 3.3.5 给出了编码特征多样性的测量值，以供参考。

AENet 生成的结果与其他先进方法生成结果的视觉比较如图 3.3.8 所示。

图 3.38 从左到右所示分别为(a)源图像、(b)DBDF[19]、(c)DHCF[15]、(d)HiFST[21]、(e)LBP[22]、(f)BTBFRR[44]、(g)BTBCRL[24]、(h)DeFNet[25]、(i)AENet、(j)EFENet 和(k)真值。

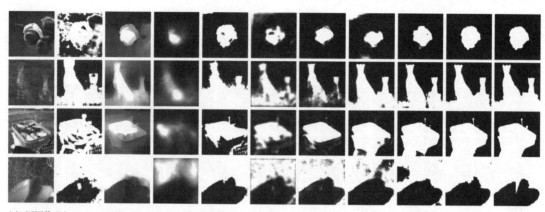

(a) 源图像 (b) DBDF (c) DHCF (d) HiFST (e) LBP (f) BTBFRR (g) BTBCRL (h) DeFNet (i) AENet (j) EFENet (k) 真值

图 3.3.8　AENet 生成的结果与其他先进方法生成结果的视觉比较

3.3.4.4　与先进方法的比较

本节将 AENet 和 EFENet 与 7 种较先进的非聚焦模糊检测方法进行了比较，包括手工制作的基于特征的方法 DBDF[19]、HiFST[21]和 LBP[22]；基于 DCCN 的方法 DHCF[15]、BTBFRR[44]、BTBCRL[24]和 DeFNet[25]。对这些方法已发布的结果或可用代码生成的结果进行比较。

对于定量评估，比较了不同的评估指标，包括表 3.3.6 中的 F-measure 和 MAE，表 3.3.7 中的速率，以及图 3.3.9 和图 3.3.10 中的 PR 曲线、F-measure、召回率和精确率。从表 3.3.6 中可以看出，在 DUT 数据集和 CUHK 数据集上，EFENet 和 AENet 的 MAE 值和 F-measure 值优于其他方法。此外，EFENet 和 AENet 的效率很高，速率分别为 22.730FPS 和 18.330FPS，分别比第三快的方法（DeFNet[25]）快 70.5%和 37.5%。从图 3.3.9 和图 3.3.10 可以看出，EFENet 和 AENet 在这两个数据集上的表现都优于其他方法。

表 3.3.6　使用 MAE 值和 F-measure 值对不同非聚焦模糊检测方法进行定量比较

数据集	指标	DBDF	DHCF	HiFST	LBP	BTBFRR	BTBCRL	DeFNet	AENet	EFENet
DUT	F-measure	0.565	0.470	0.693	0.726	0.767	0.827	0.824	0.831	**0.854**
	MAE	0.379	0.408	0.246	0.191	0.192	0.138	0.120	0.114	**0.094**
CHUK	F-measure	0.674	0.477	0.770	0.786	0.861	0.889	0.809	0.910	**0.914**
	MAE	0.289	0.372	0.220	0.136	0.111	0.082	0.117	0.056	**0.053**

表 3.3.7　不同方法速率的测试（图像大小为 320 像素 × 320 像素）

数据集	指标	DBDF	DHCF	HiFST	LBP	BTBFRR	BTBCRL	DeFNet	AENet	EFENet
DUT&CHUK	速率/FPS	0.022	0.085	0.021	0.111	0.040	0.083	13.330	18.330	**22.730**

图 3.3.8 显示了一些具有代表性的视觉比较结果，其中图像包含低对比度区域和精细边缘细节。EFENet 和 AENet 在过渡区具有较均匀且突出的聚焦区域。此外，在图 3.3.8 中，如果前景对象失焦，EFENet 和 AENet 也能很好地工作。

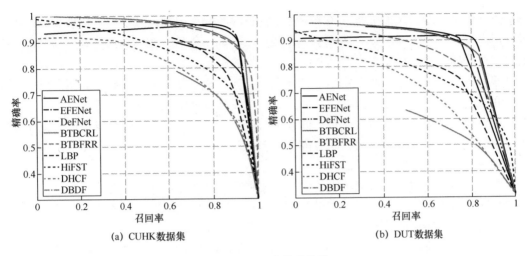

(a) CUHK数据集　　　　　　　　　　(b) DUT数据集

图 3.3.9　PR 曲线的比较

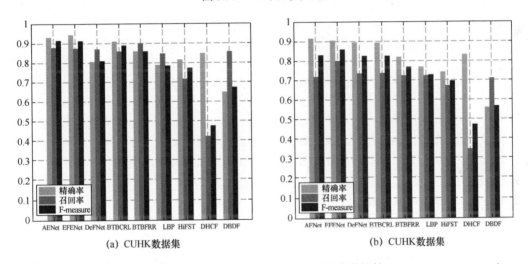

(a) CUHK数据集　　　　　　　　　　(b) CUHK数据集

图 3.3.10　F-measure、召回率和精确率的比较

图 3.3.9 和图 3.3.10 中的 PR 曲线、精确率、召回率和 F-measures 结果说明，EFENet 和 AENet 的 MAE 值和 F-measure 值都优于其他方法的 MAE 值和 F-measure 值。

3.4　小结

本章采用集成学习的方法针对现有非聚焦模糊检测方法中两个亟待解决的问题进行了分析。3.2 节探索了第一个问题：现有加深加宽的单个检测器缺乏多样性，且大量参数造成计算成本高昂。该节提出了一种有效的 CENet 来增强非聚焦模糊检测器的多样性，将非聚焦模糊检测作为一个集成学习问题，学习两组非聚焦模糊检测器，通过互负相关损失和自负相关损失交替优化当前组的每个检测器，以惩罚另一组和当前组的相关性，从而增强分集。3.3 节讨论了第二个问题：非聚焦模糊区域具有不完整的语义信息，不正确地使用这些高级语义信息会造成性能下降。该节专注于探索对非聚焦模糊区域中不完全语义信息的有效利用，设计了一个 AENet，与现有的集成方法不同，其通过构建一系列添加到骨干网络的序列适配器，学习少量新参数，从而生成不同的结果，并引入自负相关和误差函数，在精度和多样性之间进行权衡。3.2 节和 3.3 节均采用集成学习的方法，分析非聚焦模糊检测的现有问题并给出解决方案，基于 3.2 节通过探索集成网络减少非聚焦模糊检测器的参数量并有效使用高级语义信息的思想，读者可以进一步探索不同的交叉集成策略以实现非聚焦模糊检测器的分集增强。同时，可将 3.3 节提到的添加到骨干网络的序列适配器进一步扩展成其他集成方法以有效降低计算量。

　　本章提出了两种基于深度集成学习的图像非聚焦模糊检测方法，其中 3.2 节提出的方法有效降低了模型的计算量，可以部署到一些计算资源受限或对于处理速度有要求的场景中。例如，在摄像机或其他图像采集设备中，需要录制高帧率视频，要求方法能够高速处理多帧图像检测非聚焦模糊，以实时自动调整焦点并获得清晰无模糊的图像与视频。3.3 节提出的方法能够在不增加较多计算量的情况下，利用集成网络生成多样性的结果，可以有效解决非聚焦模糊区域不完整的语义信息对模型性能的影响，能较好地检测从小尺度到大尺度的多尺度聚焦区域，适用于背景杂乱、聚焦主体与背景界限不明显的场景。

参 考 文 献

[1]　ZHAO W, HOU X, HE Y, et al. Defocus blur detection via boosting diversity of deep ensemble networks[J]. IEEE Transactions on Image Processing, 2021, 30: 5426-5438.

[2]　ZHAO W, ZHENG B, LIN Q, et al. Enhancing diversity of defocus blur detectors via cross-ensemble network[C]//Institute of Electrical and Electronics Engineers. IEEE/CVF Conference on Computer Vision and Pattern Recognition. Long Beach, IEEE, 2019: 8905-8913.

[3]　Simonyan K, Zisserman A. Very deep convolutional networks for large-scale image recognition[J]. arXiv, 2014, 1-14.

[4]　HE K, ZHANG X, REN S, et al. Deep residual learning for image recognition[C]//Institute of Electrical and Electronics Engineers.IEEE Conference on Computer Vision and Pattern Recognition. Las Vegas, IEEE, 2016: 770-778.

[5]　Cheng C, Fu Y, Jiang Y G, et al. Dual skipping networks[C]//Institute of Electrical and Electronics Engineers. IEEE Conference on Computer Vision and Pattern Recognition.Salt Lake City, IEEE, 2018: 4071-4079.

[6]　HOU S, LIU X, WANG Z. Dualnet: Learn complementary features for image recognition[C]//Institute of Electrical and Electronics Engineers. IEEE International Conference on Computer Vision.Venice, IEEE, 2017: 502-510.

[7]　HU J, SHEN L, SUN G. Squeeze-and-excitation networks[C]//Institute of Electrical and Electronics Engineers. IEEE Conference on Computer Vision and Pattern Recognition.Salt Lake City, IEEE, 2018: 7132-7141.

[8]　LI P, XIE J, WANG Q, et al. Towards faster training of global covariance pooling networks by iterative matrix square root normalization[C]//Institute of Electrical and Electronics Engineers. IEEE Conference on Computer Vision and Pattern Recognition. Salt Lake City, IEEE, 2018: 947-955.

[9]　PARK J, TAI Y W, CHO D, et al. A unified approach of multi-scale deep and hand-crafted features for

defocus estimation[C]//Institute of Electrical and Electronics Engineers. IEEE Conference on Computer Vision and Pattern Recognition. Honolulu, IEEE, 2017: 1736-1745.

[10] HUANG R, FENG W, FAN M, et al. Multiscale blur detection by learning discriminative deep features[J]. Neurocomputing, 2018, 285: 154-166.

[11] ZHAO W, ZHAO F, WANG D, et al. Defocus blur detection via multi-stream bottom-top-bottom fully convolutional network[C]//Institute of Electrical and Electronics Engineers. IEEE Conference on Computer Vision and Pattern Recognition. Salt Lake City, IEEE, 2018: 3080-3088.

[12] ZHANG S, SHEN X, LIN Z, et al. Learning to understand image blur[C]//Institute of Electrical and Electronics Engineers. IEEE Conference on Computer Vision and Pattern Recognition.Salt Lake City, IEEE, 2018: 6586-6595.

[13] LIU Y, YAO X. Ensemble learning via negative correlation[J]. Neural Networks, 1999, 12(10): 1399-1404.

[14] SHI Z, ZHANG L, LIU Y, et al. Crowd counting with deep negative correlation learning[C]//Institute of Electrical and Electronics Engineers. IEEE Conference on Computer Vision and Pattern Recognition. Salt Lake City, IEEE, 2018: 5382-5390.

[15] SHENG W, SHAN P, CHEN S, et al. A niching evolutionary algorithm with adaptive negative correlation learning for neural network ensemble[J]. Neurocomputing, 2017, 247: 173-182.

[16] GEMAN S, BIENENSTOCK E, DOURSAT R. Neural networks and the bias/variance dilemma[J]. Neural Computation, 1992, 4(1): 1-58.

[17] DENG J, DONG W, SOCHER R, et al. Imagenet: A large-scale hierarchical image database[C]//Institute of Electrical and Electronics Engineers. IEEE Conference on Computer Vision and Pattern Recognition. Fontainebleau, IEEE, 2009: 248-255.

[18] SHI J, XU L, JIA J. Discriminative blur detection features[C]//Institute of Electrical and Electronics Engineers. IEEE Conference on Computer Vision and Pattern Recognition. Columbus, IEEE, 2014: 2965-2972.

[19] KINGA D, ADAM J B. A method for stochastic optimization[J]. arXiv, 2015, 1-14.

[20] TANG C, WU J, HOU Y, et al. A spectral and spatial approach of coarse-to-finc blurrcd image region detection[J]. IEEE Signal Processing Letters, 2016, 23(11): 1652-1656.

[21] ALIREZA GOLESTANEH S, KARAM L J. Spatially-varying blur detection based on multiscale fused and sorted transform coefficients of gradient magnitudes[C]//Institute of Electrical and Electronics Engineers. IEEE Conference on Computer Vision and Pattern Recognition. Honolulu, IEEE, 2017: 5800-5809.

[22] YI X, ERAMIAN M. LBP-based segmentation of defocus blur[J]. IEEE Transactions on Image Processing, 2016, 25(4): 1626-1638.

[23] KIM B, SON H, PARK S J, et al. Defocus and motion blur detection with deep contextual features[J]. Computer Graphics Forum, 2018, 37(7): 277-288.

[24] ZHAO W, ZHAO F, WANG D, et al. Defocus blur detection via multi-stream bottom-top-bottom network[J]. IEEE Transactions on Pattern Analysis and Machine Intelligence, 2019, 42(8): 1884-1897.

[25] TANG C, ZHU X, LIU X, et al. Defusionnet: defocus blur detection via recurrently fusing and refining multi-scale deep features[C]//Institute of Electrical and Electronics Engineers. IEEE/CVF Conference on Computer Vision and Pattern Recognition. Long Beach, IEEE, 2019: 2700-2709.

[26] TANG C, LIU X, ZHU X, et al. R² MRF: defocus blur detection via recurrently refining multi-scale residual features[C]//Association for the Advancement of Artificial Intelligence. AAAI Conference on Artificial

Intelligence.New York, AAAI, 2020: 34(07): 12063-12070.

[27] TANG C, LIU X, ZHENG X, et al. Defusionnet: defocus blur detection via recurrently fusing and refining discriminative multi-scale deep features[J]. IEEE Transactions on Pattern Analysis and Machine Intelligence, 2020, 44(2): 955-968.

[28] ZHANG N, YAN J. Rethinking the defocus blur detection problem and a real-time deep DBD model[C]// European Association for Computer Vision.Computer Vision－ECCV 2020: 16th European Conference. Glasgow, Springer, 2020: 617-632.

[29] SAGI O, ROKACH L. Ensemble learning: a survey[J]. Wiley Interdisciplinary Reviews: Data Mining and Knowledge Discovery, 2018, 8(4): 1249.

[30] REEVE H W J, BROWN G. Diversity and degrees of freedom in regression ensembles[J]. Neurocomputing, 2018, 298: 55-68.

[31] BROWN G, WYATT J L, TINO P, et al. Managing diversity in regression ensembles[J]. Journal of Machine Learning Research, 2005, 6(9): 1621-1650.

[32] RODRIGUEZ J J, KUNCHEVA L I, ALONSO C J. Rotation forest: a new classifier ensemble method[J]. IEEE Transactions on Pattern Analysis and Machine Intelligence, 2006, 28(10): 1619-1630.

[33] REN Y, ZHANG L, SUGANTHAN P N. Ensemble classification and regression-recent developments, applications and future directions[J]. IEEE Computational Intelligence Magazine, 2016, 11(1): 41-53.

[34] AZIERE N, TODOROVIC S. Ensemble deep manifold similarity learning using hard proxies[C]//Institute of Electrical and Electronics Engineers. IEEE/CVF Conference on Computer Vision and Pattern Recognition.Long Beach, IEEE, 2019: 7299-7307.

[35] DVORNIK N, SCHMID C, MAIRAL J. Diversity with cooperation: Ensemble methods for few-shot classification[C]//Institute of Electrical and Electronics Engineers. IEEE/CVF International Conference on Computer Vision.Long Beach, IEEE, 2019: 3723-3731.

[36] MESHGI K, OBA S, ISHII S. Efficient diverse ensemble for discriminative co-tracking[C]//Institute of Electrical and Electronics Engineers. IEEE Conference on Computer Vision and Pattern Recognition. Salt Lake City, IEEE, 2018: 4814-4823.

[37] VYAS A, JAMMALAMADAKA N, ZHU X, et al. Out-of-distribution detection using an ensemble of self supervised leave-out classifiers[C]//European Association for Computer Vision. European Conference on Computer Vision (ECCV). Munich, Springer, 2018: 550-564.

[38] BAI S, ZHOU Z, WANG J, et al. Ensemble diffusion for retrieval[C]//Institute of Electrical and Electronics Engineers.International Conference on Computer Vision. Venice, IEEE, 2017: 774-783.

[39] YE M, GUO Y. Progressive ensemble networks for zero-shot recognition[C]//Institute of Electrical and Electronics Engineers.IEEE/CVF Conference on Computer Vision and Pattern Recognition.Long Beach, IEEE, 2019: 11728-11736.

[40] KIM W, GOYAL B, CHAWLA K, et al. Attention-based ensemble for deep metric learning[C]//European Association for Computer Vision.European Conference on Computer Vision (ECCV). Munich, Springer, 2018: 736-751.

[41] ZHANG L, SHI Z, CHENG M M, et al. Nonlinear regression via deep negative correlation learning[J]. IEEE Transactions on Pattern Analysis and Machine Intelligence, 2019, 43(3): 982-998.

[42] ZHAO W, ZHENG B, LIN Q, et al. Enhancing diversity of defocus blur detectors via cross-ensemble

network[C]//Institute of Electrical and Electronics Engineers. IEEE/CVF Conference on Computer Vision and Pattern Recognition. Long Beach, IEEE, 2019: 8905-8913.

[43] ZENG K, WANG Y, MAO J, et al. A local metric for defocus blur detection based on CNN feature learning[J]. IEEE Transactions on Image Processing, 2018, 28(5): 2107-2115.

[44] ZHAO W, ZHAO F, WANG D, et al. Defocus blur detection via multi-stream bottom-top-bottom fully convolutional network[C]//Institute of Electrical and Electronics Engineers.IEEE Conference on Computer Vision and Pattern Recognition.Salt Lake City, IEEE, 2018: 3080-3088.

[45] ZHANG Y, XIANG T, HOSPEDALES T M, et al. Deep mutual learning[C]//Institute of Electrical and Electronics Engineers.IEEE Conference on Computer Vision and Pattern Recognition.Salt Lake Cit, IEEE, 2018: 4320-4328.

[46] GEMAN S, BIENENSTOCK E, DOURSAT R. Neural networks and the bias/variance dilemma[J]. Neural Computation, 1992, 4(1): 1-58.

[47] BROWN G, WYATT J L, TINO P, et al. Managing diversity in regression ensembles[J]. Journal of Machine Learning Research, 2005, 6(9): 1621-1650.

[48] REBUFFI S A, BILEN H, VEDALDI A. Efficient parametrization of multi-domain deep neural networks[C]// Institute of Electrical and Electronics Engineers. IEEE Conference on Computer Vision and Pattern Recognition.Salt Lake City, IEEE, 2018: 8119-8127.

[49] REBUFFI S A, BILEN H, VEDALDI A. Learning multiple visual domains with residual adapters[J]. Advances in Neural Information Processing Systems, 2017, 30: 506-516.

[50] WANG L, WANG L, LU H, et al. Salient object detection with recurrent fully convolutional networks[J]. IEEE Transactions on Pattern Analysis and Machine Intelligence, 2018, 41(7): 1734-1746.

[51] CHEN L C, YANG Y, WANG J, et al. Attention to scale: Scale-aware semantic image segmentation[C]// Institute of Electrical and Electronics Engineers. IEEE Conference on Computer Vision and Pattern Recognition. Las Vegas, IEEE, 2016: 3640-3649.

第4章 强鲁棒图像的非聚焦模糊检测

4.1 引言

第 3 章提出了基于深度集成学习的图像非聚焦模糊检测方法，该方法针对的是背景杂乱的、聚焦前景与非聚焦背景边界不明显的多尺度下的非聚焦模糊图像，但是该方法都是在单一非聚焦场景（前景聚焦、背景非聚焦）及干扰较小的图像输入设置下进行研究的。在实际应用时，非聚焦场景往往是多样化的，输入图像可能会遭到人为攻击。在这种情况下，模型性能会降低。于是，本章针对全场景下的非聚焦模糊图像和模糊攻击图像，研究如何实现强鲁棒图像的非聚焦模糊检测。

提高模型的鲁棒性是非聚焦模糊检测任务中一个非常具有挑战性的课题，其目的是在强鲁棒输入数据条件下实现稳定而完美的检测性能。具体而言，对于非聚焦模糊检测任务，强鲁棒图像分为两类：一类是全场景的非聚焦模糊图像，包括背景非聚焦图像、前景非聚焦图像、全非聚焦图像和全聚焦图像；另一类是带有对抗攻击的图像，这种强鲁棒图像能够使模糊检测方法做出错误的判断。本章聚焦于这两类强鲁棒图像，探讨在强鲁棒条件下如何提高模型的性能，并通过强鲁棒图像对模型进行攻击，以提高模型的鲁棒性。本章通过下面三节分别论述并总结强鲁棒图像的非聚焦模糊检测模型。4.2 节聚焦于全场景下具有鲁棒性的非聚焦模糊图像，具体而言包括 4 种常见的非聚焦图像，即前景非聚焦图像、背景非聚焦图像、全非聚焦图像和全聚焦图像，设计了多层级的蒸馏学习网络[1]，以提高模型对该类强鲁棒图像的模糊检测性能。4.3 节针对非聚焦模糊检测任务，设计了一种新的基于互参考特征转移（MRFT）的非聚焦模糊检测攻击框架[2]来生成攻击非聚焦模糊检测网络的强鲁棒图像，目的是提高网络的鲁棒性，并且能够生成具有鲁棒性的、成对的清晰模糊图像对，以提高模型对非聚焦去模糊任务的鲁棒性。4.4 节对上述方法进行总结，并阐明这些方法对未来研究的启发意义，给出这些方法的应用场景。

4.2 多层级蒸馏学习的全场景非聚焦模糊检测

4.2.1 方法背景

现有的非聚焦模糊检测方法通常专注于实现多尺度信息或多层次特征集成策略，以解决背景杂乱、聚焦区域对比度过低及边界模糊的问题。这些方法通常在显式的训练、测试数据上表现良好，但当遇到不同类型的非聚焦模糊场景时，其测试性能会下降，模型的鲁棒性不足。典型方法的鲁棒性对比图如图 4.2.1 所示。其中，第一行的四列图像场景分别是前景聚焦场景、背景聚焦场景、全聚焦场景和全离焦场景，第二行到第五行分别是 CENet 的预测结果、DCFNet 的预测结果、本节方法的预测结果和真值。可以看到，CENet 和 DCFNet 在前景聚焦场景这样较常见的场景中表现良好，但在其他模糊类型的场景中表现较差。鲁棒性较差限制了这些方法在实际场景中的应用，如对全离焦图像进行筛选和对全聚焦图像进行识别等。

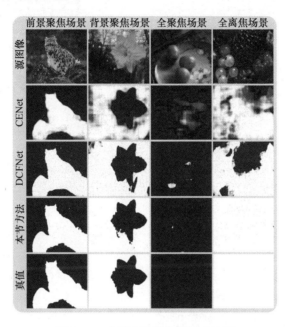

图 4.2.1　典型方法的鲁棒性对比图

现有的非聚焦模糊检测数据集（如 CUHK 数据集[3]和 DUT 数据集[4]）主要包含单一类型的非聚焦模糊场景，即前景聚焦场景。由于很少有多种场景样本可用于训练，如背景聚焦场景、全离焦场景和全聚焦场景，因此先前的方法很难学习能够准确检测各种类型的非聚焦模糊场景的模型。此外，最近的一些非聚焦模糊检测方法探索了改进模糊检测性能的高级机制（如分层特征集成和深度蒸馏）。然而，这些方法主要考虑了广泛使用的 CUHK 数据集和 DUT 数据集中单一类型的非聚焦模糊场景。

本节用更多类型的非聚焦模糊场景数据集来增强 CUHK 数据集和 DUT 数据集的鲁棒性，该数据集命名为 DeFBD+。DeFBD+数据集包含多种非聚焦模糊场景，如前景聚焦场景、背景聚焦场景、全离焦场景和全聚焦场景，其图像数量比 CUHK 数据集和 DUT 数据集的图像数量分别增加了 59.7%和 60.0%。每张图像都有一个像素级别标注的真值。DeFBD+数据集各场景的图像数量统计表如表 4.2.1 所示。

利用增强的 DeFBD+数据集，本节进一步研究了如何设计一个对各种类型的非聚焦模糊场景具有鲁棒性的模型。要实现增强模型鲁棒性的目标，有两个主要挑战。

（1）精细的局部特征表示能力可以帮助模型定位清晰与模糊混合场景（前景聚焦场景或背景聚焦场景）的边界；而全局内容感知能力可以帮助模型区分全离焦场景或全聚焦场景。由于它们的特征空间存在差异，因此这两种能力之间存在相互干扰。

（2）各种类型的非聚焦模糊场景极大地提高了图像中空间相干性的复杂度。

表 4.2.1 DeFBD+数据集各场景的图像数量统计表

阶段	数据集	图 像 数 量			
		前景聚焦场景	全聚焦场景	全离焦场景	背景聚焦场景
训练阶段	CUHK	601	0	0	3
	CUHK+	601	150	150	63
	DUT	598	0	1	1
	DUT+	598	150	151	61
测试阶段	CUHK	100	0	0	0
	CUHK+	100	25	25	10
	DUT	499	0	0	1
	DUT+	499	125	125	51

为了应对上述挑战，直接从各种类型的非聚焦模糊场景中学习局部特征表示和全局内容感知能力的直观解决方案很难优化，并可能对非聚焦模糊检测精度产生负面影响，如图 4.2.2（a）所示。

本节的目标是用增强的 DeFBD+数据集构建一个具有鲁棒性的非聚焦模糊检测框架，以在不同类型的非聚焦模糊检测场景中达到良好的性能。考虑到图像样本之间特征属性的差异，即清晰与模糊混合场景的局部特征表示与全离焦场景或全聚焦场景的全局内容感知，本节提出了一种分离和组合的思想，并成功地实现了一个有能力学习精细的局部特征表示和强大的全局内容感知的网络模型。为了避免这两种能力相互干扰导致的性能下降，本节方法一方面实现了用清晰与模糊混合场景的图像样本训练的像素级非聚焦模糊检测网络，以提取精细的局部特征表示；另一方面构建了一个图像级的非聚焦模糊场景分类网络，该网络使用全离焦场景和全聚焦场景的图像样本进行训练，以提取强大的全局内容感知，如图 4.2.2（b）的左下角所示。本节提出了一种异质蒸馏机制，通过添加新分支将全局内容感知能力转移到像素级非聚焦模糊检测网络，而不干扰局部特征表示能力，如图 4.2.2（b）的右上角所示。本节还设计了一个亲和注意力模块，该模块使用全场景的非聚焦模糊样本进行训练，包括部分模糊/清晰图像样本、全离焦图像样本和全聚焦图像样本，如图 4.2.2（b）的右下角所示。

从另一个角度来看，非聚焦模糊检测可以被视为从掩模镂空和填充的任务，其核心问题是获得聚焦区域和离焦区域之间的精确边界。因此为了避免复杂的空间相干性，本节方法明确地引入了边界检测分支来帮助非聚焦模糊检测网络定位边界。边界检测分支与像素级非聚焦模糊检测网络能共享特征编码器，使特征编码器在捕获边界位置信息时更敏感。

本节方法的主要贡献和创新点如下：

（1）对非聚焦模糊检测的鲁棒性进行了首次探索，并提出了一种分离和组合的框架，以适应不同类型的非聚焦模糊场景。

（2）为了避免由局部特征表示和全局内容感知的相互干扰而引起的性能退化，本节通过像素级非聚焦模糊检测网络和图像级非聚焦模糊场景分类网络来分别学习这两种能力，并提出了异质蒸馏机制将这两种能力结合起来。

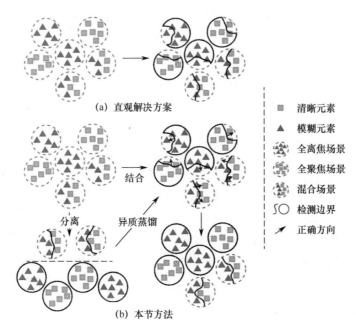

（a）直观解决方案

结合

分离　　　　异质蒸馏

（b）本节方法

清晰元素

模糊元素

全离焦场景

全聚焦场景

混合场景

检测边界

正确方向

图 4.2.2　分离和组合框架的动机

（3）构建了具有像素级注释的全场景非聚焦模糊检测 DeFBD+数据集，并制定了显式的训练测试协议。本节所提出的框架已在 DeFBD+数据集上成功验证。DeFBD+数据集已公开，旨在促进进一步的研究和评估。

4.2.2　多层级蒸馏学习的全场景非聚焦模糊检测模型

由于不同非聚焦模糊场景的样本之间存在特征属性差距，即：局部特征表示用于检测清晰与模糊混合场景，而全局内容感知用于检测全离焦场景或全聚焦场景，直接从整个训练样本中学习这两种能力并非易事。此外，复杂的空间相干性给准确定位检测边界带来了困难。本节专注于构建一个强大的非聚焦模糊检测框架，该框架可在各种非聚焦模糊场景中实现良好的性能。

整体网络结构示意图如图 4.2.3 所示。首先，本节提出了一个分离和组合框架来实现鲁棒的非聚焦模糊检测模型。具体来说，局部特征表示和全局内容感知这两种能力，是通过用部分模糊/清晰样本训练的边界引导的非聚焦模糊检测网络和用全离焦与全聚焦样本训练的分类引导的非聚焦模糊检测网络分别学习的，避免了它们的相互干扰。然后，在不干扰局部特征表示能力的情况下，实现异质蒸馏机制，通过添加新分支将全局内容感知能力转移到边界引导的非聚焦模糊检测网络。最后，设计了一个亲和注意力模块来结合这两种能力，使用全部样本进行训练，从而提高不同非聚焦模糊场景的检测性能。本节提到的符号列在表 4.2.2 所示的符号表中。

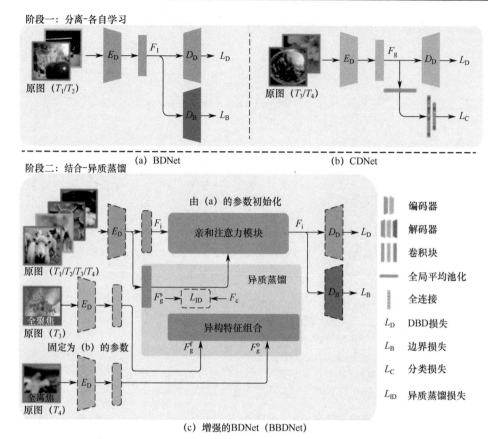

图 4.2.3　整体网络结构示意图

表 4.2.2　符号表

符号	含义	符号	含义
$\otimes$	逐像素相乘	FC$(\cdot)$	全连接和 ReLU 激活层
$\oplus$	逐像素相加	$V(\cdot)$	亲和注意力向量
$\ominus$	逐像素相减	CB	卷积块
F_g^f	全聚焦全局感知特征	C_i	类别 i 对应的分类真值
F_g^o	全离焦全局感知特征	T	全部训练样本集
F_g^s	全局内容感知特征	K	训练样本数量
F_l	局部特征	$P(I)$	输入图像 I 的类别预测概率
F_i	集成特征	$M_d(I)$	输入图像 I 对应的非聚焦模糊检测图像
U_{16}	16 倍上采样	$M_g(I)$	输入图像 I 对应的非聚焦模糊检测真值
$\mathbf{1}$	元素为 1 的矩阵	$M_b(I)$	输入图像 I 的边界检测图像
AP$(\cdot)$	全局平均池化	γ	调制参数
C$(\cdot)$	特征级联	λ	调制参数
G	BDNet 输入样本的真值		

4.2.2.1 分离–各自学习

假设 $T = \{T_1, T_2, T_3, T_4\}$ 是一个训练样本集，包括四组非聚焦模糊场景：前景聚焦场景、背景聚焦场景、全离焦场景和全聚焦场景。在不同的非聚焦模糊场景中，局部特征表示和全局内容感知之间存在相互干扰，如果模型直接通过训练样本集学习这两种能力，则会导致性能下降。由于清晰与模糊混合场景对局部特征表示更敏感，而全离焦场景或全聚焦场景更容易受全局内容感知的影响，因此模型从训练样本中分别学习局部特征表示和全局内容感知是比较容易的。本节提出边界引导的非聚焦模糊检测网络和分类引导的非聚焦模糊检测网络来分别学习这两种能力。这两部分网络的动机和架构框架如下。

1. 边界引导的非聚焦模糊检测网络（Boundary induced DBD Network，BDNet）

由于各种类型的非聚焦模糊场景提高了空间相干性的复杂度，因此单纯地实施分层特征集成策略很难准确定位非聚焦区域和聚焦区域的边界。相反，为了解决复杂的空间相干性，本节方法明确引入了边界检测分支来帮助非聚焦模糊检测网络定位边界，使用样本 T_1、T_2 进行训练。

BDNet 如图 4.2.3（a）所示。首先 BDNet 利用 VGG16 网络的前四个卷积块作为非聚焦模糊检测的特征编码器 E_D，并采用第五个卷积块来学习局部特征 F_1。然后两个具有相同结构的特征解码器 D_D 和 D_B 会分别生成非聚焦模糊检测图和边界图，特征解码器 D_D 和 D_B 包括 4 个具有上采样的卷积块。

2. 分类引导的非聚焦模糊检测网络（Classification guided DBD Network，CDNet）

从非聚焦模糊场景的分类来看，模型需要提取全局内容来区分图像场景是全离焦场景还是全聚焦场景。因此，本节方法明确地通过一个二分类网络来引导非聚焦模糊检测网络更敏感地捕获全局内容特征 F_g，使用样本 T_3、T_4 进行训练。

CDNet 如图 4.2.3（b）所示。分类网络能共享非聚焦模糊检测网络的特征编码器 E_D，通过后面的平均池化和卷积全连接操作引导 VGG16 网络的第五个卷积块学习 F_g。

4.2.2.2 结合–异质蒸馏

在 4.2.2.1 节中设计了 BDNet 和 CDNet 来分别学习局部特征表示和全局内容感知。本节首先介绍所提出的异质蒸馏机制，该机制通过添加一个新的卷积块来将全局内容感知能力转移到像素级非聚焦模糊检测网络。然后设计一个亲和注意力模块来结合局部特征表示和全局内容感知能力，提高在不同非聚焦模糊场景下的模糊检测性能。此学习过程使用样本 T_1、T_2、T_3、T_4 进行训练，以实现本节最终的鲁棒模型。

1. 异质蒸馏机制

知识蒸馏（Knowledge Distillation，KD）旨在将从大型模型中学到的知识迁移到紧凑型模型中。总的来说，知识蒸馏侧重于两个方面的探索：迁移最后一层的知识和迁移中间层的知识。然而，现有的知识蒸馏方法采用相同的来源来传输知识，不适用于本节方法。本节方法希望使用样本 T_1、T_2、T_3、T_4 将全局内容感知能力从 T_3、T_4 转移到像素级非聚焦模糊检测网络，也就是说，本节方法需要解决异质蒸馏的困境。

增强的 BDNet（BBDNet）如图 4.2.3（c）所示。本节提出的异质蒸馏机制（Isomeric Distillation Mechanism，IDM）首先通过 CDNet 中 VGG16 网络的第五个卷积块提取全聚焦全局感知特征 F_g^f 和全离焦全局感知特征 F_g^o。为了匹配 BDNet 提取的混合特征（一个样本内部分聚焦和非聚焦的特征）以有效实现异质蒸馏机制，本节通过一种异构特征组合（Isomeric Feature Compound，IFC）机制来模拟组合特征 F_c，组合方式如式（4.2.1）所示。

$$F_c = U_{16}(F_g^f) \otimes G \oplus U_{16}(F_g^o) \otimes (1-G) \qquad (4.2.1)$$

式中，G 表示 BDNet 输入样本的真值；U_{16} 表示 16 倍上采样；1 表示元素为 1 的矩阵；$\otimes$ 表示逐像素相乘；$\oplus$ 表示逐像素相加。异构特征组合机制示意图如图 4.2.4 所示。

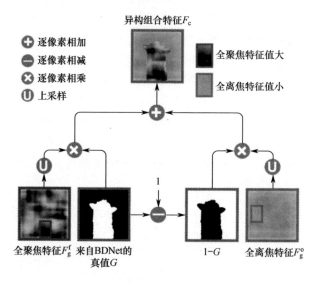

图 4.2.4　异构特征组合机制示意图

本节方法在 BDNet 中添加了一个与 VGG16 网络的第五个卷积块相同结构的新卷积块。通过异质蒸馏约束来实现，计算公式如下：

$$L_{ID}^T = \frac{1}{K} \sum_K \left| \{FC[AP(F_c)]\}_T - \{FC[AP(F_g^s)]\}_T \right| \qquad (4.2.2)$$

式中，AP(·) 表示全局平均池化；FC(·) 表示全连接和 ReLU 激活层；$T = \{T_1, T_2, T_3, T_4\}$ 为整个训练样本；K 为训练样本的数量。最小化 L_1 的方法是使模型学习提取全局内容感知特征 F_g^s 的能力。需要注意的是，$FC[AP(F_c)]$ 是从 CDNet 的输入中生成的，而 $FC[AP(F_g^s)]$ 是从 BDNet 的输入中生成的。本节方法将上述方法定义为异质蒸馏，因为蒸馏知识来自于异质的特征感知。

2. 亲和注意力模块

为了正确利用全局内容感知和局部特征表示之间的互补能力，本节将亲和注意力模块（Affinity Attention Module，AAM）纳入 BDNet。本节方法通过卷积块来挖掘特征 F_g^s 和 F_l 的内在性质，从而产生亲和注意力向量。由亲和注意力向量突出显示组合特征，最后与 F_l 结合产生集成特征 F_i。这个过程可以表达为式（4.2.3）。

$$F_{\mathrm{i}} = V[C(F_{\mathrm{g}}^{\mathrm{s}}, F_{\mathrm{l}})] \otimes F_{\mathrm{g}}^{\mathrm{s}} \oplus F_{\mathrm{l}} \tag{4.2.3}$$

式中，$C(\cdot,\cdot)$ 表示串联操作；$V(\cdot)$ 表示由具有全局平均池化的卷积块生成的亲和注意力向量。

为了模型的完整性，本节还设计了受对比方法[5-7]启发的 4 个替代模型，包括残差模型（Residual Model，RM）、增强残差模型（Boosted Residual Model，BRM）、互补模型（Complementary Model，CM）和空间注意力模型（Spatial Attention Model，SAM）。亲和注意力模块及其替代模型的结构如图 4.2.5 所示。

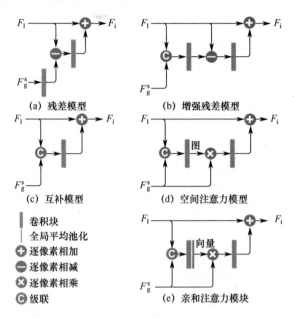

图 4.2.5　亲和注意力模块及其替代模型的结构

4 个替代方案的详细描述如下。

① 残差模型。全局内容感知特征 $F_{\mathrm{g}}^{\mathrm{s}}$ 通过残差学习能够提供局部特征 F_{l} 的互补信息，可以将其表示为式（4.2.4）。

$$F_{\mathrm{i}} = \mathrm{CB}[F_{\mathrm{l}} \ominus \mathrm{CB}(F_{\mathrm{g}}^{\mathrm{s}})] \oplus F_{\mathrm{l}} \tag{4.2.4}$$

式中，CB 代表卷积块；$\ominus$ 表示逐像素相减。

② 增强残差模型。全局内容感知特征 $F_{\mathrm{g}}^{\mathrm{s}}$ 和局部特征 F_{l} 先通过级联和卷积块集成起来，再学习 F_{l} 的残差。这个过程可以表示为式（4.2.5）。

$$F_{\mathrm{i}} = \mathrm{CB}\{F_{\mathrm{l}} \ominus \mathrm{CB}[C(F_{\mathrm{g}}^{\mathrm{s}}, F_{\mathrm{l}})]\} \oplus F_{\mathrm{l}} \tag{4.2.5}$$

③ 互补模型。全局内容感知特征 $F_{\mathrm{g}}^{\mathrm{s}}$ 的互补特征先通过参考局部特征 F_{l} 提取，再将其合并到 F_{l}，这个过程可以表示为式（4.2.6）。

$$F_{\mathrm{i}} = \mathrm{CB}[C(F_{\mathrm{g}}^{\mathrm{s}}, F_{\mathrm{l}})] \oplus F_{\mathrm{l}} \tag{4.2.6}$$

④ 空间注意力模型。全局内容感知特征 $F_{\mathrm{g}}^{\mathrm{s}}$ 的互补特征由空间注意机制提取，该机制是通过参考 $F_{\mathrm{g}}^{\mathrm{s}}$ 和 F_{l} 获得的，此过程可以表示为式（4.2.7）。

$$F_i = M[C(F_g^s, F_l)] \otimes F_g^s \oplus F_l \qquad (4.2.7)$$

式中，$M(\cdot)$ 表示由卷积块生成的空间注意图。

由于亲和注意力策略可以通过挖掘 F_g^s 和 F_l 的固有性质来突出显示互补信息，因此亲和注意力模块取得了较佳的效果。4.2.4.5 节提供了详细的评估指标和与这些替代方案的比较。

4.2.3 模型训练

给定训练样本集 $T = \{T_1, T_2, T_3, T_4\}$，$T_1$ 表示前景聚焦场景，T_2 表示背景聚焦场景，T_3 表示全离焦场景，T_4 表示全聚焦场景。

训练过程分为两个阶段，训练流程表如表 4.2.3 所示。

表 4.2.3 训练流程表

本框架方法流程
输入：训练数据集 $T = \{T_1, T_2, T_3, T_4\}$
步骤 1：分离–分别学习
分别使用训练样本 T_1、T_2 和 T_3、T_4 训练 BDNet 和 CDNet
（1）在 T_1、T_2 数据上，通过最小化 $L_D^{T'} + \lambda L_B^{T'}$ 优化 BDNet
（2）在 T_3、T_4 数据上，通过最小化 $L_D^{T''} + \gamma L_C^{T''}$ 优化 CDNet
步骤 2：结合–异质蒸馏
使用训练样本 $T = \{T_1, T_2, T_3, T_4\}$ 训练 BBDNet
（1）固定 CDNet 的权重，用 BDNet 的权重初始化 BBDNet
（2）在 $T = \{T_1, T_2, T_3, T_4\}$ 数据上，通过最小化 $L_{BD}^T + L_{ID}^T$ 优化 BBDNet
输出：BBDNet 的权重

在第一阶段，本节分别使用训练样本 T_1、T_2 和 T_3、T_4 训练 BDNet 和 CDNet，使模型分别学习局部特征表示和全局内容感知。

BDNet 的损失函数定义如式（4.2.8）～式（4.2.10）所示。$L_D^{T'}$ 采用绝对值损失函数，通过计算预测值与目标值差的绝对值来实现。$L_B^{T'}$ 采用均方差损失函数，通过计算预测值与目标值差的平方值来实现。

$$L_{BD}^{T'} = L_D^{T'} + \lambda L_B^{T'} \qquad (4.2.8)$$

$$L_D^{T'} = \frac{1}{K_1} \sum_{I \in T'} \left| M_d(I) - M_g(I) \right| \qquad (4.2.9)$$

$$L_B^{T'} = \frac{1}{K_1} \sum_{I \in T'} [M_b(I) - M_g'(I)]^2 \qquad (4.2.10)$$

式中，$M_d(I)$ 为输入图像 I 对应的非聚焦模糊检测图像；$M_g(I)$ 为其对应的真值；$M_b(I)$ 为输入图像 I 中聚焦区域和非聚焦区域间的边界检测图像；$M_g'(I)$ 为其对应的真值，通过用 Canny 算子在非聚焦模糊检测真值上提取得到；λ 为调制参数；K_1 为训练样本集合 $T' = \{T_1, T_2\}$ 的样本数量。

CDNet 的损失函数定义如式（4.2.11）和式（4.2.12）所示。$L_C^{T''}$ 采用交叉熵损失函数，在分类任务上，常使用交叉熵损失函数作为损失函数。

$$L_{CD}^{T''} = L_D^{T''} + \gamma L_C^{T''} \tag{4.2.11}$$

$$L_C^{T''} = \frac{1}{K_2} \sum_{I \in T''} \{-C_i \log[P(I)] - (1 - C_i) \log[1 - P(I)]\} \tag{4.2.12}$$

式中，$P(I)$ 为输入图像 I 的类别预测概率；C_i 为类别 i 对应的分类真值；γ 为调制参数；K_2 为训练样本集合 $T'' = \{T_3, T_4\}$ 的样本数量。$L_D^{T''}$ 与式（4.2.9）中的 $L_D^{T''}$ 具有相同的计算方式，只是训练样本集合不同在训练阶段，本节方法仅使用参数 λ 和 γ 来平衡各项损失。

在第二阶段，本节方法通过添加一个新的卷积块将全局内容感知能力传递到 BDNet，并结合了 BDNet 中的亲和注意力模块，以有效利用全局内容感知和局部特征表示之间的互补能力。增强的 BDNet（BBDNet）对一些损失进行了微调，如式（4.2.13）所示。

$$L_{BBD}^T = L_{BD}^T + L_{ID}^T \tag{4.2.13}$$

式中，L_{BD}^T 与式（4.2.8）中的 $L_{BD}^{T'}$ 计算方式相同，只是训练样本集不同。

4.2.4　实验

4.2.4.1　实验设置

本节方法在一台 GTX 2080TI GPU 上实现，使用 PyTorch 框架及动量为 0.9、学习率为 0.0001 的 Adam 优化器来优化模型。将批次尺寸设置为 4，调制参数 λ 和 γ 分别设置为 10 和 10。在第 4.2.4.5 节中，该方法探究了调制参数 λ 和 γ 对模型性能的影响。实验中样本所采用的数据增强方法为调整图像尺寸至 320×320 像素，随机垂直、水平翻转。在训练的第一阶段，训练 BDNet 和 CDNet 约需要 10h；在第二阶段，训练 BBDNet 约需要 6h。在训练过程中，本节方法 BDNet 中的边界检测分支和 CDNet 用于帮助训练，利用异质蒸馏机制，让 BDNet 从 CDNet 中学习知识。但在推理阶段，为了节省计算资源的消耗，去除了 CDNet 和边界检测分支。在此基础上，每张图像的推理时间为 0.039s。

4.2.4.2　数据集

在现有的非聚焦模糊检测方法中，有两个公开数据集被广泛使用，分别为 CUHK 数据集和 DUT 数据集。其中，CUHK 数据集由 704 张非聚焦模糊图像和其对应的像素级真值组成（训练测试数据集的划分参考文献[4,8,9]），有 604 张图像用于训练，100 张图像用于测试。DUT 数据集由 1100 张非聚焦模糊图像和其对应的像素级真值组成，其中 600 张图像用于训练，500 张图像用于测试。然而，这两个数据集包含的非聚焦模糊场景类型非常有限，超过 99.5%的图像的场景为前景聚焦场景，这限制了对非聚焦模糊检测方法的探索。

本节方法对 CUHK 数据集和 DUT 数据集进行了场景类型上的增强，构建了 DeFBD+ 数据集，其包含 CUHK+数据集和 DUT+数据集。CUHK+数据集和 DUT+数据集包含具有像素级注释的非聚焦模糊场景：前景聚焦场景、背景聚焦场景、全离焦场景和全聚焦场景。本节严格定义了图像类型的分类。例如，一张图像拥有非常小区域的非聚焦前景（少于总像素数的 1%），但它仍属于背景聚焦场景，而不是全聚焦场景。

假定一张图像中非聚焦区域的比例被定量地定义为这张图像的模糊指数（f），如全聚焦场景的模糊指数定量为 0，全离焦场景的模糊指数定量为 1。模糊指数大于 0.8 或小于 0.1 的样本如图 4.2.6 所示。DeFBD+数据集拥有一定比例的小目标样本，即模糊指数大于 0.8 或小于 0.1 的样本。原始数据集和 DeFBD+数据集的模糊指数分布情况如表 4.2.4 所示。DeFBD+数据集的模糊指数覆盖了从 0 到 1 的区间，比原始数据集（CUHK 数据集和 DUT 数据集）拥有多样性更好、评判更为公正合理的模糊指数分布。另外，DeFBD+数据集的图像数量比 CUHK 数据集和 DUT 数据集分别增加了 59.7%和 60%，详细的图像数量统计信息表如表 4.2.1 所示。

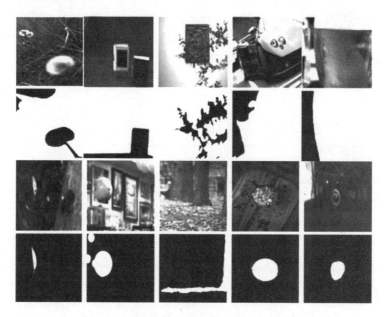

图 4.2.6　模糊指数大于 0.8 或小于 0.1 的样本

表 4.2.4　原始数据集和 DeFBD+数据集的模糊指数分布情况

模糊指数（f）	分 布 情 况	
	原始数据集	DeFBD+数据集
$f = 0$	0	450
$0 < f < 0.3$	21	40
$0.3 \leqslant f < 0.7$	864	945
$0.7 \leqslant f < 1$	919	998
$f = 1$	1	451
总计	1624	2884

本节方法提出的框架在 CUHK+数据集和 DUT+数据集上已得到了有效验证。图 4.2.7 所示为 DeFBD+数据集新增的三种类型场景。其中，第一行、第三行、第四行分别为背景聚焦场景、全聚焦场景和全离焦场景，第二行为第一行背景聚焦场景对应的非聚焦模糊检测真值。

图 4.2.7　DeFBD+数据集新增的三种类型场景

4.2.4.3　评价指标

本节方法使用指标 F-measure 的 F_{max} 和 MAE 来评估方法的性能。F-measure 的 β^2 值取 0.3。另外，PR 曲线和 F-measure 曲线可以用来全面评估所提出方法的性能，AUF_{β}[10]指标也被用于评估非聚焦模糊检测的鲁棒性。

4.2.4.4　整体性能评测

用本节方法与 9 种较新的方法进行比较，包括双对抗鉴别器（DAD）网络[11]、交叉集成网络[12]（CENet）、深度上下文特征网络[13]（DCFNet）、高频多尺度融合和梯度幅度排序变换[14]（HiFST）、局部二元进制模式[15]（LBP）、光谱和空间[16]（SS）、判别模糊检测特征[17]（DBDF）、内核特定特征向量[3]（KSFV）、奇异值分解[18]（SVD）。

在 CUHK 数据集和 DUT 数据集上，本节使用各种方法的原始代码和参数设置来获取非聚焦模糊检测预测图。在 DeFBD+数据集上，本节先使用各种方法的可用代码和推荐的参数设置来训练其模型，再在 DeFBD+测试集上进行测试。对于未提供训练代码的方法，本节使用其提供的原始模型参数来直接推理，以获得非聚焦模糊检测预测图。

本节方法与现有方法的定量比较如表 4.2.5 所示。该表展示了各种方法在 CUHK 数据集、DUT 数据集、CUHK+数据集、DUT+数据集和 CTCUG 数据集上对 F_{max}、MAE 和 AUF_{β} 的定量指标。本节方法在各个数据集上都达到了最佳性能。特别是在 CUHK+数据集和 DUT+数据集上，本节方法比性能第二好的 DCFNet 的 MAE 分别降低了 32.8%和 13.7%。另外，本节方法所提出模型的推理速度达到了第二快的水平。

表 4.2.5　本节方法与现有方法的定量比较

数据集	指标	SVD	LBP	SS	DBDF	KSFV	HiFST	DAD	DCFNet	CENet	本节方法
	F_{max}	0.811	0.848	0.791	0.701	0.521	0.755	0.817	0.917	0.919	0.921
CUHK	MAE	0.241	0.139	0.269	0.316	0.504	0.237	0.122	0.063	0.060	0.049
	AUF_{β}	0.806	0.848	0.701	0.701	0.521	0.755	0.732	0.911	0.920	0.918

续表

数据集	指标	SVD	LBP	SS	DBDF	KSFV	HiFST	DAD	DCFNet	CENet	本节方法
DUT	F_{max}	0.732	0.766	0.784	0.620	0.564	0.734	0.744	0.859	0.817	0.875
	MAE	0.279	0.192	0.292	0.383	0.274	0.257	0.175	0.116	0.135	0.111
	AUF_β	0.399	0.744	0.623	0.524	0.580	0.643	0.671	0.787	0.735	0.834
CUHK+	F_{max}	0.865	0.887	0.857	0.794	0.649	0.833	0.796	0.898	0.934	0.944
	MAE	0.299	0.241	0.340	0.367	0.276	0.317	0.179	0.061	0.083	0.041
	AUF_β	0.594	0.832	0.690	0.689	0.670	0.699	0.760	0.886	0.897	0.926
DUT+	F_{max}	0.817	0.836	0.842	0.738	0.668	0.816	0.792	0.866	0.876	0.882
	MAE	0.335	0.254	0.356	0.407	0.275	0.352	0.187	0.102	0.142	0.088
	AUF_β	0.543	0.790	0.667	0.650	0.692	0.695	0.762	0.818	0.817	0.870
CTCUG	F_{max}	0.723	0.665	0.842	—	0.591	0.752	0.662	0.876	0.883	0.866
	MAE	0.350	0.396	0.303	—	0.313	0.274	0.304	0.124	0.172	0.114
	AUF_β	0.440	0.567	0.692	—	0.617	0.667	0.638	0.846	0.774	0.840
时间	s/张	21.690	5.781	0.702	128.800	58.060	77.110	0.009	1.030	0.064	0.039

本节方法与现有方法的定性比较如图 4.2.8 所示。其覆盖了四种类型的非聚焦模糊场景。本节方法在各种类型的场景中都能产生最均匀、边界最锐利的非聚焦模糊检测预测图，实现了良好的鲁棒性。

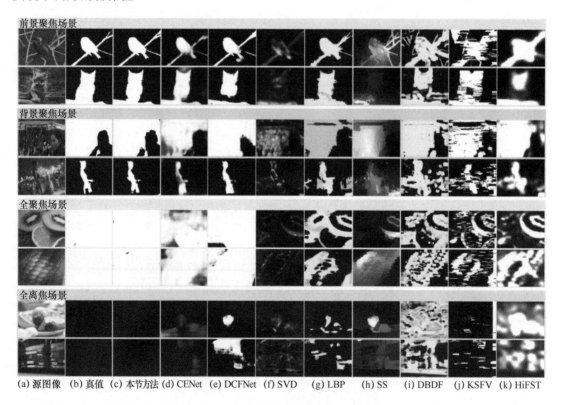

(a) 源图像　(b) 真值　(c) 本节方法　(d) CENet　(e) DCFNet　(f) SVD　(g) LBP　(h) SS　(i) DBDF　(j) KSFV　(k) HiFST

图 4.2.8　本节方法与现有方法的定性比较

4.2.4.5　消融实验

1. 分离和组合策略的有效性

为了构建一个具有足够鲁棒性的非聚焦模糊检测模型来适配不同类型的非聚焦模糊场景，本节方法首先预训练 BDNet 和 CDNet，使它们分别单独学习局部特征表示能力和全局内容感知能力，从而避免二者相互干扰导致性能下降。然后通过异质蒸馏机制和亲和注意力模块实现 BBDNet，从而将局部特征表示能力和全局内容感知能力在不互相干扰的情况下结合起来。

本节比较了三种训练策略，以证明本节方法中分离和组合策略的有效性。分离和组合策略的有效性验证表如表 4.2.6 所示。

（1）BBDNet-WOD：在不添加异质蒸馏模块的情况下直接训练 BBDNet。

（2）CDNet：直接训练 CDNet。

（3）BBD-CDNet：通过直接级联 BBDNet 和 CDNet 的编码特征来集成特征用于训练。

不同训练策略的指标对比表明，分离和组合策略可以实现最佳性能。其有效性验证定性比较结果如图 4.2.9 所示。

表 4.2.6　分离和组合策略的有效性验证表

策略	CUHK+		DUT+	
	F_{max}	MAE	F_{max}	MAE
BBDNet-WOD	0.899	0.148	0.780	0.223
CDNet	0.907	0.098	0.787	0.168
BBD-CDNet	0.935	0.051	0.853	0.113
本节方法	0.944	0.041	0.882	0.088

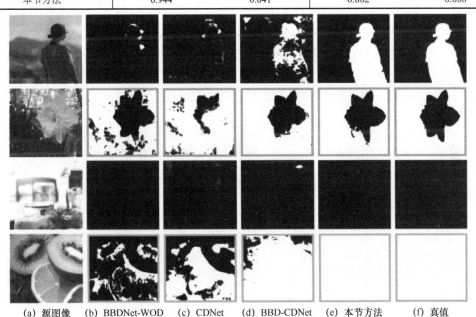

(a) 源图像　(b) BBDNet-WOD　(c) CDNet　(d) BBD-CDNet　(e) 本节方法　(f) 真值

图 4.2.9　分离和组合策略的有效性验证定性比较结果

2. 亲和注意力模块的有效性

为了合理利用局部特征表示和全局内容感知之间的互补性，本节方法设计了亲和注意力模块（AAM）。此外，本节设计了四种替代模型，分别是残差模型（RM）、增强残差模型（BRM）、互补模型（CM）和空间注意力模型（SAM），如图 4.2.5（a）～（d）所示。4.2.2.2 节对四种替代模型进行了详细描述。亲和注意力模块的有效性验证表如表 4.2.7 所示。该表展示了本节方法中的亲和注意力模块和其他四种方案的定量比较结果。可以看到，亲和注意力模块实现了最佳性能，因为亲和注意力模块利用了通道级别的注意力而不是像素级别的注意力，来有效挖掘全局内容感知和局部特征表示的内在性质。

表 4.2.7　亲和注意力模块的有效性验证表

方法	CUHK+		DUT+	
	F_{max}	MAE	F_{max}	MAE
RM	0.939	0.042	0.867	0.092
BRM	0.940	0.045	0.868	0.090
CM	0.939	0.042	0.859	0.091
SAM	0.942	0.045	0.880	0.089
AAM	**0.944**	**0.041**	**0.882**	**0.088**

3. BDNet 中边界引导的有效性

在 4.2.2.1 节中，明确地引入了边界检测分支来帮助 BDNet 定位非聚焦模糊区域和聚焦区域间的边界。本节通过将式（4.2.8）中的 λ 设为不同的值来探究边界引导对模型性能的影响。BDNet 中边界引导的有效性验证表如表 4.2.8 所示。随着 λ 的不断增大，模型性能会不断提高。但是，当 λ 大于 10 时，由于边界引导分支占过度的主导地位，模型性能开始下降。因此，在本节方法的实验中，将 λ 设为 10。

表 4.2.8　BDNet 中边界引导的有效性验证表

λ 取值	CUHK+		DUT+	
	F_{max}	MAE	F_{max}	MAE
$\lambda = 0.0$	0.926	0.075	0.856	0.120
$\lambda = 1.0$	0.927	0.078	0.868	0.119
$\lambda = 10$	**0.933**	**0.069**	**0.875**	**0.108**
$\lambda = 20$	0.932	0.074	0.873	0.117
$\lambda = 30$	0.932	0.076	0.870	0.118

4. CDNet 中分类引导的有效性

在 4.2.2.1 节中，实现了用非聚焦模糊场景的二分类网络来引导 CDNet，提升对全局内容感知的敏感能力。本节通过将式（4.2.11）中的 γ 设为不同的值来探究分类引导对模型性能的影响。CDNet 中分类引导的有效性验证表如表 4.2.9 所示。随着 γ 的不断增大，模型性能会不断提高。但是，当 γ 大于 10 时，由于分类引导分支过度的主导地位，模型性能开始下降。因此，在本节方法的实验中，将 γ 设为 10。

表 4.2.9　CDNet 中分类引导的有效性验证表

λ 取值	CUHK+			DUT+		
	F_{max}	MAE	ACC.	F_{max}	MAE	ACC.
$\gamma = 0.0$	0.593	0.383	8.0%	0.617	0.324	3.2%
$\gamma = 1.0$	0.620	0.334	**100%**	0.643	0.275	**100%**
$\gamma = 10$	**0.730**	**0.202**	**100%**	**0.712**	**0.187**	99.6%
$\gamma = 20$	0.674	0.300	**100%**	0.684	0.254	98.4%
$\gamma = 30$	0.650	0.297	**100%**	0.662	0.245	99.6%

4.3　基于 MRFT 的非聚焦模糊检测攻击

4.3.1　方法背景

4.2 节针对全场景下的模糊图像设计了一种多重蒸馏的模型,以提高非聚焦模糊检测网络的鲁棒性。本节将从对抗攻击的角度来探讨如何生成攻击非聚焦模糊检测网络的具有强鲁棒性的扰动样本。为了实现这一点,需要完成两个挑战:①多大程度的模糊可以使网络认为它是非聚焦的?②高对比度或清晰的细节是聚焦识别的唯一线索吗?本节的研究将适用于许多应用场景。例如:生成有效的训练样本,以提高非聚焦模糊检测网络的鲁棒性;生成成对的具有强鲁棒性的清晰与模糊样本,以提高非聚焦去模糊任务的性能。

对抗性攻击的目的是故意在输入样本中加入一些微妙的干扰,使卷积神经网络模型输出错误的结果。对抗性攻击有助于理解深度神经网络,从而帮助研究人员设计更具鲁棒性的模型。对抗性攻击方法大致可分为两类:基于迭代优化的对抗性攻击和基于网络模型的对抗性攻击。之前的方法[19-30]采用梯度下降法使目标损失函数最大化,从而产生欺骗网络的噪声图像。然而,由于多次迭代,这些方法非常耗时。基于网络模型的对抗性攻击方法[31-37]侧重于根据具体任务设计网络模型以生成对抗性图像。

本节尝试研究非聚焦模糊检测的对抗性攻击。但是,一般的攻击方法[19-20,22]可能不适合其设置,因为非聚焦模糊检测攻击任务的目标是同时攻击聚焦区域和非聚焦区域,如图 4.3.1 第二行所示。换句话说,如果一张离焦图像同时包含聚焦区域和离焦区域,则非聚焦模糊检测攻击任务的目标是实现一种攻击模型,生成对抗性图像,使其离焦区域被非聚焦模糊检测网络识别为聚焦区域,其焦点区域被非聚焦模糊检测网络识别为离焦区域。幸运的是,可以观察到,在生成对抗性图像的过程中,聚焦区域和离焦区域可以相互参考。

例如,如果聚焦区域变得模糊,则非聚焦模糊检测网络会将其识别为离焦区域。因此,在攻击聚焦区域时,离焦区域可以提供参考信息(如模糊程度)。利用同样的思路,聚焦区域还可以提供参考信息(如高频纹理信息)来生成对离焦区域的攻击。基于该发现,本节提出了一种新的互参考攻击(MRA)框架。

具体来说,本节实现了一种分而治之的攻击图像生成策略来攻击聚焦区域和非聚焦区域。特别地,本节利用了互参考特征转移(MRFT)模型来实现互参考,从而提高攻击性能。在结构上,本节首先通过一个共享编码器从输入图像中提取特征,然后引入了两个解码器分支,分别生成离焦区域攻击图像和聚焦区域攻击图像,最后将离焦区域攻击图像和聚焦区域攻击图像合并，得到完整的攻击图像，用于攻击非聚焦模糊检测网络。得益于所提出的 MRFT 和分而治之的策略，本节成功生成了攻击非聚焦模糊检测网络的对抗性图像，如图 4.3.1 第三行所示。

　　图 4.3.1 所示为非聚焦模糊检测攻击方法的动机。其中，第一行为预训练的非聚焦模糊检测网络 R2MFR 的输入源图像和模糊检测结果，第二行为 PGD 生成的攻击图像和 R2MFR 输出的攻击结果，第三行为本节方法生成的攻击图像和 R2MFR 输出的攻击结果。在图 4.3.1 中，√表示攻击成功，×表示攻击失败。一般的攻击方法（如 PGD）无法同时生成聚焦区域和离焦区域的攻击图像。因此，有必要探索新的非聚焦模糊检测攻击方法，以适合同时产生聚焦区域攻击和离焦区域攻击的设置。图 4.3.1（a）表示非聚焦区域，图 4.3.1（b）表示聚焦区域，图 4.3.1（c）表示非聚焦区域的攻击结果，图 4.3.1（d）表示聚焦区域的攻击结果。

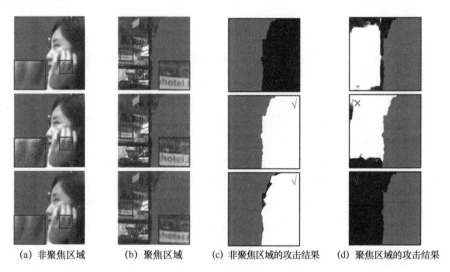

　　(a) 非聚焦区域　　　　(b) 聚焦区域　　　(c) 非聚焦区域的攻击结果　　(d) 聚焦区域的攻击结果

图 4.3.1　非聚焦模糊检测攻击方法的动机

　　本节的主要贡献如下。

　　（1）从另一个角度探索生成成功攻击非聚焦模糊检测网络的扰动图像，实现了离焦区域攻击和聚焦区域攻击。

　　（2）采用分而治之的攻击样本生成策略，对聚焦区域和离焦区域进行攻击。在此基础上，集成了 MRFT 模型，实现了两个区域之间的互参考，提高了攻击性能。

　　（3）对本节方法进行了全面的实验验证，如对本节方法进行了消融分析，与常用的攻击方法[19-20,22]进行对比，并且将其应用于提高非聚焦模糊检测网络和离焦去模糊的鲁棒性。

4.3.2　基于 MRFT 的非聚焦模糊检测攻击模型

　　本节的目标是设计一个有效的对抗性攻击模型来生成可以欺骗非聚焦模糊检测网络的对抗性图像。然而，图像中聚焦区域和离焦区域的不同特性阻碍了这个目标的实现。一般的攻击方法[19-20,22]以相同的方式对整张图像进行攻击，不能很好地解决该问题。因此，本节探索基于网络模型的框架来生成攻击图像，利用离焦区域特征和聚焦区域特征的相互参考，提出了一种相互参考的攻击框架。

图 4.3.2 所示为整体架构流程图。本节的框架利用编码器–解码器作为主干。具体来说，首先采用共享编码器 E 从输入图像（Input image）中提取特征。然后采用三个解码器分支，其中上解码器分支和下解码器分支分别生成了聚集区域和离焦区域的攻击样本（分别命名为 FRA 和 DAA），中间解码器分支通过自重构（Self-Reconstruction，SR）提供聚焦区域和离焦区域的解码器特征。这里的 SR 分支可以提取输入图像的多级外观特征，并将这些特征作为生成聚焦区域和离焦区域攻击样本的基础。本节依次在 FRA 和 DAA 的每个解码器块前插入 MRFT 模块，以便优化模型和提高攻击性能。最后将合并后的攻击图像输入到预训练的非聚焦模糊检测网络中，使其产生反向非聚焦模糊检测。具体细节将在下文进行讨论。

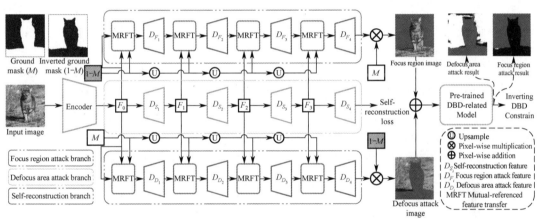

注：Ground mask：真实掩模；Inverted ground mask：反转掩模；Focus region attack branch：聚焦区域的攻击分支；Defocus area attack branch：离焦区域的攻击分支；Self-reconstruction branch：自重建分支；Encoder：编码器；Self-reconstruction loss：自重建损失；Pre-trained DBD-related Model：预训练的非聚焦模糊检测模型；Inverting DBD Constrain：反向非聚焦模糊检测约束；Focus region image：聚焦区域图像；Defocus attack image：非聚焦攻击图像；Defocus area attack result：离焦区域的攻击结果；Focus region attack result：聚焦区域的攻击结果；Upsample：上采样；Pixel-wise multiplication：逐像素相乘；Pixel-wise addition：逐像素相加；Self-reconstruction feature：自重建特征；Focus region attack feature：聚焦区域的攻击特征；Defocus area attack feature：离焦区域的攻击特征；Mutual-referenced feature transfer：互参考特征转换。

图 4.3.2　整体架构流程图

4.3.2.1　分治攻击样本生成策略

为了解决同时攻击图像聚焦区域和离焦区域的问题，本节在架构中应用了分治攻击样本生成策略（见图 4.3.2），设计了 DAA 分支和 FRA 分支，分别生成离焦区域攻击图像和聚焦区域攻击图像。具体来说，先给定输入图像 I，利用编码器 E 提取语义特征 $E(I) = F_0$；然后将 $E(I)$ 馈送到 FRA 分支（$D_F = \{D_{F_1}, D_{F_2}, D_{F_3}, D_{F_4}\}$）和 DAA 分支（$D_D = \{D_{D_1}, D_{D_2}, D_{D_3}, D_{D_4}\}$）分别生成聚焦区域和离焦区域的攻击样本 $D_F[E(I)]$ 和 $D_D[E(I)]$；最后将被攻击的聚焦区域和离焦区域合并，得到完整的被攻击样本 I_a，计算公式如下：

$$I_a = M \otimes D_F(E(I)) + (1-M) \otimes D_D(E(I)) \tag{4.3.1}$$

式中，$\otimes$ 表示逐像素相乘；$M \in \mathbb{R}^{w \times h}$ 为输入图像 I 的标注掩模，其中 w 和 h 分别表示图像像素的宽度和高度。

在结构上，本节模型中的编码器网络在拓扑结构上与 VGG16 网络[38]中卷积层的拓扑结构相同。FRA 支路和 DAA 支路分别包含 $\{D_{F_1}, D_{F_2}, D_{F_3}, D_{F_4}\}$ 和 $\{D_{D_1}, D_{D_2}, D_{D_3}, D_{D_4}\}$ 四个解码器模块，每个解码器模块包含两个卷积层，卷积核大小为 3×3。

4.3.2.2 MRFT

由于离焦区域特征和聚焦区域特征可以相互参考，本节进一步提出用 MRFT 帮助优化 FRA 分支和 DAA 分支，以提高它们的攻击性能。

首先，本节实现了自重构分支（Self-Reconstruction Branch，SRB），生成了聚焦区域和离焦区域的参考特征 $\{F_0, F_1, F_2, F_3\}$（见图 4.3.3）。SR 分支具有与 FRA 分支或 DAA 分支相同的结构，包括四个解码器块 $\{D_{S_1}, D_{S_2}, D_{S_3}, D_{S_4}\}$。然后，本节在 FRA 分支和 DAA 分支的每个解码器块前插入 MRFT，以实现相互参考。具体而言，本节研究了等区域参考（ERR）和选择性区域参考（SRR）两种模型，如下。

（1）ERR 模型：一种原始的思路是直接采用 $F_i, i=0,1,2,3$ 中的聚焦区域特征和离焦区域特征作为参考，分别生成聚焦区域攻击图像和离焦区域攻击图像。ERR 模型如图 4.3.3（a）所示。本节以离焦区域攻击为例来解释本结构（聚焦区域攻击图像的生成符合相同的准则）。首先将参考特征 F_i 与标注掩模 M 相乘得到聚焦区域特征；然后通过两个 3×3 卷积层将聚焦区域特征转换为与 D_{D_i} 相同的域，再将转换后的特征与 D_{D_i} 进行拼接；最后通过两个 3×3 卷积层来提供参考。更精确地说，聚焦区域和离焦区域的 ERR 模型可以写成

$$D'_{D_i} = \Psi\{\text{Cat}[\Psi(M \otimes F_i), D_{D_i}]\} \tag{4.3.2}$$

$$D'_{F_i} = \Psi(\text{Cat}\{\Psi[(1-M) \otimes F_i], D_{F_i}\}) \tag{4.3.3}$$

式中，D'_{D_i} 和 D'_{F_i} 分别表示 ERR 模型对离焦区域攻击和聚焦区域攻击的增强特征；Ψ 表示带有两个 3×3 卷积层的卷积块；Cat 表示拼接操作。

（2）SRR 模型：ERR 模型能够提供等区域参考信息。然而，并不是所有区域都可以作为参考信息。换句话说，只有某些区域的特征可能对攻击图像的生成有帮助，而其他区域的特征对攻击图像的生成没有帮助，甚至会成为影响攻击性能的噪声（见图 4.3.4 第三行）。基于 ERR 模型的离焦区域攻击图像并不能对所有区域都获得良好的攻击性能，如图 4.3.4（c）中的虚线框所示。因此，本节进一步引入了 SRR 模型，如图 4.3.3（b）所示。

与 ERR 模型不同的是，将聚焦区域特征转换为通道方向向量 V_i 来对参考特征进行加权，从中选择有用的区域特征来改善离焦区域的攻击。准确地说，由聚焦区域特征和离焦区域特征分别生成的权重向量 V_i^{f} 和 V_i^{d} 为

$$V_i^{\text{f}} = \text{Sig}[\Psi'(M \otimes F_i)] \tag{4.3.4}$$

$$V_i^{\text{d}} = \text{Sig}\{\Psi'[(1-M) \otimes F_i]\} \tag{4.3.5}$$

式中，Ψ' 表示带有三个 3×3 卷积层和两个 1×1 卷积层的卷积块；Sig 表示 sigmoid 激活函数。

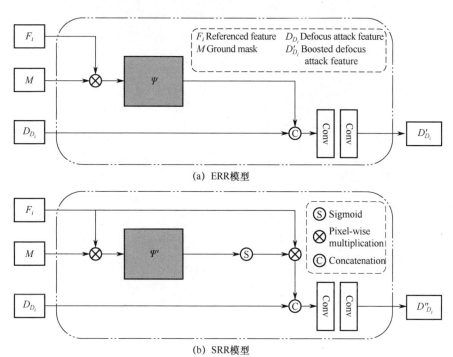

(a) ERR模型

(b) SRR模型

Referenced feature：互参考特征；Defocus attack feature：非聚焦攻击特征；Ground mask：掩模真值；Boosted defocus attack feature：增强非聚焦攻击特征；Sigmoid：sigmoid 激活函数；Pixel-wise multiplication：逐像素相乘；Concatenation：拼接操作。

图 4.3.3　MRFT 结构图示

有用的区域特征可以通过对参考特征进行加权来获得，从而被用于实现特征互参考。这个过程可以写成如下形式：

$$D_{D_i}'' = \Psi[\mathrm{Cat}(V_i^{\mathrm{f}} \odot F_i, D_{D_i})] \tag{4.3.6}$$

$$D_{F_i}'' = \Psi[\mathrm{Cat}(V_i^{\mathrm{d}} \odot F_i, D_{F_i})] \tag{4.3.7}$$

式中，D_{D_i}'' 和 D_{F_i}'' 分别表示 SRR 对离焦区域攻击和聚焦区域攻击的增强特征；$\odot$ 表示逐通道相乘。

图 4.3.4 所示为 ERR 模型和 SRR 模型的可视化对比。基于 SRR 模型的离焦区域攻击图像比基于 ERR 模型的离焦区域攻击图像获得了更好的攻击性能［见图 4.3.4（c）］，这表明 SRR 模型可以实现更有效的相互参考。以离焦区域攻击为例，聚焦特征可以为生成离焦区域攻击图像提供参考。图 4.3.4（a）～（c）的第一行分别表示聚焦区域、离焦区域和预训练的非聚焦模糊检测网络 R2MRF[39]的检测结果。第二行和第三行分别为 SRR 模型和 ERR 模型的结果，图 4.3.4（a）～（c）所示分别为聚焦区域参考特征、离焦区域攻击图像和 R2MRF 输出的攻击结果。与 ERR 模型相比，SRR 模型能提供焦点区域的选择性特征（如虚线框）作为参考特征，帮助生成离焦区域攻击图像。因此，利用 SRR 模型能实现更有效的互参考模型。

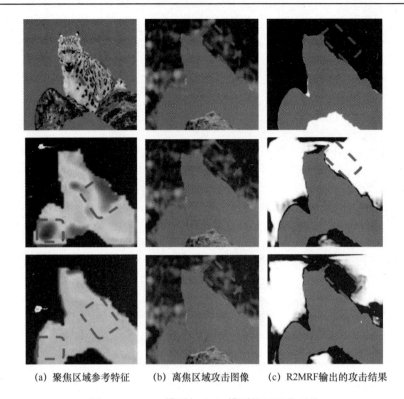

(a) 聚焦区域参考特征　　(b) 离焦区域攻击图像　　(c) R2MRF输出的攻击结果

图 4.3.4　ERR 模型与 SRR 模型的可视化对比

4.3.3　模型训练

给定一个训练样本集 $T = \{I_1, I_2, \cdots, I_N\}$，其中 N 是样本的数量，本节提出的 MRA 框架的训练过程包括两个阶段。

第一阶段，通过训练编码器-解码器网络来提取聚焦区域和离焦区域的语义特征和解码器特征，这是通过以下自重建损失来实现的。

$$L_{\mathrm{sr}} = \frac{1}{N} \sum_{n=1}^{N} \left\| I_n - \phi_{\mathrm{sr}}(I_n) \right\|_1 \tag{4.3.8}$$

式中，ϕ_{sr} 表示自重建网络的参数。

第二阶段，通过优化解码器分支来生成聚焦区域攻击图像和离焦区域攻击图像。

一方面，聚焦区域攻击图像和离焦区域攻击图像应与输入图像保持内容一致。因此，本节采用内容一致性损失 L_{cc} 进行计算。

$$L_{\mathrm{cc}} = \frac{1}{N} \sum_{n=1}^{N} \left\{ \left\| I_n - \phi_{\mathrm{FRA}}(I_n) \right\|_2^2 + \left\| I_n - \phi_{\mathrm{DAA}}(I_n) \right\|_2^2 \right\} \tag{4.3.9}$$

式中，ϕ_{FRA} 和 ϕ_{DAA} 分别表示 FRA 解码器和 DAA 解码器的支路参数。

另一方面，聚焦区域攻击图像与离焦区域攻击图像合并后的图像 I_n^a 期望攻击非聚焦模糊检测网络，使非聚焦模糊检测网络输出倒转的非聚焦模糊检测结果。因此，本节设计了一个反向的非聚焦模糊检测约束 L_{id}。

$$L_{\mathrm{id}} = -\frac{1}{N}\sum_{n=1}^{N}\{(1-M_n)\log P(\phi_{\mathrm{DBD}}(I_n^a)\,|\,\phi_{\mathrm{FRA}};\phi_{\mathrm{DAA}}) + M_n\log[1-P(\phi_{\mathrm{DBD}}(I_n^a)\,|\,\phi_{\mathrm{FRA}};\phi_{\mathrm{DAA}})]\} \quad (4.3.10)$$

式中，$P(\phi_{\mathrm{DBD}}(I_n^a)\,|\,\cdot) = (1+\mathrm{e}^{-\phi_{\mathrm{DBD}}(I_n^a)})^{-1}$；$\phi_{\mathrm{DBD}}(\cdot)$ 和 M_n 分别表示预训练非聚焦模糊检测网络参数和相应的非聚焦模糊检测标注掩模。

因此用来优化所提出的 MRA 框架的总损失 L 为

$$L = L_{\mathrm{sr}} + \eta L_{\mathrm{id}} + L_{\mathrm{cc}} \quad (4.3.11)$$

式中，η 为调节内容一致性和攻击效果之间平衡的超参数。

4.3.4　实验

4.3.4.1 节详细描述了实验设置，4.3.4.2 节给出了对本节提出的 MRA 框架的消融分析，4.3.4.3 节将本节的攻击方法与普通攻击方法进行比较，4.3.4.4 节对本节的框架进行了鲁棒性分析，4.3.4.5 节介绍了本节研究的应用。

4.3.4.1　实验设置

（1）数据集：本节在两个广泛使用的非聚焦模糊检测数据集上训练和测试 MRA 框架，这两个非聚焦模糊检测数据集分别是 CUHK 数据集[3] 和 DUT 数据集[4]。CHUK 数据集由 704 张非聚焦模糊图像组成，其中 604 张图像用于训练，100 张图像用于测试。DUT 数据集包含 1100 张具有各种复杂场景的图像，这是一个更具挑战性的数据集，其中 600 张图像用于训练，500 张图像用于测试。

（2）评价指标：从两个方面验证本节框架的效果。一方面，通过 F-measure 的 F_{mea} 和准确率（ACC.）对生成的攻击图像的攻击性能进行评价。较小的 F_{mea} 和 ACC.意味着更好的攻击表现。另一方面，攻击图像不仅要能使网络产生反向非聚焦模糊检测结果，而且要保持与源图像的外观一致。因此，本节采用 MSE 和 PSNR 评估指标米评估攻击图像的质量。更高的 PSNR 和更小的 MSE 代表更高质量的攻击图像。

（3）实现细节：本节的模型是在 GTX 1080TI GPU 上通过 Pytorch 框架实现的，将批处理大小设为 1，用来更新模型的优化器 Adam[40] 的动量参数设为 0.9，学习率设为 0.0001。编码器用 VGG16 网络的参数初始化，三个解码器支路用随机值初始化。训练在大约 100 个轮次时收敛。训练图像和测试图像的大小均为 320 像素 × 320 像素。

4.3.4.2　消融分析

（1）ERR 模型与 SRR 模型：4.3.2 节提出了用 MRFT 模块来提高攻击性能，其中设计了 ERR 模型和 SRR 模型。本节将客观地研究它们的性能，分析结果如表 4.3.1 所示。在通过 F_{mea} 和 ACC.评估的攻击性能和通过 PSNR 和 MSE 测量攻击图像质量两方面，SRR 模型都优于 ERR 模型。原因是 ERR 模型能提供一些有用的参考特征，同时能引入影响生成攻击图像性能的噪声。其可视化对比参见图 4.3.4。因此，实验中常采用 SRR 模型来实现 MRFT 模块。

表 4.3.1　DUT 数据集和 CUHK 数据集上 ERR 模型和 SRR 模型的性能分析结果

模型	DUT				CUHK			
	F_{mea}↓	ACC.↓	MSE↓	PSNR↑	F_{mea}↓	ACC.↓	MSE↓	PSNR↑
ERR	0.1340	0.2723	0.0029	25.80	0.1028	0.2222	0.0028	25.89
SRR	**0.1284**	**0.2425**	**0.0024**	**26.49**	**0.0932**	**0.1905**	**0.0026**	**26.19**

（2）MRFT 模块的数量：本节将 MRFT 模块插入聚焦区域和离焦区域攻击分支的解码器块，以帮助优化模型。为了获得合理的插入方式，使模型性能达到最佳，对 MRFT 模块的数量进行了对比，结果如表 4.3.2 所示。随着 MRFT 模块数量的增加，攻击性能和攻击图像质量逐渐提高，在聚焦区域和离焦区域攻击分支的每个解码器块之前插入 MRFT（MRFT-4）模块，能达到最佳性能。

表 4.3.2　DUT 数据集和 CUHK 数据集上 MRFT 模块的数量对比结果

数量	DUT				CUHK			
	F_{mea}↓	ACC.↓	MSE↓	PSNR↑	F_{mea}↓	ACC.↓	MSE↓	PSNR↑
MRFT-1	0.2113	0.3419	0.0027	26.09	0.1546	0.2721	0.0029	25.77
MRFT-2	0.1788	0.3471	0.0030	25.63	0.1353	0.2815	0.0029	25.66
MRFT-3	0.1740	0.3068	0.0026	26.20	0.1350	0.2442	0.0027	26.15
MRFT-4	**0.1284**	**0.2425**	**0.0024**	**26.49**	**0.0932**	**0.1905**	**0.0026**	**26.19**

图 4.3.5 所示为不同数量 MRFT 模块的可视化比较。其中第一行为源图像和不同数量的 MRFT 模块生成的攻击图像。第二行将源图像和攻击图像输入预训练的非聚焦模糊检测网络 R2MRF 后得到的非聚焦模糊检测结果。与图 4.3.6（a）中的源图像及其非聚焦模糊检测结果相比，本节的框架成功生成了攻击图像和相应的攻击结果。其中，MRFT-4 生成的攻击图像与源图像的内容一致性和攻击性能最好［见图 4.3.5（e）中的矩形虚线框］。

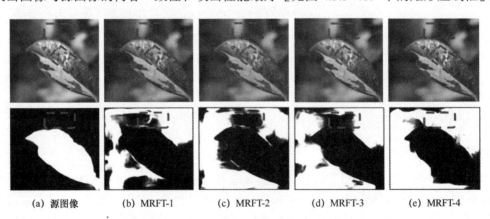

　　(a) 源图像　　　　(b) MRFT-1　　　　(c) MRFT-2　　　　(d) MRFT-3　　　　(e) MRFT-4

图 4.3.5　不同数量 MRFT 模块的可视化比较

（3）内容一致性约束的影响：攻击样本既要成功攻击非聚焦模糊检测网络，又要保持与源图像的内容一致性。因此，本节在式（4.3.11）中增加了一个超参数 η 来调节内容一致性和攻击效果之间的平衡。表 4.3.3 所示为内容一致性对 DUT 数据集和 CUHK 数据集实验结果的影响。可见，η 越大，攻击效果越好，但攻击图像质量越差；反之亦然。综合考虑攻击效果和攻击图像质量，实验中 η 取 0.0001。

表 4.3.3　内容一致性对 DUT 数据集和 CUHK 数据集实验结果的影响

η	DUT				CUHK			
	$F_{mea}\downarrow$	ACC.↓	MSE↓	PSNR↑	$F_{mea}\downarrow$	ACC.↓	MSE↓	PSNR↑
0.1	**0.0742**	0.1432	0.1371	8.990	**0.0649**	0.1110	0.1200	9.399
0.01	0.0974	**0.1319**	0.0330	15.110	0.0839	**0.0960**	0.0304	15.380
0.001	0.1003	0.2032	0.0092	20.980	0.0757	0.1351	0.0085	21.260
0.0001	0.1284	0.2425	**0.0024**	**26.490**	0.0932	0.1905	**0.0026**	**26.190**

图 4.3.6 所示为设置不同的 η 对内容一致性约束影响的可视化结果。其中第一行为源图像和设置不同的 η 得到的攻击图像，第二行为将源图像和这些攻击图像输入到预训练的非聚焦模糊检测网络 R2MRF 后得到的攻击结果。从图 4.3.6 可以看出，质量较差的攻击图像也可以达到较好的攻击效果。当 $\eta = 0.0001$ 时，可以在攻击图像质量和攻击效果之间取得平衡。

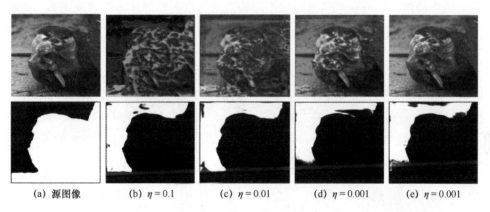

(a) 源图像　　　(b) $\eta = 0.1$　　　(c) $\eta = 0.01$　　　(d) $\eta = 0.001$　　　(e) $\eta = 0.001$

图 4.3.6　设置不同的 η 对内容一致性约束影响的可视化结果

4.3.4.3　与普通攻击方法的对比实验

将节提出的 MRA 框架与三种通用攻击方法 FGSM[20]、PGD[19] 和 BIM[22] 进行比较。通过上述攻击方法发布的代码生成攻击样本，并采用 R2MRF 作为被攻击的非聚焦模糊检测网络。R2MRF 的代码和推荐的参数设置已经由作者给出。特别是，由于目前较先进的攻击方法是针对任务的，如分类[41]、目标检测[42]、跟踪[27]，因此将它们与本节的像素级非聚焦模糊检测攻击方法进行比较是不公平的。但 FGSM、PGD、BIM 是通用的像素级攻击方法，是产生像素级攻击图像的代表性方法，所以用它们比较和验证本节方法的有效性。

（1）定量比较：本节比较了不同的评价指标，包括用于评价攻击效果的 F_{mea} 和 ACC.，用于评估攻击图像质量的 PSNR 和 MSE。MRA 方法与通用攻击方法的定量比较如表 4.3.4 所示。可以看出，本节提出的 MRA 方法性能最好。在 DUT 数据集和 CUHK 数据集上，F_{mea}、

ACC.、MSE 和 PSNR 分别比第二优值高 64.0%/73.1%、22.6%/35.1%,、67.1%/65.3%、24.1%/23.1%。此外,MRA 方法还达到了 0.0657s 的最快速度。

表 4.3.4　MRA 方法与通用攻击方法的定量比较

攻击方法	时间/s	DUT				CUHK			
		$F_{mea}\downarrow$	ACC.↓	MSE↓	PSNR↑	$F_{mea}\downarrow$	ACC.↓	MSE↓	PSNR↑
FGSM	0.3883	0.4444	0.3330	0.0073	21.35	0.4293	0.3049	0.0075	21.27
PGD	3.3911	0.3658	0.3256	0.0176	17.56	0.3517	0.2995	0.0183	17.38
BIM	3.4620	0.3562	0.3135	0.0080	20.99	0.3465	0.2936	0.0082	20.86
MRA	**0.0657**	**0.1284**	**0.2425**	**0.0024**	**26.49**	**0.0932**	**0.1905**	**0.0026**	**26.19**

　　(2)定性对比:图 4.3.7 所示为不同攻击方法的可视化比较结果,包括背景聚焦图像和前景聚焦图像。其中,图 4.3.7(a)为源图像及其标注掩模,图 4.3.7(b)～(e)分别为 MRA、FGSM、PGD、BIM 生成的攻击图像和非聚焦模糊检测结果。本节提出的 MRA 方法成功地生成了攻击图像,使非聚焦模糊检测发生了反转,如图 4.3.7(b)所示。通用攻击方法 FGSM[20]、PGD[19]和 BIM[22]对整张图像的攻击方式相同(如添加噪声),这无法解决图像中包含的聚焦区域和离焦区域的不同特点(特别是对聚焦区域的攻击),如图 4.3.7(c)～(e)所示。相比之下,本节提出的 MRA 方法通过模糊聚焦区域并在离焦区域添加小干扰来解决这个问题,从而有效地反转了非聚焦模糊检测结果。

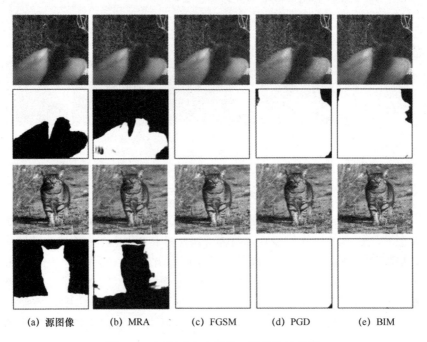

(a) 源图像　　　　(b) MRA　　　　(c) FGSM　　　　(d) PGD　　　　(e) BIM

图 4.3.7　不同攻击方法的可视化比较结果

4.3.4.4　鲁棒性分析

在本节提出的 MRA 框架中,利用预训练的非聚焦模糊检测网络 R2MRF[39]作为攻击模型来生成攻击样本，此攻击样本可以用来有效地攻击其他非聚焦模糊检测网络。具体来说，本节利用攻击样本攻击预训练的 DCFNet[13]和 BR2Net[43]来验证这一点，并与 FGSM[20]、PGD[19]和 BIM[22]三种通用攻击方法进行比较。MRA 框架的鲁棒性分析如表 4.3.5 所示。本节所生成的攻击样本在 DCFNet 和 BR2Net 上都实现了较有效的攻击，从而在 DUT 数据集中将这两种非聚焦模糊检测网络的度量指标 F_{mea}（或 ACC.）减小到 0.1146（0.1057）和 0.1909（0.1929），在 CUHK 数据集中将相应指标分别减小到 0.1014（0.0781）和 0.1977（0.1694）。

表 4.3.5　MRA 框架的鲁棒性分析

预训练模型	攻击方法	DUT		CUHK	
		F_{mea} ↓	ACC.↓	F_{mea} ↓	ACC.↓
DCFNet	FGSM	0.3817	0.3331	0.3837	0.3111
	PGD	0.3691	0.3310	0.3038	0.3548
	BIM	0.3688	0.3309	0.3543	0.3038
	MRA	**0.1146**	**0.1057**	**0.1014**	**0.0781**
BR2Net	FGSM	0.4819	0.3322	0.5017	0.3056
	PGD	0.4236	0.3373	0.4155	0.3095
	BIM	0.4633	0.3315	0.4771	0.3045
	MRA	**0.1909**	**0.1929**	**0.1977**	**0.1694**

4.3.4.5　应用

本研究从对抗性攻击的角度探讨非聚焦模糊检测网络，可以帮助读者理解非聚焦模糊，从而提出一些相关的应用，如通过增强样本来改善非聚焦模糊检测网络，通过生成配对样本来增强非聚焦去模糊应用。下面详细介绍这些应用。

（1）通过增强样本来改善非聚焦模糊检测网络：本节提出的 MRA 框架可以生成攻击样本来反转非聚焦模糊检测结果。相反，攻击样本和相应的反向非聚焦模糊检测掩模，可用于微调非聚焦模糊检测网络，以提高其泛化性能。非聚焦模糊检测增强样本的可视化示例如图 4.3.8 所示。为了验证这一点，本节首先添加了攻击样本来增强 DUT 数据集和 CUHK 数据集；然后利用增强的数据集对 R2MRF[39]、DCFNet[13]和 BR2Net[43]的预训练网络进行微调。增强样本集训练的非聚焦模糊检测网络的性能分析如表 4.3.6 所示。经增强样本集微调后的 R2MRF、DCFNet 和 BR2Net 网络均取得了性能提升。

图 4.3.9 所示为增强样本集有效性的可视化示例。其中图 4.3.9（a）～（d）所示分别为原始样本、原始样本集训练网络的输出结果、增强样本集训练网络的输出结果和真实标注。增强样本集训练有效地改善了网络的输出结果（见图 4.3.9 中的虚线矩形框）。

（2）生成配对样本来增强非聚焦去模糊：本节提出的 MRA 框架可以从清晰的图像中生成模糊的样本，从而创建一对由源图像（模糊图像）和相应真实的图像（清晰图像）组成的图像对。离焦去模糊的成对生成样本的可视化示例如图 4.3.10 所示。其中第一行为清晰图像，第二行为模糊图像。

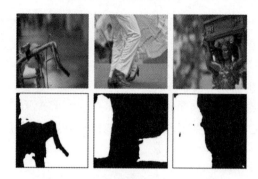

图 4.3.8　非聚焦模糊检测增强样本的可视化示例

表 4.3.6　增强样本集训练的非聚焦模糊检测网络的性能分析

非聚焦模糊检测网络	源样本集训练		增强样本集训练	
	F_{mea} ↑	ACC. ↑	F_{mea} ↑	ACC. ↑
R2MRF	0.8329	0.8424	**0.8449**	**0.8535**
DCFNet	0.8715	0.8785	**0.8841**	**0.8800**
BR2Net	0.8157	0.8013	**0.8249**	**0.8206**

（a）原始样本　　　（b）原始样本集　　　（c）增强样本集　　　（d）真实标注
　　　　　　　　　训练网络的输出结果　　训练网络的输出结果

图 4.3.9　样本增强有效性的可视化示例

图 4.3.10　离焦去模糊的成对生成样本的可视化示例

与目前基于手工设计的图像退化模型（如高斯滤波模型）的成对样本生成方法不同，本节提出的方法通过攻击框架自适应地生成退化图像，即在图像的不同位置自适应地调整模糊程度。因此，配对样本更具有多样性，能够促进非聚焦去模糊的效果。

为了证明所生成的配对样本的有效性，本节首先利用非聚焦去模糊训练数据集DPDD[44]中的清晰图像（Ground Truth），通过 MRA 框架生成配对样本，然后用它们来训练较先进的非聚焦去模糊方法 IFANet[45]。它们的原始模型和参数设置被用于公平的比较。

表 4.3.7 所示为不同样本集训练的 IFANet[45]的性能比较。在 DPDD 数据集[44]上测量PSNR、SSIM、MAE 和 LPIPS。需要注意的是，使用原始样本集训练的 IFANet 的测量值与文献[45]中报告的值略有不同，因为本节在实验中使用 320 像素 × 320 像素的图像，而文献[45]使用 1680 像素 × 1120 像素的图像。可以发现，用增强后的样本集训练 IFANet 达到了最好的值，提高了非聚焦去模糊的性能。

表 4.3.7　不同样本集训练的 IFANet 的性能比较

非聚焦去模糊模型	PSNR↑	SSIM↑	MAE↓	LPIPS↓
IFANet（原始样本集）	24.92	0.7801	0.0418	0.2224
IFANet（增强样本集）	**25.24**	**0.7918**	**0.0404**	**0.1667**

图 4.3.11 所示为增强配对样本生成能够提高非聚焦去模糊性能的可视化示例，说明配对样本生成可以促进非聚焦去模糊的效果。其中图 4.3.11（a）～（d）所示分别为源图像、用原始样本集训练的 IFANet 输出的去模糊结果、用增强样本集训练的 IFANet 输出的去模糊结果和真实的清晰图像。用增强样本集训练的 IFANet 得到了具有更加清晰细节的结果（见图 4.3.11 的虚线矩形框）。

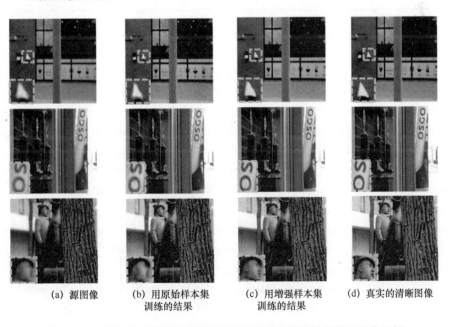

　　(a) 源图像　　　　　(b) 用原始样本集　　　(c) 用增强样本集　　　(d) 真实的清晰图像
　　　　　　　　　　　　　　训练的结果　　　　　　训练的结果

图 4.3.11　增强配对样本生成能够提高非聚焦去模糊性能的可视化示例

4.4　小结

本章针对强鲁棒图像的非聚焦模糊检测问题提出了两种模型。4.2 节提出了一个通过分离和结合框架来实现鲁棒的非聚焦模糊检测模型。该模型单独实现了用像素级非聚焦模糊检测网络和图像级非聚焦模糊检测分类网络分别独立、有效地学习局部特征表示和全局内容感知，从而避免了这两种能力之间的相互干扰。同时，该节还提出了异质蒸馏机制和亲和注意力模块，有效地结合了这两种能力，以实现更加鲁棒的性能。最后还构造了一个全场景的非聚焦模糊检测数据集，它包含更多现有数据集未关注的具有像素级注释的非聚焦模糊场景。4.3 节设计了一种针对非聚焦模糊检测的强鲁棒图像生成模型，该模型能够同时攻击聚焦区域图像和离焦区域图像，生成攻击效果好且质量高的攻击图像。该节首先提出了分而治之的攻击策略来分别攻击聚焦区域和离焦区域。基于离焦区域特征和聚焦区域特征能够提供互参考的想法，该节还设计了 MRFT 模块，并插入到两个攻击分支中，并且设计了 ERR 模型和 SRR 模型来实现 MRFT，通过实验证明了 SRR 模型的优势。读者可以在本章所提出方法的基础上针对更加复杂的非聚焦模糊图像进行研究，如前景背景部分区域的非聚焦图像、非连续区域的非聚焦图像等，探讨更具鲁棒性的模糊检测方法，同时还可以在同时攻击聚焦区域和离焦区域的基础上探索攻击效果更好的模型。此外，读者可以通过结合第二种攻击方法和第一种训练方法，训练出更具强鲁棒性的模型。

本章提出的两种模型适于检测不同拍摄设备产生的各种非聚焦场景，如前景非聚焦、背景非聚焦、全非聚焦和全聚焦。同时攻击方法能够生成攻击效果好的样本，从而提高模型的鲁棒性，也能够自适应地生成模糊和清晰的图像用于非聚焦去模糊方法的训练。本章所提出的方法还能够在非聚焦图像样本不足的情况下，生成用于训练的非聚焦模糊图像与清晰图像对，提高非聚焦去模糊模型的鲁棒性。

参 考 文 献

[1] ZHAO W, WEI F, WANG H, et al. Full-scene defocus blur detection with DeFBD+ via multi-level distillation learning[J]. IEEE Transactions on Multimedia, 2023, 25: 9228-9240.

[2] ZHAO W, WANG M, WEI F, et al. Defocus blur detection attack via mutual-referenced feature transfer[J]. IEEE Transactions on Neural Networks and Learning Systems, 2022, PP (99):1-12.

[3] PANG Y, ZHU H, LI X, et al. Classifying discriminative features for blur detection[J]. IEEE Transactions on Cybernetics, 2015, 46(10): 2220-2227.

[4] ZHAO W, ZHAO F, WANG D, et al. Defocus blur detection via multi-stream bottom-top-bottom fully convolutional network[C]. Institute of Electrical and Electronics Engineers, June 18-23, 2018, IEEE/CVF Conference on Computer Vision and Pattern Recognition, Salt Lake City, UT, 2018: 3080-3088.

[5] ZHANG Z, WANG Z, LIN Z, et al. Image super-resolution by neural texture transfer[C]. Institute of Electrical and Electronics Engineers, June 15-20, 2019, IEEE/CVF Conference on Computer Vision and Pattern Recognition (CVPR), Long Beach, CA, 2019: 7982-7991.

[6] LIN T Y, DOLLÁR P, GIRSHICK R, et al. Feature pyramid networks for object detection[C]. Institute of

Electrical and Electronics Engineers, July 21-26, 2017, IEEE Conference on Computer Vision and Pattern Recognition (CVPR), Honolulu, HI, 2017: 2117-2125.

[7]　RONNEBERGER O, FISCHER P, BROX T. U-net: Convolutional networks for biomedical image segmentation[J]. arXiv preprint, arXiv:1505.04597, 2015.

[8]　HE K, ZHANG X, REN S, et al. Deep residual learning for image recognition[C]. Institute of Electrical and Electronics Engineers, December 12, 2016, IEEE Conference on Computer Vision and Pattern Recognition (CVPR), Las Vegas, NV, 2016: 770-778.

[9]　ZHAO W, ZHAO F, WANG D, et al. Defocus blur detection via multi-stream bottom-top-bottom network[J]. IEEE Transactions on Pattern Analysis and Machine Intelligence, 2019, 42(8): 1884-1897.

[10]　JIANG Z, XU X, ZHANG L, et al. MA-GANet: A multi-attention generative adversarial network for defocus blur detection[J]. IEEE Transactions on Image Processing, 2022, 31: 3494-3508.

[11]　ZHAO W, SHANG C, LU H. Self-generated defocus blur detection via dual adversarial discriminators[C]. Institute of Electrical and Electronics Engineers, June 20-25, 2021, IEEE/CVF Conference on Computer Vision and Pattern Recognition (CVPR), Nashville, TN, 2021: 6933-6942.

[12]　ZHAO W, ZHENG B, LIN Q, et al. Enhancing diversity of defocus blur detectors via cross-ensemble network[C]. Institute of Electrical and Electronics Engineers, June 15-20, 2019, IEEE/CVF Conference on Computer Vision and Pattern Recognition (CVPR), Long Beach, CA, 2019: 8905-8913.

[13]　KIM B, SON H, PARK S, et al. Defocus and Motion Blur Detection with Deep Contextual Features[J]. Computer Graphics Forum, 2018, 37(7): 277-288.

[14]　ALIREZA GOLESTANEH S, KARAM L J. Spatially-varying blur detection based on multiscale fused and sorted transform coefficients of gradient magnitudes[C]. Institute of Electrical and Electronics Engineers, July 21-26, 2017, IEEE Conference on Computer Vision and Pattern Recognition (CVPR), Honolulu, HI, 2017: 5800-5809.

[15]　YI X, ERAMIAN M. LBP-based segmentation of defocus blur[J]. IEEE Transactions on Image Processing, 2016, 25(4): 1626-1638.

[16]　TANG C, WU J, HOU Y, et al. A spectral and spatial approach of coarse-to-fine blurred image region detection[J]. IEEE Signal Processing Letters, 2016, 23(11): 1652-1656.

[17]　SHI J, XU L, JIA J. Discriminative blur detection features[C]. Institute of Electrical and Electronics Engineers, June 23-28, 2014, IEEE Conference on Computer Vision and Pattern Recognition, Columbus, OH, 2014: 2965-2972.

[18]　SU B, LU S, TAN C L. Blurred image region detection and classification[C]. Institute of Electrical and Electronics Engineers, October 27-30, 2014, IEEE International Conference on Image Processing (ICIP), Paris, 2014: 4427-4431.

[19]　MADRY A, MAKELOV A, SCHMIDT L, et al. Towards deep learning models resistant to adversarial attacks[J]. arXiv preprint, arXiv:1706.06083, 2017.

[20]　GOODFELLOW I J, SHLENS J, SZEGEDY C. Explaining and harnessing adversarial examples[J]. arXiv:1412.6572, 2014.

[21]　MOOSAVI-DEZFOOLI S M, FAWZI A, FROSSARD P. Deepfool: a simple and accurate method to fool deep neural networks[C]// Institute of Electrical and Electronics Engineers, June 27-30, 2016, IEEE Conference on Computer Vision and Pattern Recognition (CVPR), Las Vegas, NV, 2016: 2574-2582.

[22] KURAKIN A, GOODFELLOW I J, BENGIO S. Adversarial examples in the physical world[J]. arXiv:1607.02533, 2016.

[23] CARLINI N, WAGNER D. Towards evaluating the robustness of neural networks[C]// Institute of Electrical and Electronics Engineers, May 22-26, 2017, IEEE Symposium on Security and Privacy (SP), San Jose, CA, 2017: 39-57.

[24] SAYLES A, HOODA A, GUPTA M, et al. Invisible perturbations: Physical adversarial examples exploiting the rolling shutter effect[C]// Institute of Electrical and Electronics Engineers, June 20-25, 2021, IEEE/CVF Conference on Computer Vision and Pattern Recognition (CVPR), Nashville, TN, 2021: 14666-14675.

[25] KARIYAPPA S, PRAKASH A, QURESHI M K. Maze: Data-free model stealing attack using zeroth-order gradient estimation[C]// Institute of Electrical and Electronics Engineers, June 20-25, 2021, IEEE/CVF Conference on Computer Vision and Pattern Recognition (CVPR), Nashville, TN, 2021: 13814-13823.

[26] NAKKA K K, SALZMANN M. Indirect local attacks for context-aware semantic segmentation networks[J]. arXiv preprint, arXiv:1911.13038, 2019.

[27] JIA S, SONG Y, MA C, et al. IoU attack: towards temporally coherent black-box adversarial attack for visual object tracking[C]// Institute of Electrical and Electronics Engineers, June 20-25, 2021, IEEE/CVF Conference on Computer Vision and Pattern Recognition (CVPR), Nashville, TN, 2021: 6709-6718.

[28] GAO L, ZHANG Q, SONG J, et al. Patch-wise attack for fooling deep neural network[J]. arXiv preprint, arXiv:2007.06765, 2020.

[29] DIAO Y, SHAO T, YANG Y L, et al. BASAR: black-box attack on skeletal action recognition[C]// Institute of Electrical and Electronics Engineers, June 20-25, 2021, IEEE/CVF Conference on Computer Vision and Pattern Recognition (CVPR), Nashville, TN, 2021: 7597-7607.

[30] LI D, WANG W, FAN H, et al. Exploring adversarial fake images on face manifold[C]// Institute of Electrical and Electronics Engineers, June 20-25, 2021, IEEE/CVF Conference on Computer Vision and Pattern Recognition (CVPR), Nashville, TN, 2021: 5789-5798.

[31] YAN B, WANG D, LU H, et al. Cooling-shrinking attack: Blinding the tracker with imperceptible noises[C]// Institute of Electrical and Electronics Engineers, June 13-19, 2020, IEEE/CVF Conference on Computer Vision and Pattern Recognition (CVPR), Seattle, WA, 2020: 990-999.

[32] CHEN X, YAN X, ZHENG F, et al. One-shot adversarial attacks on visual tracking with dual attention[C]// Institute of Electrical and Electronics Engineers, June 13-19, 2020, IEEE/CVF Conference on Computer Vision and Pattern Recognition (CVPR), Seattle, WA, 2020: 10176-10185.

[33] LIANG S, WEI X, YAO S, et al. Efficient adversarial attacks for visual object tracking[J]. arXiv preprint, arXiv:2008.00217, 2020.

[34] XIAO C, LI B, ZHU J Y, et al. Generating adversarial examples with adversarial networks[J]. arXiv preprint, arXiv:1801.02610, 2018.

[35] ZHOU H, CHEN D, LIAO J, et al. LG-GAN: label guided adversarial network for flexible targeted attack of point cloud based deep networks[C]// Institute of Electrical and Electronics Engineers, June 13-19, 2020, IEEE/CVF Conference on Computer Vision and Pattern Recognition (CVPR), Seattle, WA, 2020: 10356-10365.

[36] ZHOU M, NIU Z, WANG L, et al. Adversarial ranking attack and defense[J]. arXiv preprint, arXiv: 2002.11293, 2020.

[37] LIU A, WANG J, LIU X, et al. Bias-based universal adversarial patch attack for automatic check-out[J]. arXiv preprint, arXiv:2005.09257, 2020.

[38] SIMONYAN K, ZISSERMAN A. Very deep convolutional networks for large-scale image recognition[J]. arXiv preprint, arXiv:1409.1556, 2014.

[39] TANG C, LIU X, ZHU X, et al. R²MRF: defocus blur detection via recurrently refining multi-scale residual features[C]// Association for the Advancement of Artificial Intelligence, February 7–12, 2020, AAAI Conference on Artificial Intelligence, California, 2020, 34(07): 12063-12070.

[40] KINGMA D P, BA J. Adam: A method for stochastic optimization[J]. arXiv preprint, arXiv:1412.6980, 2014.

[41] LIU J, AKHTAR N, MIAN A. Adversarial attack on skeleton-based human action recognition[J]. IEEE Transactions on Neural Networks and Learning Systems, 2020, 33(4): 1609-1622.

[42] WEI X, LIANG S, CHEN N, et al. Transferable adversarial attacks for image and video object detection[J]. arXiv preprint, arXiv:1811.12641, 2018.

[43] TANG C, LIU X, AN S, et al. BR2Net: defocus blur detection via a bidirectional channel attention residual refining network[J]. IEEE Transactions on Multimedia, 2020, 23: 624-635.

[44] ABUOLAIM A, BROWN M S. Defocus deblurring using dual-pixel data[J]. arXiv preprint, arXiv:2005.00305, 2020.

[45] LEE J, SON H, RIM J, et al. Iterative filter adaptive network for single image defocus deblurring[C]. Institute of Electrical and Electronics Engineers, June 20-25 2021, IEEE/CVF Conference on Computer Vision and Pattern Recognition (CVPR), Nashville, TN, 2021: 2034-2042.

第 5 章　弱监督学习的图像非聚焦模糊检测

5.1　引言

受全卷积网络（FCN）在计算机视觉领域取得显著成功的启发，在非聚焦模糊检测任务[1-2]中使用像素级注释全监督训练 FCN 已经取得了一些成功。现有方法多研究全监督非聚焦模糊检测下的不同子问题，它们的侧重点各不相同。在第 2 章中，对于多尺度特征学习的图像非聚焦模糊检测，通过 FCN 的密集非聚焦模糊检测来整合低层线索和高层语义信息。在第 3 章中，通过集成多种非聚焦检测器来增强非聚焦模糊检测器的多样性，从而适应不同的非聚焦视觉任务。在第 4 章中，通过不同场景下的非聚焦图像来训练具有强鲁棒性的模型，并通过合成的鲁棒性攻击图像进一步提高鲁棒性。虽然这些方法都显著提高了对应子任务下的性能，但是训练这种深度模型需要大量的像素级手动注释，这非常耗时且容易出错。当面临标注工作量大、标注难度高及图像质量差的问题时，将难以实现模型的预期效果。为了解决这一问题，本章所提出的方法从真实图像中直接获得非聚焦模糊检测结果，而不使用任何像素级注释。一些无监督分割任务，如显著性对象检测[3-4]和语义分割[5-10]，可以用来解决上述问题。例如，ZHANG 等人[3]通过在弱显著性模型融合过程中产生可靠的监督信号，提出了"融合监督"策略。BIELSKI 等人[11]采用了物体可以独立于给定背景而局部移动的思想，设计了用于无监督对象分割的摄动生成模型。然而，非聚焦模糊检测任务比上述任务更具有挑战。聚焦区域检测（FRD）任务挑战如图 5.1.1 所示。其中，第二行是目标检测任务的感兴趣区域，而第三行是聚焦区域检测的感兴趣区域。由此可见，非像素级标签的边界模糊问题和聚焦检测区域与源图像的弱语义相关性问题都亟待解决。

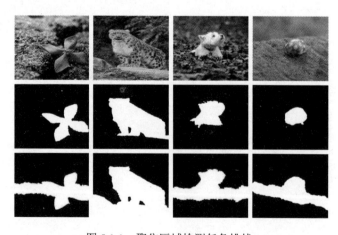

图 5.1.1　聚焦区域检测任务挑战

本节针对这两个问题提出相应的解决方法。针对非像素级标签的边界模糊问题，5.2 节提出一种循环约束网络（RCN）[12]，先粗略定位过渡区域的边界，再迭代生成更精细的新像素级标签。针对弱语义相关性问题，5.3.节以一种隐式的方式来定义什么是非聚焦模糊区域，利用生成网络来输出非聚焦目标检测掩模[13]。5.4 节对上述方法进行总结，并说明其适用场景。

5.2　基于 RCN 的弱监督焦点区域检测

5.2.1　方法背景

聚焦模糊区域检测的目的是检测出非聚焦模糊区域和聚焦清晰区域。随着 FCN 在计算机视觉领域取得显著成效，越来越多的研究学者提出了用完全监督方法来完成非聚焦模糊检测任务。与无监督方法相比，这些全监督方法在检测聚焦区域和非聚焦区域的任务上更加有效。但是，他们都需要大量、昂贵且难以获取的像素级标签。

对此，一个直观的想法是采用其他的像素级检测数据集，如目标分割数据集 COCO[14]、MVD[15]、MSRA10K[16]和 DUT-OMRON[17]。在这些数据集上，首先对网络参数进行预训练，再进行非聚焦模糊检测。然而，非聚焦模糊检测任务与分割任务有很大不同，非聚焦模糊检测任务的检测结果不一定是对象的完整语义。因此，使用目标分割数据集预训练网络，对非聚焦模糊检测效果很难有明显的提升。与详细的像素级标签相比，矩形框级标签更容易获取，如图 5.2.1（b）所示，这种标签只对聚焦区域标注了方形的包围框，能够保证框外只有非聚焦区域。大量的矩形框级标签能提供非聚焦区域和聚焦区域的大概位置，通过传递足够的信息来理解图像哪一部分是重点内容。但是，由于矩形框级标签中的边框内部不仅存在聚焦区域，还存在非聚焦区域，因此对基于矩形框级监督的非聚焦模糊检测任务来说，如何精准检测从非聚焦区域到聚焦区域的边界是本节拟解决的关键问题。

（a）源图像　　　　　　　　（b）矩形框级标签　　　　　　　（c）像素级标签

图 5.2.1　图像及其不同级别标签

基于上述讨论，本节提出一种仅利用矩形框级监督完成像素级非聚焦模糊区域检测任务的弱监督学习方法。该方法主要有两个步骤，分别是基于矩形框级监督的静态训练和基于生成的像素级标签的动态训练。首先通过静态训练生成初始的像素级标签，确定聚焦区域和非聚焦区域的大概位置。然后在此基础上，采用动态训练的方法逐步定位非聚焦区域和过渡区域的边界。网络训练过程中不同精度的边界结果如图 5.2.2 所示。

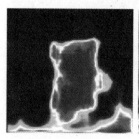 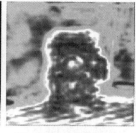 

　　　　(a) 粗糙检测图　　　　　　(b) 更精细的模糊检测图　　　　　(c) 最终结果

图 5.2.2　网络训练过程中不同精度的边界结果

　　静态训练： 静态训练的过程以矩形框级标签为监督，采用 FCN 提取特征，获取非聚焦区域的粗糙检测图，如图 5.2.2（a）所示。由于粗糙检测图只包含非聚焦区域和聚焦区域的大概位置，无法准确划分过渡区域的边界，因此本节还设计了新的 RCN。当使用矩形框级监督联合训练 FCN 和 RCN 时，RCN 可以生成更精细的非聚焦模糊检测图，如图 5.2.2（b）所示。它能够有效定位过渡区域的边界，并为动态训练提供初始的像素级标签。

　　动态训练： RCN 能估计出更精细的非聚焦模糊检测图，所生成的像素级结果经优化后可作为新的标签，利用该标签来监督网络，微调 FCN 和 RCN 中的参数。这两个过程反复进行，交替迭代。随着迭代次数的增加，动态训练生成的结果逐渐接近实际真值，过渡区域的边界位置越来越精确。同时，动态训练又能对网络进行微调，生成更加准确的非聚焦检测图，最终结果如图 5.2.2（c）所示。为了使 RCN 生成的作为下一步监督的像素级结果更加准确，本节提出引导条件随机场对非聚焦检测结果进行优化，并利用矩形框级标签对生成的标签进行校正。在不破坏过渡区域结果的前提下，条件随机场采用平滑后的结果作为引导优化结果，而不是采用传统的原始图像作为参考。在实际应用中，该方法对去除噪声具有更强的鲁棒性和较高的精确度。

　　要实现上述目标，需要一个有边界矩形框级标签的大型数据集。因为现有的非聚焦模糊检测任务只有 DUT 数据集[2,18]和 CHDK 数据集[1]这两个公开的数据集，分别只有 1100 对和 704 对有像素级标签的图像，可用的数据较少，且缺少本节提出的弱监督方法需要的矩形框级标签。所以本节构建了新的 FocusBox 数据集，它包含 5000 张有矩形框级标签的局部非聚焦模糊图像，以便训练。

　　本节方法的主要贡献和创新点如下：

　　（1）针对聚焦区域检测问题，采用只需要边界矩形框级标签的弱监督训练实现。这项工作是探索弱监督方法处理聚焦区域检测问题的第一次尝试。

　　（2）构造了一个带有边界矩形框级标签的大规模部分聚焦图像 FocusBox 数据集，并使用新的数据集对该方法进行了成功的训练。该数据集是公开的，旨在促进进一步的研究。

　　（3）在 FocusBox 数据集、DUT 数据集、CHDK 数据集上进行了广泛的实验，验证了所提出的无监督模块的有效性，同时在现有数据集上与 DBDF[1]、KSFV[19]、LBP[20]、HiFST[21]、BTBNet[22]方法对比。实验结果表明，本节方法不仅可以获得与完全监督方法相当的准确性，而且能实现更快的速度。

5.2.2　RCN 结构

本节基于矩形框级监督，生成高质量的非聚焦模糊区域检测结果。整体网络结构如图 5.2.3 所示。训练过程主要包含两个步骤：基于矩形框级监督的静态训练和基于生成像素级标签的动态训练。

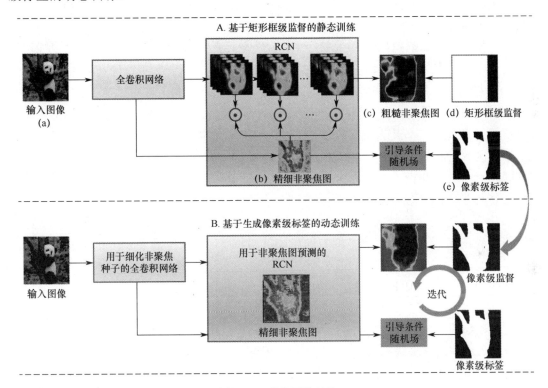

图 5.2.3　整体网络结构

静态训练是利用矩形框级标签作为监督来训练网络的。本研究最初采用一个由一系列卷积层组成的 FCN 来预测一个粗糙检测图。训练全卷积层使用了最小化交叉熵损失函数。虽然全卷积层是利用矩形框级标签进行训练的，但是网络依然能够有一定的能力去提取非聚焦区域的特征，确定非聚焦区域和聚焦区域的大致位置。然而，通过这种弱标签训练出的模型只能获得粗糙的非聚焦区域的检测结果，它无法准确定位从聚焦区域到非聚焦区域过渡的边界位置。

为了准确定位该边界位置，本节设计了新的 RCN。先给定输入图像 I，RCN 模型将生成一个非聚焦模糊检测的特征图，再送入 sigmoid 层，生成的特征图的像素值 $I_{i,j}$ 都在 [0,1]内，根据像素值能估计出每个像素的非聚焦程度。因为没有提供像素级标签来训练

RCN，所以需要使用矩形框级标签来联合训练 FCN 和 RCN。具体来说，给定训练样本 $\{I, G\}$，其中 G 代表矩形框级标签。将输入图像 I 送到 FCN 和 RCN 联合的模型中，获得细化后的非聚焦检测结果图 $F \in R^{m \times n}$ 和粗糙的非聚焦检测结果图 $C \in R^{m \times n \times D}$。RCN 模型使用式（5.2.1）的方式对粗糙结果图的每个通道进行约束。

$$\overline{C_d} = (F \otimes F \otimes \cdots \otimes)C_d \tag{5.2.1}$$

式中，$\otimes$ 表示逐像素进行点乘；C_d 表示非聚焦模糊区域检测结果图 $\overline{C}$ 的第 d 个通道特征图；$\overline{C_d}$ 表示利用图 F 约束后的第 d 个通道特征图。

接下来对 $\overline{C}$ 进行卷积操作，获取矩形框级预测图 C。通过最小化损失函数 $L(C,G)$，G 为真值（该损失函数介绍参见 5.2.3 节）来进行 RCN 和 FCN 的联合训练。

为了迫使损失函数 $L(C,G)$ 趋于零，检测结果图 F 需要约束特征图 $\overline{C}$，使其尽可能地提取非聚焦区域和聚焦区域的特征，这样才能在卷积后获得趋近于矩形框级真值的预测图 C。在 F 约束 $\overline{C}$ 的过程中，F 自身也需要不断进行细化，确定非聚焦区域的位置，且 F 来自 FCN 第三个模块的输出特征，拥有更多的浅层信息。所以与只包含聚焦和非聚焦大概位置的粗糙结果图 C 相比，F 不仅能确定聚焦区域和非聚焦区域的位置，还包含更多的从聚焦区域到非聚焦区域过渡的边界信息。然而，这也引入了部分噪声，需要进一步优化。粗糙的非聚焦区域检测图 C 相当于高级特征，能够更好地确认非聚焦区域和聚焦区域的大概位置。而低级特征生成的非聚焦区域检测图 F 则包含更多的细节信息，如从聚焦区域到非聚焦区域的边界，也包含了一些噪声。经过约束，FCN 和 RCN 通过联合学习集成了具有区域大概位置的高级特征和有更多细节信息的低级特征，能够生成更准确的非聚焦模糊检测图。

FCN 结构是基于 VGG16 网络[23]的，如图 5.2.4 所示。与 VGG16 网络相比，本研究中使用的 FCN 删除了最后三个全连接层。FCN 有两个输出：浅层的细化的非聚焦区域种子图和深层的粗糙的非聚焦区域特征图。RCN 结构如图 5.2.5 所示。首先粗糙的非聚焦区域特征图被送入卷积层来提取高级特征，然后一个带有非线性激活的反卷积层用于上采样。在此之后，通过一系列一对多的逐像素点乘操作来约束非聚焦区域的检测结果。最后使用一个带有非线性激活的卷积层将约束后的特征图聚合，并使用反卷积层生成一个与原始分辨率相同的粗糙结果，利用矩形框级标签进行监督。

经过静态训练，RCN 生成的检测图已经能够定位从非聚焦区域到聚焦区域过渡的边界。在第二个训练步骤中，一是需要使用训练好的 RCN 预测更精细的非聚焦区域检测结果图，二是需要使用生成的像素级标签微调 FCN 和 RCN，即 RCN 生成的结果经过优化后会被作为标签对 FCN、RCN 进行微调。该方法在这两个步骤之间反复迭代，进行动态训练。为了进一步提高性能，该方法使用两种策略优化标签，即使用改进后的引导条件随机场（Guided Conditional Random Field，GCRF）进行细化和使用先验信息进行校正。

（1）使用 GCRF 进行细化：条件随机场（Conditional Random Field，CRF）方法[24]通常在保留对象边缘的同时进行预测图的优化，如语义分割方法[25-27]和显著性检测方法[28-29]。考虑到 CRF 根据每个像素的类别都与其邻近像素的类别更相似的原理，先对源图像进行了滤波处理,既尽可能地保留了过渡区域的边界位置,又能对背景噪声进行滤波,再利用滤波后的源图像对预测的结果图进行引导细化;而不是利用传统的 CRF 直接使用源图像对预测图进行细化。显然,使用 GCRF 获得的结果比使用 CRF 获得的结果更好,其定量结果见5.2.4.5 节中的表 5.2.5。

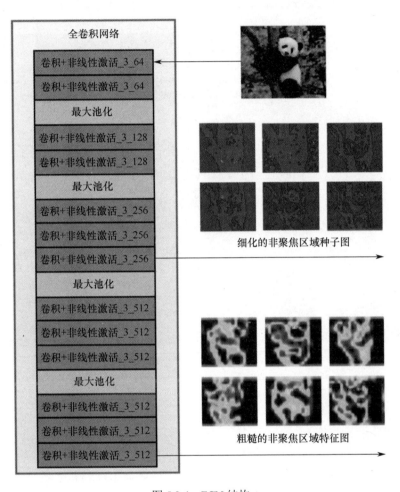

图 5.2.4　FCN 结构

(2)对生成的标签进行校正:受文献[31]的启发,本节采用两种方法对生成的标签进行先验信息的校正。首先,在人工标注矩形框级标签时,就可以人为保证框外一定是非聚焦的,框内既有聚焦部分又有非聚焦部分。当将生成的结果作为下一步迭代使用的标签时,在结果中的任何框注释之外的像素都被置为非聚焦区域像素,从而进行标签校正。其次,如果生成的非聚焦区域检测结果与其对应的矩形框级标签的交并比(IoU)小于 30%,那么说明该图像没有得到很好的训练,需要使用初始的矩形框级标签代替生成的非聚焦区域检测结果作为下一步的监督标签。

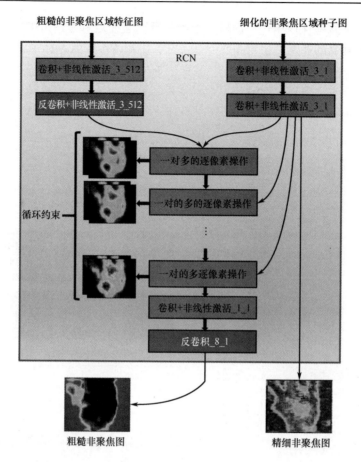

图 5.2.5 RCN 结构

5.2.3 模型训练

对于训练样本 $\{I_i, G_i\}_{i=1}^N$，I_i 表示训练源图像，G_i 表示标签，N 表示样本的个数。无论是利用矩形框级标签的静态训练，还是利用像素级标签的动态训练，都要通过最小化以下损失函数来训练网络。

$$L(C',G) = \min_{\theta} -\frac{1}{N}\sum_{i=1}^N G_i \log p(C_i'|\theta) + (1-G_i)\log[1-p(C_i'|\theta)] + \lambda \|V(F_i)\|_1 \qquad (5.2.2)$$

式中，$p(C_i'|\cdot) = (1+e^{-C_i'})^{-1}$ 为 sigmoid 函数，能够对结果图进行归一化；F_i 为 RCN 生成的结果图；$V(F_i)$ 为对应的矢量，用于 L1 正则化，防止过拟合；λ 被设为 0.0001。

5.2.4 实验

5.2.4.1 实验设置

本书采用基于卷积神经网络的编程框架 Caffe[32]，在配备有 GTX 1080TI GPU 的、系统为 Ubuntu 16.04 的计算机上完成实验，利用在 ImageNet 数据集上训练好的 VGG16 网络模型对相应的网络参数进行初始化，其他层中的参数使用随机值进行初始化。优化网络的方法采取的是小批量随机梯度下降法（SGD），动量值为 0.9，批量大小 batch 设置为 2，初始学习率为 0.0001，每次迭代降低 10 倍，质量衰减为 0.0005。在测试阶段，RCN 能将每张输入图像生成检测图，通过 GCRF 改进后获得最终的检测结果。

5.2.4.2　数据集

在这项工作中，为了训练所提出的弱监督模型，需要带有矩形框级标签的大规模数据集。然而，现有公开的非聚焦模糊区域检测数据集只包含像素级标签数据集或图像级标签数据集，相关图片数量、图像种类及真值类型的介绍如表 5.2.1 所示。因此，本节自行标注了一个新的数据集 FocusBox，它包含 5000 张自然局部非聚焦图像。每张图像都带有矩形框级标签，能够进行弱监督模型训练，该数据集的公开促进了非聚焦模糊区域检测在弱监督领域的进一步发展。在标注像素级标签时，需要人工精准确定从聚焦区域到非聚焦区域过渡的边界，非常耗时。而本节提出的矩形框级标签，只需要对聚焦区域标注矩形框，不需要确定边界，大大节约了时间和人力。值得注意的是，标注时需要保证矩形框外一定只有非聚焦模糊区域，而且需要尽可能地减少矩形框的面积，即减少矩形框内的非聚焦模糊区域占矩形框总面积的比例。

表 5.2.1　非聚焦模糊图像数据集的统计比较

数据集	CERTH[33]	CUHK	DUT	FocusBox
图片数量/张	360	704	1100	5000
图像种类	自然+合成	自然	自然	自然
真值类型	图像级	像素级	像素级	矩形框级

FocusBox 数据集的部分图像存在以下几个特征，该数据集中具有代表性和挑战性的图像及对应的矩形框级标签如图 5.2.6 所示。

（1）受相机镜头景深所影响，非聚焦模糊区域和聚焦清晰区域的对象语义是不完整的。

（2）聚焦区域的低频细节特征较少，这种区域在聚焦和非聚焦时几乎没有视觉上的差异，即属于同质区域。

（3）虽然非聚焦模糊区域是模糊的，但是场景比较复杂，并且对象并不单一，含有较多的杂乱信息。

（4）图像中包含不同尺度的聚焦范围。

在测试模型效果时，本节使用了两个具有像素级标签的目前已经公开的非聚焦区域的检测数据集。第一个是 CHDK 模糊性数据集，包含 704 张局部非聚焦自然图像及对应的像素级标签，其中有 100 张图像用来测试，本次实验未涉及剩余的作为训练集的 604 张图像；第二个是 DUT 模糊性数据集，包含 1100 张局部非聚焦自然图像及对应的像素级标签，其中有 500 张图像用于测试，剩余 600 张图像用于训练，本次实验未涉及。

为了提升数据集的规模及数据集的多样性，本节采取了随机翻转的数据增强方式进行数据集的扩充。

(a) 语义不完整

(b) 同质区域

(c) 背景杂乱

(d) 尺度不同

图 5.2.6　FocusBox 数据集中具有代表性和挑战性的图像及对应的矩形框级标签

5.2.4.3　评估指标

本节方法采用二值化处理,并采用两个常用的指标来定量评价非聚焦区域的检测结果。

第一个指标是 IoU，具体计算方法如下：

$$IoU = \frac{TP}{TP + FN + FP} \qquad (5.2.3)$$

式中，TP 为预测是非聚焦像素、实际也是非聚焦像素的个数；FP 为预测是非聚焦像素、实际是聚焦像素的个数；FN 为预测是聚焦像素、实际是非聚焦像素的个数。

第二个指标是 ACC.，计算方法如下：

$$ACC. = \frac{TP + TN}{TP + TN + FP + FN} \qquad (5.2.4)$$

式中，TN 为预测是聚焦像素、实际也是聚焦像素的个数。

IoU 和 ACC.的取值范围都是[0,1]，并且两个指标的值越接近 1，说明非聚焦区域检测的效果越好。

5.2.4.4　与其他方法的比较

本节方法为弱监督方法，与五种较先进方法进行了比较，包括 DBDF、KSFV、LBP、HiFST、BTBNet。前四种方法是无监督方法，最后一种方法是完全监督方法。

为了尽量公平的进行比较，本次实验参考了这五种方法的相关论文，除 Pang 所提出的 KSFV 方法外，其他四种方法及本节方法的结果均利用了 CRF 方法进行二值分割。

1. 定量比较

这六种方法都采用了 IoU 和 ACC.这两个指标，并进行了指标上的客观定量比较。表 5.2.2 提供了在 DUT 数据集和 CUHK 数据集上每种方法对应结果的指标数值。显然，本节方法明显优于无监督方法。尤其对于 IoU 指标，本节方法比较优的无监督方法 HiFST 在 DUT 数据集和 CUHK 数据集上分别提高了 8.2%和 8.6%。此外，本节方法的 ACC.指标在这两个数据集上分别达到了完全监督方法 BTBNet 的 99.6%和 97.7%，这足以证明本节方法的效果可以与全监督方法的效果相媲美。

表 5.2.2　IoU 和 ACC.指标的定量比较

数据集	指标	DBDF	KSFV	LBP	HiFST	BTBNet	本节方法
DUT	IoU/%	48.63	35.21	58.50	61.30	66.73	66.31
	ACC./%	72.79	66.40	85.05	85.17	88.21	87.82
CUHK	IoU/%	59.97	33.22	65.36	67.96	78.39	73.83
	ACC./%	81.77	60.44	88.07	89.65	93.73	91.61

2. 定性比较

图 5.2.7 所示为本节方法与其他方法的视觉比较。前五张图像来自 DUT 数据集，后五张图像来自 CUHK 数据集。这些图像具有多样性，如非聚焦区域背景复杂、聚焦区域内部低频细节少、图像亮度较低等。显然，根据视觉效果来看，本节方法比无监督方法具有更准确的边界定位，其准确性与全监督方法的准确性相媲美。对于亮度较低的区域，如阴影区域，本节方法也有较好的检测结果（见图 5.2.7 第三行）。

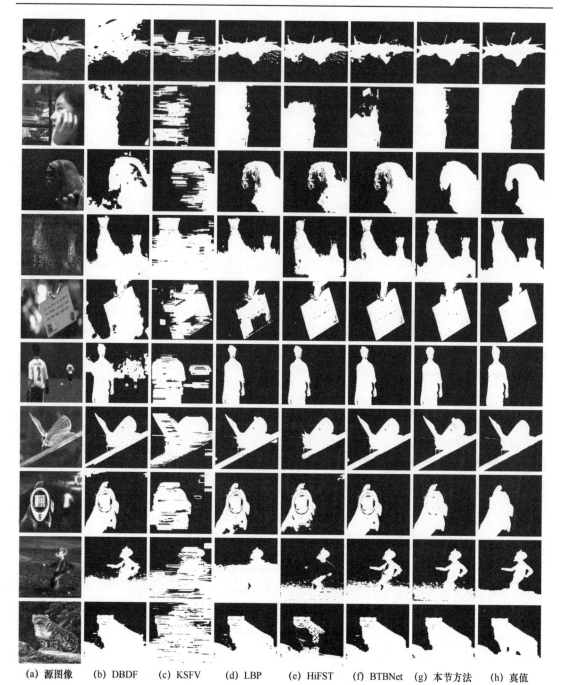

(a) 源图像　　(b) DBDF　　(c) KSFV　　(d) LBP　　(e) HiFST　　(f) BTBNet　(g) 本节方法　　(h) 真值

图 5.2.7　本节方法与其他方法的视觉比较

3. 计算速度比较

在本节方法的实现过程中,两个主要计算量是由 RCN 生成的非聚焦模糊检测图(0.23s)和 GCRF 细化图(0.6s)。表 5.2.3 所示为不同非聚焦模糊检测方法的平均运行时间。实验在 Intel Core i7-8700k 笔记本上进行,主频为 3.2 GHz,内存为 32GB。在 DUT 数据集和

CUHK 数据集上，测试图像的分辨率为 320 像素 × 320 像素。本节方法的平均运行时间是无监督方法最快运行时间（LBP-9.21s）的 9.0%。

表 5.2.3　不同非聚焦模糊检测方法的平均运行时间

方法	DBDF	KSFV	LBP	HiFST	BTBNet	本节方法
时间/s	46.22	15.06	9.21	47.05	25.26	0.83

5.2.4.5　消融实验

本节将探讨更改约束单元个数、迭代次数、有无标签优化策略、有无矩形框级弱标签对实验结果的影响，并在 DUT 数据集和 CUHK 数据集上进行测试。根据实验结果，证明本节的设计选择是正确的。所有数据都是在提出的 FocusBox 数据集上进行训练的，各项实验设置如 5.2.4.1 节所述，未进行修改。

1. 约束单元个数

本节方法的目标是利用矩形框级监督，生成高质量的能够精确定位边界的非聚焦模糊检测结果。一种比较直接的方法是使用矩形框级标签训练 FCN，获取非聚焦区域的检测结果。这种方法只能产生低质量的粗糙检测图，如表 5.2.4 中的 FCN 方法。FCN+RCN 表示联合训练 FCN 和 RCN。RCN（nCU）表示 RCN 中有 n 个约束单元。"mIte." 表示 m 次迭代。本节设计了能够与 FCN 联合训练的 RCN，以获取更多的细节信息。RCN 需要设定的约束单元个数，表 5.2.4 显示了在一次迭代过程中设置不同约束单元个数的结果。FCN+RCN(2CU)-1Ite.方法比 FCN 方法的 IoU 指标在 DUT 数据集和 CUHK 数据集上分别提高了 21.2% 和 15.1%，ACC.指标也有显著的提高。而 FCN+RCN(3CU)-1Ite.方法比 FCN+RCN(2CU)-1Ite.方法增加了一个约束单元，但是 IoU 和 ACC.指标并没有显著提高。因此，本节方法将 RCN 中的约束单元个数设置为 2。

表 5.2.4　RCN 和迭代次数的影响

方法	DUT		CUHK	
	IoU/%	ACC./%	IoU/%	ACC./%
单次迭代情况下，不同约束单元个数的影响				
FCN	51.69	83.82	63.55	88.32
FCN+RCN(1CU)-1Ite.	59.72	85.32	66.21	88.82
FCN+RCN(2CU)-1Ite.	62.63	86.65	73.12	91.62
FCN+RCN(3CU)-1Ite.	64.90	87.25	72.30	91.22
FCN+RCN(2CU)条件下，不同迭代次数的影响				
FCN+RCN(2CU)-2Ite.	66.31	87.82	73.83	91.61
FCN+RCN(2CU)-3Ite.	66.32	87.83	73.65	91.53

2. 迭代次数

如 5.2.2 节所述，首先利用矩形框级标签能够估计出非聚焦模糊区域的检测图，在动态训练过程中将估计得到的检测图作为真值，这个过程就是第一次迭代。然后迭代使用生成的像素级标签对 FCN 和 RCN 两个网络进行微调，并生成更好的像素级标签。每一次迭代都记录了 IoU 和 ACC.指标（见表 5.2.4）。与 FCN+RCN(2CU)-1Ite.方法相比，FCN+RCN(2CU)-2Ite.方法增加了一次迭代，IoU 指标在 DUT 数据集和 CUHK 数据集上分别提高了 5.9%和 1.0%，ACC.指标在 DUT 数据集上提高了 1.4%，在 CUHK 数据上基本没有改变。总体上，FCN+RCN(2CU)-2Ite.方法的指标优于 FCN+RCN(2CU)-1Ite.方法的指标，但是增加一次迭代的 FCN+RCN(2CU)-3Ite.方法的指标与 FCN+RCN(2CU)-2Ite.方法的指标基本相同，所以本节方法选择了两次迭代。图 5.2.8 所示为不同迭代次数下生成的非聚焦模糊检测结果的可视化比较。

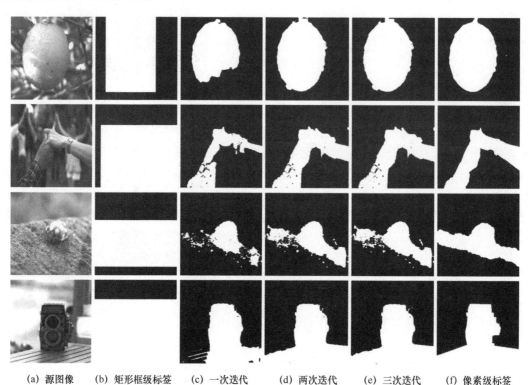

　　(a) 源图像　　　(b) 矩形框级标签　　　(c) 一次迭代　　　(d) 两次迭代　　　(e) 三次迭代　　　(f) 像素级标签

图 5.2.8　不同迭代次数下生成的非聚焦模糊检测结果的可视化比较

3. 标签优化策略

　　为了进一步提高性能，将优化 RCN 生成的像素级结果作为标签，本节方法提出了两种标签优化策略，一是利用 GCRF 进行标签增强，二是使用先验信息对生成的标签进行校正。标签增强效果如表 5.2.5 所示。方法一列包括代表本节方法的最终模型、FCN+RCN(2CU)-2Ite 条件下无 GCRF、无标签校正、无 GCRF 和无标签校正。如果没有进行 GCRF 的标签增强或者没有进行标签校正，IoU 和 ACC.指标都会有大幅度下降。利用 GCRF 能够在 DUT 数据集和 CUHK 数据集上分别提高 22.3%、16.3%的 IoU 值和 5.5%、4.4%的 ACC.值。图 5.29 所示为由 CRF 和 GCRF 生成二值化焦点图的视觉效果。显然，GCRF 生成的二值化结果在定位从聚焦区域到非聚焦区域过渡边界的同时，还实现了更好地对聚焦区域检测的细化。

表 5.2.5　标签增强效果

方法	DUT		CUHK	
	IoU/%	ACC./%	IoU/%	ACC./%
最终模型	66.31	87.82	73.83	91.61
无 GCRF	65.74	87.59	73.09	91.30
无标签校正	56.18	83.98	64.94	88.32
无 GCRF 和无标签校正	54.21	83.25	63.50	87.77

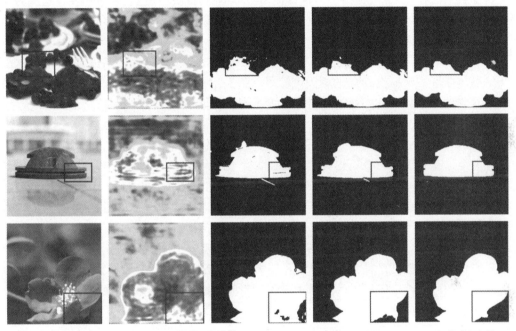

(a) 源图像　　(b) 更精细的焦点图　(c) CRF生成的二值图　(d) GCRF生成的二值图　　(c) 像素级标签

图 5.2.9　由 CRF 和 GCRF 生成二值化焦点图的视觉效果

4. 矩形框级弱标签的有效性

本节通过实验来验证矩形框级弱标签，其能够与像素级标签进行互补，以提高模型非聚焦模糊检测的能力。具体来说，首先利用矩形框级标签对网络参数进行初始化，然后利用像素级标签对网络进行进一步的训练，其指标结果如表 5.2.6 基于全监督和弱监督所在行所示。与之比较，本节还利用随机参数初始化模型，用像素级标签进行训练，其指标结果如表 5.2.6 基于全监督无弱监督所在行所示。根据实验结果可以看出，当添加了矩形框级弱标签进行参数初始化时，全监督学习方法的性能得到了显著提高。

表 5.2.6　矩形框级弱监督的优势

方法	DUT		CUHK	
	IoU/%	ACC./%	IoU/%	ACC./%
基于全监督和弱监督	69.18	89.14	78.99	94.05
基于全监督无弱监督	63.94	87.12	75.98	92.78

5.3　基于双对抗性鉴别器的自生成非聚焦模糊检测

5.3.1　方法背景

在解决非聚焦模糊目标检测时，常用的监督学习方法不仅耗时，还存在标注易出错的问题。为了解决这一问题，本节方法从真实图像中直接获得非聚焦模糊检测结果，而不使用任何像素级注释。5.2 节提出了一种仅使用矩形框级标签的弱监督非聚焦模糊检测方法，有时并不能获得大量的矩形框级标签，且该方法并没有明确定义聚焦区域和非聚焦区域，降低了方法的适用性和准确性。

在 5.2.1 节中提到了一些无监督方法。这些方法总是使用目标语义信息。然而，对象的语义信息与非聚焦模糊检测[34]的相关性较弱。图 5.3.1（a）～（c）显示了视觉对比。与区分语义对象（如猫和鸟）的显著性对象检测不同，非聚焦模糊检测检测的是忽略语义完整性的重点清晰区域。例如，其可以检测到猫的清晰头部和部分弱语义残肢。此外，受文献[35]的启发，残差网络可以被视为许多互不强烈依赖的路径的集合。该方法在 ResNet50[36]中删除了经过充分训练以分析语义相关性的单个卷积块路径［见图 5.3.1（e）］，删除任何高级卷积块（D12～D15）对性能没有明显影响。但是，删除一些低级卷积块（D1～D11）会降低性能。这与高度依赖高级语义特征的显著性目标检测相反［见图 5.3.1（d）］。因此，弱语义相关性给无监督非聚焦模糊检测带来了更大的挑战。

基于非聚焦模糊检测的弱语义相关属性，可以得到一个原则：离焦模糊区域可以相对于给定的真实全模糊图像任意移动，而不影响对全模糊图像的判断；同样可以将聚焦的清晰区域随机粘贴到给定的逼真的全清晰图像上，而不影响对全清晰图像的判断。本节方法首先构建了一个生成网络，旨在输出一个没有真值作为监督的掩模，然后通过预测的掩模从对应的源图像中分别剔除清晰区域和模糊区域，最后将清晰区域和模糊区域粘贴到另一张全清晰图像和全模糊图像上。将得到的合成全清晰图像和合成全模糊图像分别输入到两个鉴别网络中。鉴别器旨在区分输入图像是否为真实的全清晰图像及是否为真实的全模糊图像。为了欺骗鉴别器，生成器必须输出一个正确的模糊区域掩模，以精确地从相应的源图像中切分出清晰区域和模糊区域。因此，本节方法以一种隐式的方式来定义什么是非聚焦模糊区域，从而避免了手动标记。

实现双重对抗性鉴别网络的动机是避免产生部分或过量非聚焦模糊检测掩模的退化解，从而成功地欺骗鉴别器。具体来说，如果采用单个鉴别网络，则部分非聚焦模糊检测掩模可以生成完整的清晰图像来欺骗鉴别器。此外，过量训练的非聚焦模糊检测掩模可以生成一个完全模糊的图像来欺骗另一个鉴别器。本节提出的双对抗性鉴别网络可以解决这个问题。由于部分非聚焦模糊检测掩模可以生成一个完整的清晰图像来欺骗一个鉴别器，但不能同时生成一个完整的模糊图像来欺骗另一个鉴别器。因此只有制作出精确的非聚焦模糊检测掩模，复合模糊图像和复合清晰图像才能成功骗过双鉴别器。

在本节方法的无监督框架的对抗性训练过程中，提出了一个双边三元组约束来避免退化问题，解决了一个鉴别器击败另一个鉴别器而使生成器产生一个"1"较多或"0"较多的区域掩模的问题。一个鉴别器很容易击败另一个鉴别器，这将迫使生成器生成一个完整的非聚焦模糊检测掩模或一个空的非聚焦模糊检测掩模。为了避免这种情况，本节方法提出了一个双边三重挖掘约束来有效地平衡这两个鉴别器。具体来说，首先实现了一个分类网络来挖掘现实中三联体图像的特征关系，然后鼓励合成清晰图像 C_c，其与另一张真实的全清晰图像之间的特征空间距离越来越近，同时激励合成模糊图像 C_b，其与另一张真实的全模糊图像之间的距离越来越近。有了这个约束，两个鉴别器可以很容易地达到平衡，从而促使生成器产生准确的非聚焦模糊检测掩模机制的同时欺骗两个鉴别器生效。

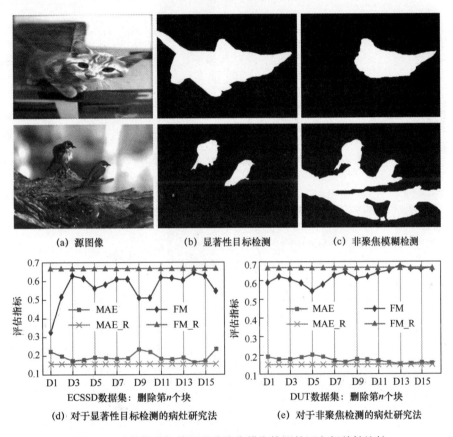

(a) 源图像　　　　　　(b) 显著性目标检测　　　　　　(c) 非聚焦模糊检测

ECSSD数据集：删除第 n 个块

(d) 对于显著性目标检测的病灶研究法

DUT数据集：删除第 n 个块

(e) 对于非聚焦检测的病灶研究法

图 5.3.1　显著性目标检测和非聚焦模糊检测的语义相关性比较

本节方法的主要贡献和创新点如下：

（1）针对非聚焦模糊检测的弱语义相关问题，本节提出了一种有效的方法来训练一个深度非聚焦模糊检测模型，而不使用任何像素级注释。

（2）本节提出了双对抗鉴别网络，迫使生成器产生精确的非聚焦模糊检测掩模，还提出了用双边三重挖掘约束方法来避免产生退化问题。

（3）在两个广泛使用的数据集中进行了大量实验，验证了本节方法优于大多数方法。其中包括无监督方法 HiFST、DBDF、SRID[37]、SS[38]、KSFV、SVD 与有监督方法像素级注释训练的生成器和多流 BTBNet，本节方法在具有高准确率的同时拥有较快的计算速度。

5.3.2　双对抗性鉴别器的网络结构

本节方法建立在生成式对抗网络上，它包括两个主要的构建模块：一个生成器 G 和两个鉴别器 D_c（全清晰图像鉴别器）、D_b（全模糊图像鉴别器），结构示意图如图 5.3.2 所示。

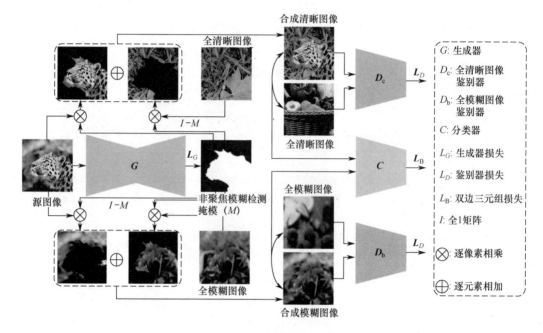

图 5.3.2　本节方法的结构示意图

生成器与全清晰图像鉴别器和全模糊图像鉴别器进行对抗训练，即学习生成掩模。首先通过将相应源图像的清晰区域和模糊区域复制到另一张全清晰图像和全模糊图像中来生成合成清晰图像和合成模糊图像两张复合图像。然后希望两个鉴别器均无法将它们与真实的全清晰图像和全模糊图像同时区分开。要强调的是：由于本节在训练过程中引入了生成器来生成掩模以合成未知的随机真实的全清晰图像和全模糊图像，因此生成器必须输出一个正确的掩模，该掩模可以将相应的清晰区域和模糊区域与任意的全清晰图像和全模糊图像结合，从而使两个鉴别器同时相信合成图像是完全清晰和完全模糊的。

5.3.2.1　生成器

考虑 N 个训练样本 $T=\{T_1,T_2,\cdots,T_n\}$，T_n 有 $H\times W\times K$ 维，其中 H、W 和 K 分别代表第 n 个样本的高、宽和通道数。本节要训练一个生成模型，其形式为 $M_n=G(T_n;W_G)$，在给定图像 T_n 的情况下预测掩模 $M_n\in[0,1]$，其中 W_G 是生成模型的权重参数。

首先通过使用掩模 M_n 将清晰区域和模糊区域从相应的源图像中分别移动到另一个完全清晰的图像 I_c 和完全模糊的图像 I_b 中生成合成清晰图像和合成模糊图像。形式上，这可以写成

$$C_c(M_n) = M_n \otimes T_n \oplus (I - M_n) \otimes I_c \tag{5.3.1}$$

$$C_b(M_n) = (I - M_n) \otimes T_n \oplus M_n \otimes I_b \tag{5.3.2}$$

式中，$\otimes$ 表示逐像素相乘；$\oplus$ 表示逐像素相加；I 表示一个所有元素都为 1 的矩阵（见图 5.3.2）。

然后生成器在两个鉴别器的对抗方式（见图 5.3.2 中的 D_c 与 D_b）下训练，将生成器损失最小化：

$$L_G(W_G) = E_{T_n \sim P_t}[\log(1 - D_c\{C_c[G(T_n; W_G)]\})] + E_{T_n \sim P_t}[\log(1 - D_b\{C_b[G(T_n; W_G)]\})] \tag{5.3.3}$$

式中，W_G 为生成器 G 的权重参数；P_t 为训练图像的概率密度分布；D_c 为全清晰图像鉴别器；D_b 为全模糊图像鉴别器；$E_{T_n \sim P_t}$ 中的 E 为数学期望，其中 T_n 服从 P_t 的概率分布。

5.3.2.2　双重鉴别器

为了避免生成器会生成部分或过多的掩模以成功欺骗鉴别器，本节实施了双重鉴别网络。具体来说，如果使用单个鉴别器来区分合成图像是完全清晰的图像还是完全模糊的图像，则会产生一个失败的解决方案，即生成器会产生"0"较多或"1"较多的掩模来欺骗鉴别器取得成功。"0"较多的掩模可以生成完全清晰的图像来欺骗清晰鉴别器，但不能同时生成完全模糊的图像（生成的图像包含部分清晰区域）来欺骗模糊鉴别器。"1"较多的掩模无法生成完整的清晰图像来欺骗模糊鉴别器。因此只有生成的掩模正确，合成模糊图像和合成清晰图像才能成功欺骗双重鉴别器。一部分（"0"较多）的掩模可以组成一个完全清晰的图像来欺骗一个清晰鉴别器，但不能生成一个完整的模糊图像来欺骗另一个鉴别器。过多（"1"较多）的掩模会产生相反的效果。相比之下，借助双重鉴别网络生成的掩模是准确的，因此合成的模糊图像和合成的清晰图像可以成功地欺骗双重鉴别器（见图 5.3.2）。

双重对抗损失为

$$L_D(W'_D; W''_D) = E_{I_c \sim P_c}\{\log[D_c(I_c; W'_D)]\} + E_{T_n \sim P_t}[\log(1 - D_c\{C_c[G(T_n; W_G)]\})] + E_{I_b \sim P_b}\{\log[D_b(I_b; W''_D)]\} + E_{T_n \sim P_t}[\log(1 - D_b\{C_b[G(T_n; W_G)]\})] \tag{5.3.4}$$

式中，W'_D 和 W''_D 分别为清晰鉴别器与模糊鉴别器的权重参数；P_c 和 P_b 分别为真实的全清晰图像和真实的全模糊图像的概率密度分布。

该过程的说明如图 5.3.2 中两个鉴别器 D_c 和 D_b 的输入与输出所示。因此，生成器有动力生成准确的掩模，因为"1"比较多或"0"比较多的掩模会合成包括清晰区域和模糊区域的混合图像，鉴别器可以成功区分它。

5.3.2.3　双边三元组约束

本节提出的无监督框架旨在利用双重对抗鉴别器，迫使生成器生成准确的掩模。这种做法通常会带来好的解决方案。但是由于对抗训练不稳定，因此容易出现退化的情况。例如，一个鉴别器胜出，使生成器生成"1"较多或"0"较多的区域掩模。具体地，如果清晰鉴别器击败模糊鉴别器，则生成器会产生全"0"的掩模以选择真实的全清晰图像作为合成图像，反之亦然。

我们可通过添加双边三元组约束损失来帮助平衡这两个鉴别器。具体来说，首先创建一个分类网络，以挖掘真实的全清晰图像、全模糊图像和包括清晰区域和模糊区域的混合图像，以及它们之间的三元组图像的特征关系；然后使合成清晰图像与另一张真实的全清晰图像之间的特征空间距离更近，并合成模糊图像，使其与另一张真实的全模糊图像之间的特征空间距离也更近，如下所示：

$$L_{\mathrm{B}}(W_G) = 2 - \left\{ \cos\frac{|V[C_{\mathrm{c}}(M_n)]V[I_{\mathrm{c}}(M_n)]|}{|V[C_{\mathrm{c}}(M_n)]||V[I_{\mathrm{c}}(M_n)]|} + \cos\frac{|V[C_{\mathrm{b}}(M_n)]V[I_{\mathrm{b}}(M_n)]|}{|V[C_{\mathrm{b}}(M_n)]||V[I_{\mathrm{b}}(M_n)]|} \right\} \qquad (5.3.5)$$

式中，V 代表特征提取。有了这个约束，两个鉴别器就可以很容易达到平衡，从而鼓励生成器生成精确的掩模来同时欺骗两个鉴别器的机制生效。本节通过一个分类网络来挖掘真实的全清晰图像、全模糊图像和混合图像之间的三重关系。

5.3.3　模型训练

总结以上描述，将生成器损失 L_G、双重对抗损失 L_D 和双边三元组约束损失 L_B 结合起来，整体损失函数为

$$L_{\mathrm{O}}(W_G; W_D'; W_D'') = L_G(W_G) + L_D(W_D'; W_D'') + \eta L_{\mathrm{B}}(W_G) \qquad (5.3.6)$$

式中，η 为超参数。

因此，结合双边三重挖掘损失，生成器以对抗两个鉴别器的方式进行训练。在不使用任何手动像素级注释的情况下，成功实现了非聚焦模糊检测的无监督框架。

5.3.4　实验结果与分析

5.3.4.1　实验设置

本节使用 Pytorch 框架在 RTX 2080Ti GPU 中实现了所提出的模型。使用学习率为0.0002 和动量为 0.9 的 Adam 作为优化器，将 BatchSize 设置为 4。首先对分类器进行预训练以获得挖掘全清晰图像、全模糊图像和混合图像之间三元组关系的能力，然后训练生成器和双重对抗鉴别器以生成需要的掩模。

5.3.4.2　评估指标

本节采用 F-measure、MAE 及 PR 曲线来评估所提出模型的性能。各指标含义请参考1.3.2 节。

5.3.4.3　数据集

本节采用了两个具有像素级注释的常见数据集 CUHK 和 DUT。训练图像和测试图像在 CUHK 数据集中分别为 1204 张和 100 张，在 DUT 数据集中分别为 600 张和 50 张。此外，本节构建了一个新的数据集 FCFB，其包括 500 张自然全清晰图像和 500 张自然全模糊图像，以方便模型训练。

5.3.4.4　整体性能评测

将本节方法与七种无监督方法进行比较，包括高频多尺度融合和梯度幅度排序变换

（HiFST）、深度和手工制作的特征（DHCF）、判别模糊检测特征（DBDF），稀疏表示和图像分解（JNB）、光谱和空间（SS）、内核特定特征向量（KSFV）和奇异值分解（SVD）方法。此外，本节比较了两种完全监督的深度学习方法。一种是用带有像素级注释的交叉熵损失训练本节的生成器，另一种是多流 BTBNet。为了实现公平的比较，本节使用推荐的参数来生成结果，或者直接下载作者提供的结果。

　　对较先进方法进行定量比较如表 5.3.1 所示。本节方法（无监督）在 DUT 数据集和 CUHK 数据集中的 MAE 值分别比第二好的 HiFST 高出 9.7%和 2.2%。此外，与有监督的 BTBNet 相比，本节方法实现了具有竞争力的性能。本节方法的效率很高，平均测试时间为 0.005s。因此本节方法在两个数据集上均取得了较好的效果。

表 5.3.1　对较先进方法进行定量比较

方　　法	DUT		CUHK		平均测试时间/s
	F-measure	MAE	F-measure	MAE	
SVD	0.664	0.282	0.750	0.242	7.558
DBDF	0.503	0.376	0.579	0.311	45.45
JNB	0.493	0.516	0.446	0.573	3.758
KSFV	0.562	0.271	0.521	0.300	19.13
SS	0.669	0.293	0.701	0.270	0.395
DHCF	0.471	0.412	0.477	0.374	11.76
HiFST	0.686	0.251	0.701	0.233	47.62
本节方法	**0.701**	**0.172**	**0.769**	**0.119**	**0.005**
Ours(S)	0.794	0.153	0.884	0.079	0.005
BTBNet	0.767	0.197	0.861	0.113	25.00

　　本节方法和其他无监督方法的 PR 曲线和 F-measure 曲线比较如图 5.3.3 和图 5.3.4 所示。本节方法在两个数据集上都优于其他方法。本节方法和其他方法生成的掩模的视觉比较如图 5.3.5 所示。实验包括各种具有挑战性的场景，即杂乱的背景、低对比度的清晰区域和模糊的前景。可以看出，本节方法准确地突出了重点区域（见图 5.3.5 最后一列）。

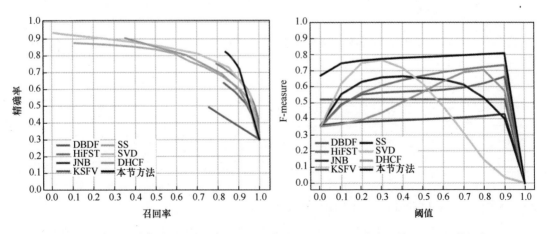

图 5.3.3　本节方法和其他无监督方法的 PR 曲线和 F-measure 曲线比较（CUHK 数据集）

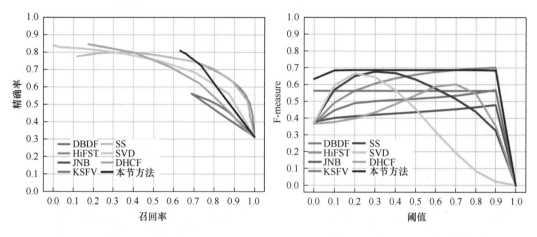

图 5.3.4　本节方法和其他无监督方法的 PR 曲线和 F-measure 曲线比较（DUT 数据集）

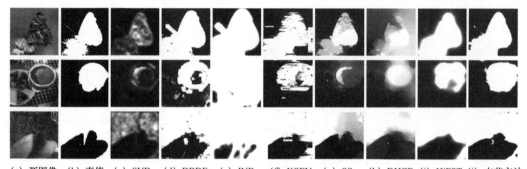

(a) 源图像　(b) 真值　(c) SVD　(d) DBDF　(e) JNB　(f) KSFV　(g) SS　(h) DHCF　(i) HiFST　(j) 本节方法

图 5.3.5　本节方法和其他方法生成的掩模的视觉比较

5.3.4.5　消融实验

1. 双重对抗鉴别器的重要性

本节比较了三种方案：一是使用单个清晰鉴别器使生成器产生需要的掩模，从而生成合成清晰图像来欺骗清晰鉴别器；二是利用单个模糊鉴别器来强制生成器生成掩模，从而获得合成模糊图像来欺骗模糊鉴别器；三是引入双重对抗鉴别器迫使生成器生成准确的掩模。双重对抗鉴别器的重要性研究如表 5.3.2 所示。使用双重对抗鉴别器可以实现显著的性能提升。不同方案生成的掩模的视觉比较如图 5.3.6 所示，其中图 5.3.6（a）为源图像，图 5.3.6（b）、（c）为具有单个鉴别器的掩模和相应的合成清晰图像，图 5.3.6（d）、（e）为具有单个鉴别器的掩模和相应的复合模糊图像，图 5.3.6（f）～（h）为具有双鉴别器的掩模，以及相应的合成清晰图像和模糊图像。当使用单个鉴别器时，退化的解决方案可以生成成功欺骗鉴别器的合成清晰图像或模糊图像，但不能生成另一种图像，如图 5.3.6（b）～（e）所示。相比之下，采用双重鉴别器可以产生准确的掩模，并可以使合成的清晰图像和模糊图像同时欺骗两个鉴别器，如图 5.3.6（f）～（h）所示。

表 5.3.2　双重对抗鉴别器的重要性研究

方法	CUHK		DUT	
	F-measure	MAE	F-measure	MAE
Single D_c	0.360	0.264	0.372	0.282
Single D_b	0.353	0.699	0.367	0.686
D_c 和 D_b	**0.719**	**0.148**	**0.683**	**0.190**

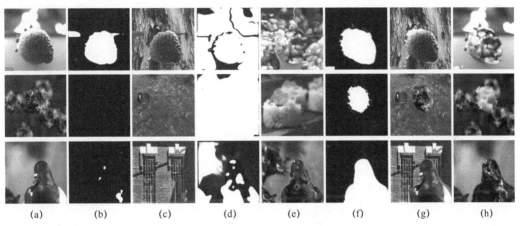

(a)	(b)	(c)	(d)	(e)	(f)	(g)	(h)

图 5.3.6　不同方案生成的掩模的视觉比较

2. 双边三元组约束的影响

双边三元组约束可以在对抗训练过程中平衡双重鉴别器。本节研究双边三元组约束的影响，该约束由公式（5.3.6）中的超参数 η 表示。表 5.3.3 所示为不同权重值对双边三元组约束的影响。随着 η 的增加，性能会先变好再变坏，原因是较大的 η 使双边三元组约束占主导地位，这削弱了双重对抗鉴别器的效果。

表 5.3.3　不同权重值对双边三元组约束的影响

权　　重	CUHK		DUT	
	F-measure	MAE	F-measure	MAE
$\eta=0.000$	0.719	0.148	0.683	0.190
$\eta=0.005$	**0.778**	**0.118**	0.686	0.183
$\eta=0.010$	0.769	0.119	**0.701**	**0.172**
$\eta=0.050$	0.738	0.133	0.673	0.182
$\eta=0.500$	0.734	0.148	0.670	0.197

3. 数据集 FCFB 的影响

本节收集了一个新的数据集 FCFB，由 500 张自然全清晰图像和 500 张自然全模糊图像组成，以促进模型的训练。首先采用标准差为 2、窗口大小为 7 像素 × 7 像素的高斯滤波器对全清晰图像进行反复模糊，从而获得不同模糊程度的人工模糊图像；然后使用人工全模糊图像和自然全清晰图像（称为 FCSB）来帮助训练模型。表 5.3.4 所示为 FCFB 数据集的效果研究，其中 FCSB(nD)代表包含 n 个模糊度图像和自然全清晰图像的模拟数据集。

FCSB 数据集中的模糊度越高，性能越好。然而，当 $n \geq 4$ 时，由于单张图像中的单一模糊度有限，因此性能没有明显提高。

表 5.3.4　FCFB 数据集的效果研究

数据集	CUHK		DUT	
	F-measure	MAE	F-measure	MAE
FCSB（1D）	0.715	0.150	0.610	0.215
FCSB（2D）	0.746	0.141	0.621	0.213
FCSB（3D）	0.760	0.132	0.639	0.208
FCSB（4D）	0.757	0.130	0.624	0.208
FCSB（5D）	0.768	0.123	0.655	0.192
FCSB	**0.769**	**0.119**	**0.701**	**0.172**

5.4　小结

　　本章针对弱监督学习中的两种不同问题提出了解决方案。在 5.2 节中，对于弱监督学习中非像素标签的边界模糊问题，该节方法重点解决了过渡区边界的划定，在初始的矩形框级标签下不断细化。该节提出了静态训练与动态训练相结合的方法，逐步提高了聚焦区域检测的质量。针对弱监督学习中的弱语义特性，5.3 节提出了一种不使用任何像素级标注的深度非聚焦模糊检测模型训练方法。该方法引入了对抗性鉴别器，迫使生成器生成准确的非聚焦模糊检测掩模。因此，利用非聚焦模糊检测掩模可以生成复合清晰图像和复合模糊图像，同时欺骗双重鉴别器，使其认为复合图像是完全清晰和完全模糊的，从而实现隐式地定义什么是离焦模糊区域。此外，该方法设计了一个双边三重挖掘约束来帮助平衡两个鉴别器。该鉴别器鼓励合成清晰图像，其与另一张真实的完全清晰图像之间的特征空间距离越来越近，同时激励合成模糊图像与另一张真实的完全模糊图像之间的特征空间距离也越来越近。在 5.2 节和 5.3 节的实验部分，通过在公开数据集上的消融实验和对比实验验证了本章方法的有效性及合理性，为弱监督非聚焦模糊检测提供了两种可行的解决办法，促进了对深度学习其他典型任务中弱监督学习的研究。同时本方法有利于进一步挖掘数据本质和充分利用标签信息，激发进一步对无监督学习的研究。

　　本章所提出的方法不需要像素级标签训练，为缺乏标签、人工标注困难，以及标签信息不足以表达数据信息的现实场景提供了可行的解决方案。该方法可应用于各种需要专业知识标注的非聚焦检测场景及待处理数据量较大的非聚焦检测场景，如工业质检、地质勘察、医学图像处理，可以有效地提高方法的效率和准确率并减少人力开支。

参 考 文 献

[1]　SHI J, XU L, JIA J. Discriminative blur detection features[C]//Institute of Electrical and Electronics Engineers. IEEE/CVF Conference on Computer Vision and Pattern Recognition.Columbus, IEEE, 2014: 2965-2972.

[2]　ZHAO W, ZHAO F, WANG D, et al. Defocus blur detection via multi-stream bottom-top-bottom fully convolutional network[C]//Institute of Electrical and Electronics Engineers.IEEE/CVF Conference on Computer Vision and Pattern Recognition.Salt Lake City, IEEE, 2018: 3080-3088.

[3]　ZHANG D, HAN J, ZHANG Y. Supervision by fusion: Towards unsupervised learning of deep salient object detector[C]//Institute of Electrical and Electronics Engineers.IEEE/CVF International Conference on Computer Vision.Venice, IEEE, 2017: 4048-4056.

[4]　ZHANG D, HAN J, ZHANG Y, et al. Synthesizing supervision for learning deep saliency network without human annotation[J]. IEEE Transactions on Pattern Analysis and Machine Intelligence, 2019, 42(7): 1755-1769.

[5]　WANG Z, YU M, WEI Y, et al. Differential treatment for stuff and things: A simple unsupervised domain adaptation method for semantic segmentation[C]//Institute of Electrical and Electronics Engineers. IEEE/CVF Conference on Computer Vision and Pattern Recognition. Seattle, IEEE, 2020: 12635-12644.

[6]　PAN F, SHIN I, RAMEAU F, et al. Unsupervised intra-domain adaptation for semantic segmentation through self-supervision[C]//Institute of Electrical and Electronics Engineers.IEEE/CVF Conference on Computer Vision and Pattern Recognition.Seattle, IEEE, 2020: 3764-3773.

[7]　JI X, HENRIQUES J F, VEDALDI A. Invariant information clustering for unsupervised image classification and segmentation[C]//Institute of Electrical and Electronics Engineers.IEEE/CVF International Conference on Computer Vision. Seoul, IEEE, 2019: 9865-9874.

[8]　LU X, WANG W, MA C, et al. See more, know more: Unsupervised video object segmentation with co-attention siamese networks[C]//Institute of Electrical and Electronics Engineers.IEEE/CVF Conference on Computer Vision and Pattern Recognition.Long Beach, IEEE, 2019: 3623-3632.

[9]　WANG Q, GAO J, LIN W, et al. Learning from synthetic data for crowd counting in the wild[C]//Institute of Electrical and Electronics Engineers.IEEE/CVF Conference on Computer Vision and Pattern Recognition. Long Beach, IEEE, 2019: 8198-8207.

[10]　REMEZ T, HUANG J, BROWN M. Learning to segment via cut-and-paste[C]//Springer. European Conference on Computer Vision (ECCV). Munich: Springer International Publishing, 2018: 37-52.

[11]　BIELSKI A, FAVARO P. Emergence of object segmentation in perturbed generative models[J]. Advances in Neural Information Processing Systems, 2019, 32.

[12]　ZHAO W, HOU X, YU X, et al. Towards weakly-supervised focus region detection via recurrent constraint network[J]. IEEE Transactions on Image Processing, 2019, 29: 1356-1367.

[13]　ZHAO W, SHANG C, LU H. Self-generated defocus blur detection via dual adversarial discriminators [C]//Institute of Electrical and Electronics Engineers.IEEE/CVF Conference on Computer Vision and Pattern Recognition. Virtual, IEEE, 2021: 6933-6942.

[14]　LIN T Y, MAIRE M, BELONGIE S, et al. Microsoft coco: Common objects in context[C]//Springer. European Conference on Computer Vision (ECCV). Zurich: Springer International Publishing, 2014: 740-755.

[15]　NEUHOLD G, OLLMANN T, ROTA BULO S, et al. The mapillary vistas dataset for semantic understanding of street scenes[C]//Institute of Electrical and Electronics Engineers. IEEE/CVF International Conference on Computer Vision. Venice, IEEE, 2017: 4990-4999.

[16]　BORJI A, CHENG M M, Jiang H, et al. Salient object detection: a benchmark[J]. IEEE Transactions on

Image Processing, 2015,24(12):5706-5722.

[17] YANG C, ZHANG L, LU H, et al. Saliency detection via graph-based manifold ranking[C]//Institute of Electrical and Electronics Engineers.IEEE/CVF Conference on Computer Vision and Pattern Recognition. Portland, IEEE, 2013: 3166-3173.

[18] ZHAO W, ZHAO F, WANG D, et al. Defocus blur detection via multi-stream bottom-top-bottom network[J]. IEEE Transactions on Pattern Analysis and Machine Intelligence, 2019, 42(8): 1884-1897.

[19] PANG Y, ZHU H, LI X, et al. Classifying discriminative features for blur detection[J]. IEEE Transactions on Cybernetics, 2016,46(10):2220-2227.

[20] YI X, ERAMIAN M. LBP-based segmentation of defocus blur[J]. IEEE Transactions on Image Processing, 2016,25(4):1626-1638.

[21] ALIREZA GOLESTANEH S, KARAM L J. Spatially-varying blur detection based on multiscale fused and sorted transform coefficients of gradient magnitudes[C]//Institute of Electrical and Electronics Engineers. IEEE/CVF Conference on Computer Vision and Pattern Recognition.Honolulu, IEEE, 2017: 5800-5809.

[22] HUANG R, FENG W, FAN M, et al. Multiscale blur detection by learning discriminative deep features[J]. Neurocomputing, 2018,285(12):154-166.

[23] SIMONYAN K, ZISSERMAN A. Very deep convolutional networks for large-scale image recognition[J]. arXiv preprint, arXiv:1409.1556, 2014.

[24] KRÄHENBÜHL P, KOLTUN V. Parameter learning and convergent inference for dense random fields[C]//ICML. International Conference on Machine Learning. Atlanta, ICML, 2013: 513-521.

[25] DAI J, HE K, SUN J. Boxsup: Exploiting bounding boxes to supervise convolutional networks for semantic segmentation[C]//Institute of Electrical and Electronics Engineers.IEEE/CVF Conference on Computer Vision and Pattern Recognition. Boston, IEEE, 2015: 1635-1643.

[26] KHOREVA A, BENENSON R, HOSANG J, et al. Simple does it: weakly supervised instance and semantic segmentation[C]//Institute of Electrical and Electronics Engineers.IEEE/CVF Conference on Computer Vision and Pattern Recognition.Honolulu, IEEE, 2017: 876-885.

[27] CHEN L C, PAPANDREOU G, KOKKINOS I, et al. DeepLab: semantic image segmentation with deep convolutional nets, atrous convolution, and fully connected CRFs[J]. IEEE Transactions on Pattern Analysis and Machine Intelligence, 2018,40(4):834-848.

[28] WANG L, LU H, WANG Y, et al. Learning to detect salient objects with image-level supervision[C]// Institute of Electrical and Electronics Engineers.IEEE/CVF Conference on Computer Vision and Pattern Recognition. Honolulu, IEEE, 2017: 136-145.

[29] LI G, YU Y. Contrast-oriented deep neural networks for salient object detection[J]. IEEE Transactions on Neural Networks and Learning Systems, 2018,29(12):6038-6051.

[30] XU L, LU C W, XU Y, et al. Image smoothing via l0 gradient minimization[J]. ACM Transactions on Graphics, 2011,30(6):174:1-174:12.

[31] JIA Y, SHELHAMER E, DONAHUE J, et al. Caffe: convolutional architecture for fast feature embedding [C]//Association for Computing Machinery.the 22nd ACM International Conference on Multimedia.New York, ACM, 2014: 675-678.

[32] MAVRIDAKI E, MEZARIS V. No-reference blur assessment in natural images using fourier transform and spatial pyramids[C]//Institute of Electrical and Electronics Engineers.IEEE/CVF International Conference

on Image Processing (ICIP).Paris, IEEE, 2014: 566-570.

[33] ZHANG N, YAN J. Rethinking the defocus blur detection problem and a real-time deep DBD model[C]// Springer. European Conference on Computer Vision (ECCV). Virtual, Springer International Publishing, 2020: 617-632.

[34] VEIT A, WILBER M J, BELONGIE S. Residual networks behave like ensembles of relatively shallow networks[J]. Advances in Neural Information Processing Systems, 2016, 29.

[35] HE K, ZHANG X, REN S, et al. Deep residual learning for image recognition[C]//Institute of Electrical and Electronics Engineers.IEEE/CVF Conference on Computer Vision and Pattern Recognition.Las Vegas, IEEE, 2016: 770-778.

[36] SHI J, XU L, JIA J. Just noticeable defocus blur detection and estimation[C]//Institute of Electrical and Electronics Engineers.IEEE/CVF Conference on Computer Vision and Pattern Recognition.Las Vegas, IEEE, 2016: 657-665.

[37] TANG C, WU J, HOU Y, et al. A spectral and spatial approach of coarse-to-fine blurred image region detection[J]. IEEE Signal Processing Letters, 2016, 23(11): 1652-1656.

[38] B, Lu S, Tan C L. Blurred image region detection and classification[C]//Association for Computing Machinery.the 19th ACM International Conference on Multimedia.New York, ACM, 2011: 1397-1400.

第6章 弱监督非聚焦图像去模糊

6.1 引言

在大多数计算机视觉任务中，高质量的图像数据是必不可少的。清晰的图像能够比模糊的图像提供更多的信息，这一点无论是对人眼还是计算机视觉来说都是如此。在图像处理领域，检测并消除非聚焦模糊区域是一个具有挑战性的任务。第2~5章对非聚焦图像的模糊检测问题进行了深入研究，通过预测图像中的每个像素属于聚焦清晰区域还是非聚焦模糊区域来对图像中的聚焦区域和非聚焦区域进行有效分割。在深入研究模糊检测任务的基础上，本章从另一个角度入手，即在面对非聚焦图像时，如何有效地还原图像的清晰度和真实性。

非聚焦去模糊任务专注于消除图像中的非聚焦模糊，这有利于许多上游计算机视觉任务，如语义分割[1-2]和跟踪[3-4]等。现有的非聚焦去模糊方法大致可以分为两种。一种非聚焦去模糊方法[5-6]关注的是估计非聚焦模糊检测图，利用非盲反卷积技术实现去模糊；另一种非聚焦去模糊方法[7-9]提出了端到端的非聚焦去模糊网络，使用成对的像素级真值进行训练。但是无论是借助模糊检测图还是利用端到端的网络，这些方法都依赖于大量的像素级注释，这在方法实现中是非常耗时且昂贵的。因此，本章重点介绍利用弱监督方法解决非聚焦图像去模糊任务，在6.2节和6.3节中分别提出对抗促进学习的非聚焦去模糊[10]和非聚焦检测攻击的图像去模糊[11]，从而在不使用配对真值的情况下完成对非聚焦图像的去模糊。

6.2 对抗促进学习的非聚焦去模糊

6.2.1 方法背景

现有的非聚焦模糊检测方法通常都依赖于全监督训练，需要耗时且昂贵的像素级注释。现有的去模糊方法通常会先计算一张非聚焦图来指导去模糊过程，其中非聚焦图是通过合成的非聚焦模糊图像或利用一些先验知识（如边缘信息）来估计的。然而，合成的数据会出现域差距问题，先验知识则具有场景依赖性，二者都在一定程度上降低了非聚焦去模糊的性能。

本质上，非聚焦模糊检测和去模糊这两个任务是相辅相成的，其关系如图6.2.1所示。在第一行中，准确的非聚焦模糊检测结果可以有效地分割聚焦区域和非聚焦区域，从而生成清晰度一致的、自然的去模糊图像。在第二行中，检测出的聚焦区域过大会导致去模糊图像中仍包含模糊区域。在第三行中，检测出的聚焦区域过小会使去模糊图像的清晰度不一致，如聚焦区域过度锐化。

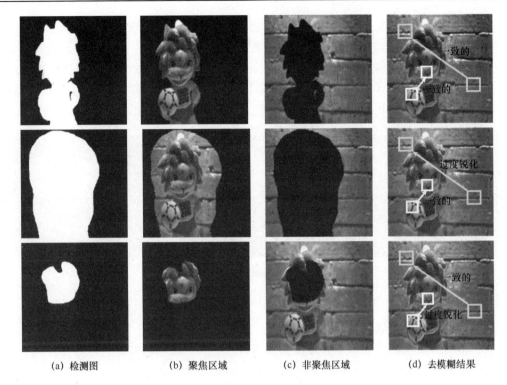

(a) 检测图　　　　(b) 聚焦区域　　　　(c) 非聚焦区域　　　　(d) 去模糊结果

图 6.2.1　非聚焦模糊检测和去模糊的关系

　　由上述现象可以发现，非聚焦模糊检测生成器可以从非聚焦图像中分割出聚焦区域进而指导去模糊生成器。另外，去模糊生成器可以在非聚焦模糊检测生成器和鉴别器之间架起桥梁，以对抗的方式优化非聚焦模糊检测过程。因此，本节将非聚焦模糊检测和非聚焦去模糊进行联合学习，提出了一种对抗促进学习框架（MPLF），用它来解决以下两个问题：①需要像素级注释的非聚焦模糊检测模型的训练；②需要成对的像素级真值的非聚焦去模糊模型的训练。

　　具体来说，对抗促进学习框架包含三个模型：非聚焦模糊检测生成器 G_{ws}、自参考非聚焦去模糊生成器 G_{sr} 和鉴别器 D。G_{ws} 的目标是先生成非聚焦模糊检测图，再从非聚焦模糊检测图中分割出聚焦区域和非聚焦区域，从而输入至 G_{sr}。两个生成器 G_{ws} 和 G_{sr} 与鉴别器 D 借助不成对的全聚焦图像，以生成对抗的方式交替优化。通过这个对抗过程，G_{sr} 会生成一张去模糊图像来混淆 D，使其相信去模糊图像是自然的、完全清晰的图像。并且，G_{ws} 也被迫在没有像素级真值监督的情况下，生成准确的非聚焦模糊检测图。

　　一个潜在的解决方案是使用生成对抗网络（Generative Adversarial Network，GAN）来克服非聚焦去模糊任务对成对数据的依赖。然而，单纯地将不成对的全聚焦图像输入鉴别器通常不能在生成对抗过程中很好地优化生成器，很容易使去模糊图像发生退化，如图像不清晰、颜色失真等，如图 6.2.2（b）所示。因此，本节设计了一个自参考 GAN，利用非聚焦模糊图像中的聚焦区域来引导非聚焦区域去模糊。具体来说，非聚焦模糊图像首先被拆分为两张分层表示的图像：聚焦图像 I_f 和非聚焦图像 I_{df}，然后构建一个自参考非聚焦去模糊生成器 G_{sr} 来利用 I_f 的信息引导 I_{df} 的去模糊过程。

　　然而，如果直接将聚焦区域和非聚焦区域组合作为输入，或者将聚焦区域的特征与中间层级的深度特征级联起来，很难有效利用聚焦区域提供的信息。为了解决这个问题，提出了一个不成对的特征仿射变换模型（Unpaired Feature Affine Transformation model，UFAT）来递归地插入到 G_{sr} 中。UFAT 在去模糊过程中通过影响非聚焦区域的特征仿射变换来参考聚焦区域的信息，从而获得更好的去模糊性能，如图 6.2.2（c）所示。

　　（a）非聚焦模糊图　　　　　　（b）原始GAN　　　　　　（c）自参考GAN

图 6.2.2　　原始 GAN 和自参考 GAN 方法效果对比

　　本节方法的主要贡献和创新点如下：

　　（1）本节方法是较早尝试非聚焦模糊检测和非聚焦去模糊的联合学习的，其充分利用二者的相互促进作用，在这两项任务中获得了优异的性能。

　　（2）本节提出了一种对抗促进学习框架，以弱监督的方式实现了非聚焦模糊检测，同时在不使用成对像素级真值的情况下，生成了非聚焦去模糊图像。

　　（3）在两个非聚焦模糊检测数据集和一个非聚焦去模糊数据集上验证了所提出方法的有效性。

6.2.2　对抗促进学习的非聚焦去模糊模型

6.2.2.1　整体架构

　　现有的非聚焦模糊检测和去模糊方法通常以全监督的方式通过递归策略训练深度网络。在此，将非聚焦模糊图像空间表示为 x，将非聚焦模糊检测空间表示为 y，将去模糊图像空间表示为 z。给定一张非聚焦模糊图像 $x \in x$，非聚焦模糊检测旨在生成其对应的检测图 $y \in y$，去模糊旨在生成其对应的去模糊图像 $z \in z$。大多数基于递归策略的方法通常迭代地优化非聚焦模糊检测映射函数 $\varPhi$ 和去模糊映射函数 $\varPsi$，分别如式（6.2.1）和式（6.2.2）所示。

$$\varPhi(x, y; \phi_1) \rightarrow \varPhi(x, y_1, y; \phi_2) \rightarrow \varPhi(x, y_2, y; \phi_3) \cdots \qquad (6.2.1)$$

$$\varPsi(x, z; \psi_1) \rightarrow \varPsi(x, z_1, z; \psi_2) \rightarrow \varPsi(x, z_2, z; \psi_3) \cdots \qquad (6.2.2)$$

式中，$\{y_1, y_2, \cdots\}$ 为非聚焦模糊检测图的子空间；$\{z_1, z_2, \cdots\}$ 为去模糊图像的子空间；$\{\phi_1, \phi_2, \cdots\}$ 为 ϕ 在不同优化次数下的参数；$\{\psi_1, \psi_2, \cdots\}$ 为 ψ 在不同优化次数下的参数。

　　递归检测和递归去模糊如图 6.2.3（a）和（b）所示。在现有方法中，非聚焦模糊检测和去模糊通常在各自的空间内优化其自身的映射函数，彼此之间缺乏交互。此外，二者通常以全监督的方式使用像素级的非聚焦模糊检测图真值和成对的去模糊真值来训练深度网络。GAN 方法可以通过使用不成对的数据进行对抗训练来解决这个问题。然而当场景过于复杂时，GAN 方法很难生成具有真实、自然细节信息的清晰去模糊图像［见图 6.2.2（b）］。因此，有学者提出了 SGNet[12]，该网络添加了一个对抗性鉴别器和一个分类器来帮助网络进行优化，但是在这种方式下，网络参数的搜索空间会变大，训练过程很难收敛。

不同于现有方法，本节通过一个对抗促进学习框架来同时处理非聚焦模糊检测任务和去模糊任务，如图 6.2.3（c）所示。非聚焦模糊检测生成器 G_{ws} 用于生成非聚焦模糊检测图，自参考非聚焦去模糊生成器 G_{sr} 用于生成去模糊图像。G_{ws}、G_{sr} 和鉴别器 D 通过不成对的真实的全清晰图像，以生成对抗的方式进行交替优化，如式（6.2.3）所示。

$$
\begin{aligned}
&G_{ws}(x,z_1,z';g_{ws}^1) \to G_{sr}(x,y_1,z';g_{sr}^2) \to \\
&G_{ws}(x,z_2,z';g_{ws}^2) \to G_{sr}(x,y_2,z';g_{sr}^3) \to \\
&\qquad G_{ws}(x,z_3,z';g_{ws}^3) \cdots
\end{aligned}
\tag{6.2.3}
$$

式中，$\{g_{ws}^1, g_{ws}^2, g_{ws}^3, \cdots\}$ 为 G_{ws} 在不同优化次数下的参数；$\{g_{sr}^1, g_{sr}^2, g_{sr}^3, \cdots\}$ 为 G_{sr} 在不同优化次数下的参数。

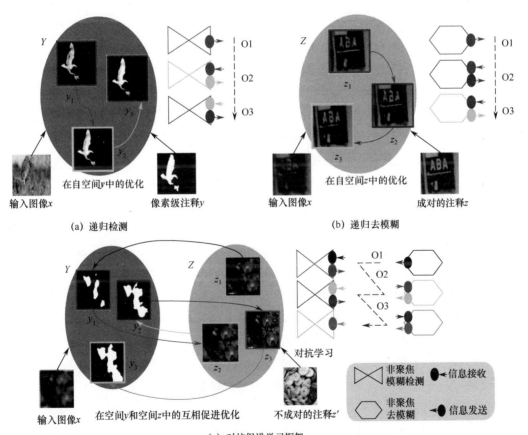

图 6.2.3　现有方法框架和本节方法框架对比

　　因此，G_{sr} 通过 G_{ws} 生成的非聚焦模糊检测图的指导，在与不成对的全清晰图像对抗训练过程中，逐渐生成去模糊图像。并且，G_{ws} 在不使用像素级注释的条件下，被迫找到准确的非聚焦模糊检测图，从而对 G_{sr} 进行有效的引导。本节方法模型的框架图如图 6.2.4 所示。

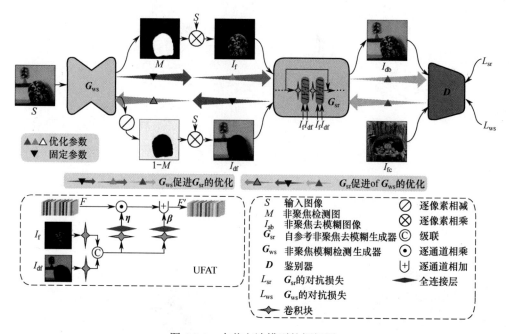

图 6.2.4　本节方法模型的框架图

6.2.2.2　具体结构

　　本节提出的对抗促进学习框架建立在 GAN 的成功应用之上，包含三个模型：自参考非聚焦去模糊生成器 G_{sr}、非聚焦模糊检测生成器 G_{ws} 和鉴别器 D。

1.　自参考非聚焦去模糊生成器 G_{sr}

　　不成对的 GAN 很容易产生失真的图像［见图 6.2.2（b）］。一个根本的原因是生成器的约束不足。通过实验观察到，非聚焦模糊图像中的聚焦区域包含重要信息，如清晰度信息，可以利用这些信息来辅助进行非聚焦去模糊。

　　因此，本节通过一个自参考非聚焦去模糊生成器 G_{sr} 来解决这个问题。假定一张非聚焦模糊图像 I 的大小为 $h×w×c$，其中 h 和 w 分别为图像的高度和宽度，c 为图像的通道数。在此将图像 I 拆分为两张分层表示的图像：聚焦图像 I_f 和非聚焦图像 I_{df}，其中 I_f 和 I_{df} 通过元素属于[0,1]的非聚焦模糊检测图来确定，如式（6.2.4）所示。

$$I_{df} = (1-M) \otimes I, I_f = M \otimes I \qquad (6.2.4)$$

式中，$\otimes$ 代表逐像素相乘。

　　本节方法专注于利用 I_f 来指导 I_{df} 的非聚焦去模糊过程。然而，直接组合 I_f 和 I_{df}，或者将 I_f 和 I_{df} 的中间深层特征进行级联都难以获得良好的性能。潜在的原因是二者的空间内容没有对齐。受空间特征变换的启发[13]，在此引入了一个 UFAT，通过参考 I_f 来提取特征

仿射变换向量 $\boldsymbol{\eta}$ 和 $\boldsymbol{\beta}$ 能影响非聚焦去模糊过程中 I_{df} 的特征重构过程。

$$\text{UFAT}(F, I_f, I_{df}) = \boldsymbol{\eta} \odot F \uplus \boldsymbol{\beta} \tag{6.2.5}$$

式中，F 为深层特征；$\odot$ 和 $\uplus$ 分别代表逐通道相乘和逐通道相加。

图 6.2.4 左下角展示了 UFAT 的网络架构。具体来说，UFAT 首先会获得 I_f 和 I_{df} 的级联特征，然后生成特征仿射变换向量 $\boldsymbol{\eta}$ 和 $\boldsymbol{\beta}$，最后 $\boldsymbol{\eta}$ 和 $\boldsymbol{\beta}$ 用于帮助 F 重构特征 F'。另外，UFAT 被用于构建自参考非聚焦去模糊生成器 G_{sr}。具体来说，G_{sr} 由两个残差卷积块构成，在残差卷积块中，递归地插入 UFAT 来帮助 I_{df} 在非聚焦去模糊过程中进行特征重构。此外，在 G_{sr} 中还通过全局跳接来简化深度网络模型的训练过程。

需要说明的是，与文献[13]实现的空间变换不同，I_f 和 I_{df} 的空间内容是不对齐的，因此 UFAT 不会产生空间特征变换。与原始 GAN 方法中的生成器相比，自参考非聚焦去模糊生成器实现了更好的去模糊性能。

2. 非聚焦模糊检测生成器 G_{ws} 和鉴别器 D

非聚焦模糊检测生成器 G_{ws} 用于生成非聚焦模糊检测图 M，并用于后续计算 I_f 和 I_{df} 以输入给 G_{sr}。受 U-Net 结构[14]的启发，G_{ws} 由带跳接的编码器–解码器框架实现。编码器是用 VGG16 网络[15]的前四个卷积块构建的，用于提取多层级特征。解码器包括四个相应的反卷积块以产生非聚焦模糊检测图。

鉴别器 D 用于鉴别非聚焦去模糊图像是否完全清晰。首先利用 VGG16 网络的前三个卷积块提取高层次特征，然后添加三个全连接层来输出一个单元素向量。

3. 损失函数

G_{ws}、G_{sr} 和 D 通过不成对的真实的全清晰图像，以生成对抗的方式进行交替优化。G_{sr} 的对抗损失可以表示为式（6.2.6）。

$$\begin{aligned} L_{sr} = \min_{g_{ws}, g_{sr}} \max_{d} \{ & E_{I_{fc} \sim P_{fc}} \log D(I_{fc}; d) + \\ & E_{I \sim P_{df}} \log[1 - D(G_{sr}\{G_{ws}(I) \otimes I, \\ & [1 - G_{ws}(I)] \otimes I\}; g_{ws}, g_{sr})] \} \end{aligned} \tag{6.2.6}$$

式中，d 为 D 的权重参数；P_{fc} 和 P_{df} 分别为全清晰图像和非聚焦模糊图像的分布情况；I_{fc} 为真实的全清晰图像。

优化过程从 G_{sr} 开始，首先使用一组模拟的非聚焦模糊图像对进行预训练，模拟数据的策略在后续章节中进行介绍。然后优化 G_{ws} 使其生成准确的非聚焦模糊检测图，以帮助 G_{sr} 实现更好的非聚焦去模糊性能。然而，仅使用对抗性监督来训练 G_{ws} 的约束极度不足，并且 G_{ws} 非常容易产生小错误［见图 6.2.5（b）］。因此，本节额外引入了模糊先验，为训练 G_{ws} 提供辅助监督，其对抗损失如式（6.2.7）所示。

$$L_{ws} = L_{SR} + \| G_{ws}(I) - B(I) \|_1 \tag{6.2.7}$$

式中，$B(I)$ 为输入图像 I 的模糊先验提取模型，本节采用局部对比度信息[16]作为本模型的先验信息。使用 L_{ws}、G_{ws} 可以生成更加准确的非聚焦模糊检测图［见图 6.2.5（c）］。

　　　(a) 非聚焦模糊图　　　　　　　(b) 一般的解决方法　　　　　　(c) 优化后的解决方法

图 6.2.5　非聚焦模糊检测的不同优化策略对比

6.2.3　模型训练

6.2.3.1　训练细节

本节方法是在一台 GTX 2080TI GPU 上实现的，使用 PyTorch 框架，采用动量为 0.9，学习率为 0.0002 的 Adam 优化器来优化模型，将最小批次大小设置为 1。G_{sr}、D_l 和 D 是用随机值初始化的。首先使用模拟的非聚焦模糊图像对，对 G_{sr} 进行 100 个迭代轮次的优化；然后交替优化 G_{sr} 和 G_{ws}，并且每次交替优化时都使用 D 以生成对抗的方式训练 100 个迭代轮次。考虑到内存容量，将图像大小调整为 160 像素 × 160 像素进行训练。

6.2.3.2　数据集

本节采用 CUHK[17]和 DUT[18]两个广泛使用的非聚焦模糊检测数据集来训练和测试本节方法模型的框架。与现有方法一致，将 CUHK 数据集的训练图像和测试图像分为 604 张和 100 张，将 DUT 数据集的训练图像和测试图像分为 600 张和 500 张。需要强调的是，本节方法在不使用像素级非聚焦模糊检测真值的情况下，训练所提出模型的框架。此外，本节还利用包含 76 张非聚焦模糊图像的测试数据集 DP[7]来评估所提出模型框架的非聚焦去模糊性能。

为了初始化自参考非聚焦去模糊生成器模型，本节构建了一个模拟的非聚焦模糊图像对数据集。具体来说，首先收集了 500 张包含多种场景的全聚焦图像；然后受文献[19]的启发，在此采用高斯滤波器随机模糊每张全聚焦图像的 60%～70% 区域，其中，高斯滤波器的标准差从 0.1～10 随机采样，窗口大小为 15 像素×15 像素。该过程重复 5 次可以产生 2500 张非聚焦模糊图像。

6.2.4　实验

6.2.4.1　评价指标

本节实验采用 MAE 和 F-measure（F_{max}）[18,20-21]两个指标来评估非聚焦模糊检测的性能。

此外，采用峰值信噪比（PSNR）、结构相似性（SSIM）和 MAE 三个指标[7]来衡量非聚焦去模糊的性能。较大的 PSNR 和 SSIM 代表更好的非聚焦去模糊性能。各指标的说明可参考 1.3.2 节。

6.2.4.2　非聚焦模糊检测性能评测

本节方法（弱监督非聚焦模糊检测方法）与五种较新的无监督方法进行了比较：奇异

值分解[22]（SVD）、高频多尺度融合和梯度幅度排序变换[23]（HiFST）、内核特定特征向量
[24]（KSFV）、光谱和空间[25]（SS）、判别模糊检测特征（DBDF）方法[17]。此外，还与一
种弱监督深度学习方法 SGNet[12]进行了比较。为了比较的公平性，在此各方法都使用作者
公开发布的可执行代码和推荐参数进行设置。

　　本节方法与其他六种方法在非聚焦模糊检测任务上的定量比较如表 6.2.1 所示。可知，
本节方法的性能总体上优于其他六种方法中最优方法的性能。特别是在 CUHK 数据集和
DUT 数据集中，本节方法的 MAE 性能比第二好的 SGNet 分别提高了 37.2%和 3.9%。此外，
本节方法是比较高效率的，在 GTX 2080TI GPU 上的平均测试时间仅为 0.003s。

表 6.2.1　本节方法与其他六种方法在非聚焦模糊检测任务上的定量比较

指标		SVD	HiFST	KSFV	SS	DBDF	SGNet	本节方法
CUHK	F_{max}	0.764	0.583	0.420	0.759	0.626	0.732	**0.831**
	MAE	0.267	0.429	0.492	0.316	0.422	0.199	**0.125**
DUT	F_{max}	0.712	0.617	0.489	0.733	0.592	**0.731**	0.722
	MAE	0.288	0.399	0.404	0.320	0.454	0.204	**0.196**
平均测试时间	s/张	2.153	17.93	4.937	0.336	31.55	0.007	**0.003**

　　此外，本节方法与其他六种方法在非聚焦模糊检测任务上的定性比较如图 6.2.6 所示。
该图包括复杂背景、前景非聚焦等各种高难度场景。本节方法始终能生成最接近真值的非
聚焦模糊检测结果。

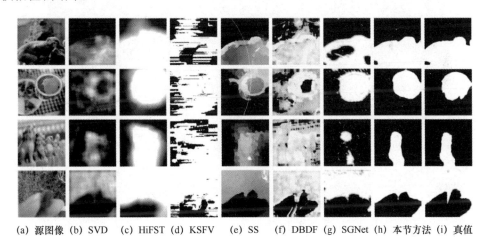

(a) 源图像 (b) SVD　(c) HiFST (d) KSFV　　(e) SS　　(f) DBDF (g) SGNet (h) 本节方法 (i) 真值

图 6.2.6　本节方法与其他六种方法在非聚焦模糊检测任务上的定性比较

6.2.4.3　非聚焦去模糊性能评测

　　本节方法（弱监督自参考非聚焦去模糊方法）与五种较先进的非聚焦去模糊方法进行
了比较，包括两种基于非聚焦模糊估计图的方法 EBDB[6]和 DMENet[26]，以及三种全监督
方法 DPDNet[7]、IFANet[8]和 KPAC[9]。为了比较的公平性，本节使用各方法公开发布的代
码来实现网络以获取结果。需要注意的是，DPDNet 是用中心视图作为输入获取结果的，
因为该方法的模型参数没有公开发布。由于内存容量的限制，在此使用分辨率为 160 像

素×160 像素的图像作为模型输入。

本节方法与其他五种方法在非聚焦去模糊任务上的定量比较如表 6.2.2 所示。本节方法与 EBDB 和 DMENet 相比,实现了最佳性能。此外,本节方法与全监督方法相比,在 PSNR、SSIM 和 MAE 上分别比全监督方法中的最优方法提高了 0.8%、0.019% 和 0.003% 的性能。

表 6.2.2　本节方法与其他五种方法在非聚焦去模糊任务上的定量比较

指标	EBDB	DMENet	本节方法	DPDNet	IFANet	KPAC
PSNR	23.89	24.99	**25.71**	24.01	24.20	26.51
SSIM	0.813	0.767	**0.842**	0.734	0.797	0.861
MAE	0.050	0.044	**0.041**	0.047	0.045	0.038

本节方法与其他五种方法在非聚焦去模糊任务上的 DP 数据集中的定性比较如图 6.2.7 所示。其展示了不同非聚焦去模糊方法的定性比较结果,本节方法在非聚焦去模糊图像的任意区域都表现出更均匀的清晰度。

源图像　　　　　　　DMENet　　　　　　　KPAC

DPDNet　　　　　　　IFANet　　　　　　　本节方法

图 6.2.7　本节方法与其他五种方法在非聚焦去模糊任务上的 DP 数据集中的定性比较

6.2.4.4　消融实验

1. 非聚焦模糊检测和非聚焦去模糊之间对抗促进学习的有效性

本节利用对抗促进学习共同处理非聚焦模糊检测生成器 G_{ws} 和自参考非聚焦去模糊生成器 G_{sr}。具体来说,G_{ws} 的非聚焦模糊检测图能引导 G_{sr} 生成去模糊图像。相反,为了有效引导 G_{sr},G_{ws} 被迫生成准确的非聚焦模糊检测图。本节通过如下几种设置来证明对抗促进学习的有效性。

首先探究单一的非聚焦模糊检测效果和单一的去模糊效果,即探究当一个任务失败时,另一个任务的性能如何。单一 G_{ws},在局部对比度先验[16]的监督下训练 G_{ws};单一 G_{sr},使用不成对的全聚焦图像以生成对抗的方式与 D 一起训练 G_{sr}。其次探究上述两种设置的对抗促进学习性能与优化次数的关系，表示为 $G_{ws}\_O_n$ 和 $G_{sr}\_O_n$（$n=1,2,3$）。

　　随着 $G_{ws}\_O_n$ 和 $G_{sr}\_O_n$ 中优化次数的增加，非聚焦模糊检测结果越来越准确，去模糊的视觉效果也更加清晰。对抗促进学习在单一非聚焦模糊检测上的有效性验证表和对抗促进学习在单一去模糊上的有效性验证表分别如表 6.2.3 与表 6.2.4 所示，这两个表展示了几种设置下的客观结果。与单一非聚焦模糊检测和单一去模糊相比，对抗促进学习提高了在所有评价指标上的性能表现。并且，随着优化次数的增加，G_{ws} 和 G_{sr} 的性能会逐步得到提升，$G_{ws}\_O_3$ 和 $G_{sr}\_O_3$ 分别取得了最佳的性能表现，在 CUHK 数据集和 DUT 数据集上，F_{max}/MAE 比单一 G_{ws} 的 F_{max}/MAE 提高了 5.9%/27.7% 和 6.3%/15.5%。在 DP 数据集上，PSNR/SSIM/MAE 比单一 G_{sr} 的 PSNR/SSIM/MAE 提高了 16.8%/7.7%/34.9%。

表 6.2.3　对抗促进学习在单一非聚焦模糊检测上的有效性验证表

方法	CUHK		DUT	
	F_{max}	MAE	F_{max}	MAE
单一 G_{ws}	0.785	0.173	0.679	0.232
$G_{ws}\_O_1$	0.790	0.155	0.696	0.213
$G_{ws}\_O_2$	0.801	0.133	0.682	0.212
$G_{ws}\_O_3$	**0.831**	**0.125**	**0.722**	**0.196**

表 6.2.4　对抗促进学习在单一去模糊上的有效性验证表

方法	PSNR	SSIM	MAE
单一 G_{sr}	22.02	0.782	0.063
$G_{sr}\_O_1$	24.05	0.785	0.050
$G_{sr}\_O_2$	24.99	0.821	0.044
$G_{sr}\_O_3$	**25.71**	**0.842**	**0.041**

2. 自参考去模糊生成器的有效性

　　本节通过一个自参考去模糊生成器来解决不成对的 GAN 容易产生的失真问题。核心思想是利用非聚焦图像本身的聚焦区域 I_f 来引导非聚焦区域 I_{df} 去模糊。在结构上，自参考去模糊生成器将 UFAT 递归地插入到 G_{sr} 中，从而有效利用聚焦区域的信息，将其称为 UFAT-GAN。

　　本节从两个方面入手说明自参考去模糊生成器的有效性。一方面，设计了一个不成对的 GAN 用于比较不包含 UFAT 的去模糊生成器，将其表示为 U-GAN；另一方面，比较了 UFAT 的两个变体，一个是 DC-GAN，直接将 I_f 和 I_{df} 进行组合，另一个是 CDF-GAN，将 I_f 和 I_{df} 的中间深度特征级联起来。DC-GAN 和 CDF-GAN 的详细网络结构示意图如图 6.2.8 所示。

　　自参考去模糊生成器的有效性验证表如表 6.2.5 所示。使用自参考机制可以提高模型的性能，DC-GAN 在 PSNR、SSIM 和 MAE 上的性能比 U-GAN 分别提高了 9.7%、3.3% 和 28.6%。UFAT-GAN 在几个对比方案中取得了最好的性能，尤其是在 PSNR 上比 DC-GAN 和

CDF-GAN 分别提高了 6.4%和 3.7%。其性能最优的根本原因是 UFAT 通过两个通道注意力向量 $\boldsymbol{\eta}$ 和 $\boldsymbol{\beta}$ 解决了 I_{f} 和 I_{df} 之间不成对的空间内容问题。

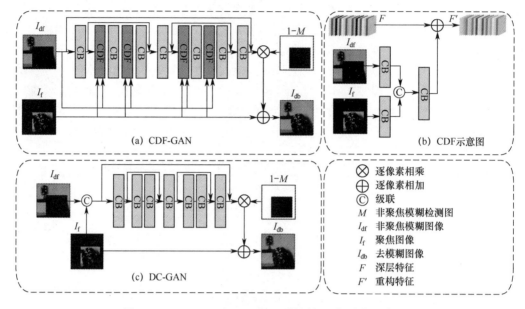

图 6.2.8 DC-GAN 和 CDF-GAN 的详细网络结构示意图

表 6.2.5 自参考去模糊生成器的有效性验证表

指标	U-GAN	DC-GAN	CDF-GAN	UFAT-GAN
PSNR	22.02	24.16	24.80	25.71
SSIM	0.782	0.808	0.838	0.842
MAE	0.063	0.045	0.043	0.041

6.3 非聚焦检测攻击的图像去模糊

6.3.1 方法背景

　　一些基于深度网络的非聚焦去模糊取得了很大的进展。例如，Abuolaim 等人[7]成功研发了第一个端到端深度非聚焦去模糊网络，并贡献了一个非聚焦去模糊数据集 DP。该数据集由单个非聚焦图像和一对双像素立体图像及其像素级真值组成。得益于数据集 DP，文献[8-9,27-28]分别进一步提出了迭代滤波器自适应网络、内核共享并行空洞卷积块、动态残差块和动态多尺度网络来提高非聚焦去模糊的性能。然而，由于使用配对图像成本高且容易出错，因此需要在不使用配对真值的情况下实现非聚焦去模糊网络。

　　为了实现这一目标，一个潜在的解决方案是利用不成对的 GAN[29-31]。其核心思想在于使鉴别器无法区分生成器生成的去模糊图像和另一张全聚焦图像，从而避免对配对数据的依赖。然而，该方案对生成器的图像级约束很弱，很容易导致去模糊图像退化，如幻影和变色。本节不使用 GAN，而是通过可逆攻击提出了一种新颖的弱监督非聚焦去模糊方法。此方法仅采用非聚焦图像本身的信息，避免了对相应的真值或其他任何不配对数据的依赖。

由于非聚焦图像通常包含聚焦区域和非聚焦区域，因此人们提出了大量的非聚焦模糊检测方法来分离聚焦区域和非聚焦区域[12,32-39]。从直观上来看，聚焦区域可以用来帮助非聚焦区域去模糊。一种常见的处理方法是使用再模糊到去模糊方案[8,40]，具体来说就是先对聚焦区域进行模糊，然后利用生成的模糊区域及其相应的聚焦区域的配对区域来训练网络。通过可逆攻击构建弱监督框架的动机如图 6.3.1 所示。

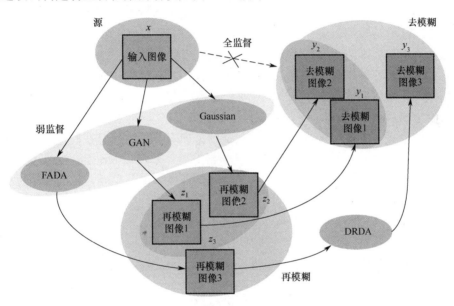

图 6.3.1 通过可逆攻击构建弱监督框架的动机

这种方法存在两个问题：①传统的模糊策略（基于物理的模糊，如高斯[40]和基于 GAN 的模糊[41]）可能无法为复杂场景生成鲁棒的模糊；②自然模糊图像和再模糊图像之间可能存在域差距，特别是和由 GAN 生成的图像相比。这些模糊可能会受再模糊鲁棒性和去模糊保真度较差的影响从而限制非聚焦去模糊的稳健性和保真度。因此，本节从另一个角度出发，提出了实施可逆攻击。

受攻击示例生成策略的启发，本节构建了一个可逆的非聚焦模糊检测攻击框架，采用预训练的非聚焦模糊检测网络，从两个角度攻击模型。为了进行再模糊，对模型进行攻击以预测聚焦区域为非聚焦区域。此外，在去模糊阶段，对模型进行攻击以做出将非聚焦区域视为聚焦区域的预测。因此，可以将本节的攻击方案命名为可逆攻击，因为它执行完全相反的攻击。

具体来说，一方面构建了一个聚焦区域检测攻击（Focused Area Detection Attack，FADA）框架来生成鲁棒的再模糊区域，从而逆转焦点区域检测。其中聚焦区域被迫再模糊，以使其通过预训练的非聚焦模糊检测网络进行反向检测。另一方面引入非聚焦区域检测攻击（Defocused Region Detection Attack，DRDA）来弥合真实模糊图像和再模糊图像之间的域间隙，在用模拟配对区域训练去模糊网络的过程中引导现实模糊区域去模糊，从而产生高保真的去模糊图像。

首先训练编码器–解码器网络从输入的聚焦区域中生成模糊区域，这是通过攻击预训练的非聚焦模糊检测网络来实现的（聚焦区域被预测为非聚焦区域）。此外，在解码器的每一层后添加模糊感知变换模型（Blur-Aware Transformation Models，BATM），以帮助它渲染鲁棒的模糊区域。本节通过生成从输入的非聚焦区域提取的不同尺度特征的模糊感知变换参数来调制模糊感知变换模型，这有助于利用非聚焦图像本身的不成对的模糊信息。然后使用生成的模糊和清晰（聚焦区域）对来训练非聚焦去模糊网络。特别是，为了解决应用于真实非聚焦图像时非聚焦去模糊性能下降的问题，本节通过攻击预训练的非聚焦模糊检测网络（非聚焦区域被预测为聚焦区域）来进一步训练具有真实非聚焦区域的非聚焦去模糊网络，以弥合自然模糊图像和再模糊图像之间的域间隙。这样一来，仅利用非聚焦图像本身的信息就能获得非聚焦去模糊网络。在推理阶段，非聚焦去模糊网络能直接处理输入的非聚焦图像，无须任何额外的计算（如非聚焦模糊检测）。

本节的主要贡献如下：

（1）本节尝试在不使用配对真值和任何其他未配对数据的情况下构建非聚焦去模糊，6.3.2 节提出一种通过可逆攻击实现的新型弱监督非聚焦去模糊（Weakly-Supervised Defocus Deblurring，WSD2）框架，该攻击仅采用非聚焦图像本身的信息和相应的非聚焦模糊检测结果。

（2）本节设计了一个 FADA 框架来重新模糊聚焦区域。特别是，从非聚焦区域生成的模糊感知变换模型被添加到该框架中，以帮助其渲染鲁棒的模糊区域。

（3）本节在训练非聚焦去模糊网络时，使用真实的非聚焦区域实施 DRDA。这可以弥合真实模糊图像和再模糊图像之间的域间隙。

（4）本节进行了大量的实验来证明所提出的框架在 DP[7]、CUHK[17]和 DUT[18]三个广泛应用的数据集中的有效性。

6.3.2　图像去模糊模型

本节重点是设计一个弱监督再模糊到去模糊的非聚焦去模糊框架，该框架主要通过图像本身的聚焦区域和非聚焦区域的信息及相应的非聚焦模糊检测结果来训练，而不使用像素级真值和其他任何未配对图像。现有的再模糊到去模糊方案[8,40]通常存在两个问题。在再模糊阶段，通过基于物理的模糊[40]或基于 GAN 的模糊[41]来模糊聚焦区域。然而，模糊核可能不稳健，并且 GAN 很难优化；在去模糊阶段，利用合成图像对来训练去模糊网络，但是自然模糊图像和合成模糊图像之间的域差距会导致网络性能下降。

为了解决上述问题，本节提出了一种通过可逆攻击的 WSD2 框架。与典型的再模糊到去模糊方案不同，WSD2 框架在再模糊和去模糊阶段均采用可逆攻击策略，以引导模型进行更有效的再模糊和去模糊。通过可逆攻击的 WSD2 框架如图 6.3.2 所示。WSD2 框架重点包含三部分：通过反向聚焦区域检测（FADA）再模糊、模糊感知变换和通过反向非聚焦区域检测（DRDA）去模糊，下面将详细介绍。

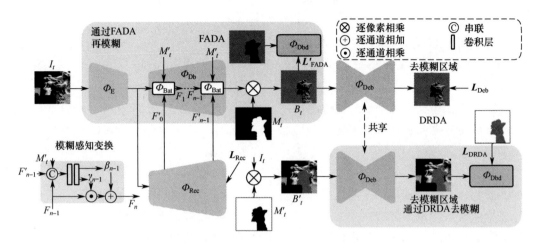

图 6.3.2　通过可逆攻击的 WSD2 框架

6.3.2.1 通过 FADA 再模糊

假设有 T 个用于训练的非聚焦图像 $I = \{I_1, I_2, \cdots, I_T\}$，其中 I_T 的维度为 $h \times w \times 3$。需要注意的是，这些非聚焦图像没有像素级注释，但具有相应的非聚焦模糊检测掩模 $I = \{M_1, M_2, \cdots, M_T\}$，在 M_t 中将聚焦像素标记为 1，非聚焦像素标记为 0。本节的目标是设计一个 FADA 模型，该模型可以生成强大的再模糊样本。首先利用再模糊网络 $\Phi_{\mathrm{Reb}} = \{\Phi_E, \Phi_{\mathrm{Db}}\}$ 从输入的非聚焦图像 I_t 中生成再模糊区域 B_t。用公式表示为

$$B_t = M_t \otimes \Phi_{\mathrm{Reb}}(I_t; \phi_{\mathrm{Reb}}) \tag{6.3.1}$$

式中，ϕ_{Reb} 为再模糊网络的参数。

然后利用再模糊区域 B_t 攻击预训练非聚焦模糊检测网络 Φ_{Dbd}，即通过如下约束 L_{FADA} 来反转聚焦区域检测：

$$L_{\mathrm{FADA}} = -\frac{1}{T} \sum_{t \in T} \sum_{p \in B_t} \left((1 - M_{t,p}) \otimes \log P[\Phi_{\mathrm{Dbd}}(B_{t,p}; \phi_{\mathrm{Dbd}})] + M_{t,p} \otimes \log\{1 - P[\Phi_{\mathrm{Dbd}}(B_{t,p}; \phi_{\mathrm{Dbd}})]\} \right)$$

$$\tag{6.3.2}$$

式中，$P[\Phi_{\mathrm{Dbd}}(B_t; \phi_{\mathrm{Dbd}})] = [1 + \mathrm{e}^{-\Phi_{\mathrm{Dbd}}(B_t; \phi_{\mathrm{Dbd}})}]^{-1}$；$p$ 为区域 B_t 中的像素位置；ϕ_{Dbd} 为预训练非聚焦模糊检测网络的参数。

需要强调的是，本节仅使用 L_{FADA} 来强制网络生成再模糊区域，但是该约束较弱，会导致内容退化。因此，通过添加与再模糊区域的对应输入区域的内容一致性约束来更新 L_{FADA}。

$$L'_{\mathrm{FADA}} = \lambda_1 L_{\mathrm{FADA}} + \frac{1}{T} \sum_{t=1}^{T} \| B_t - M_t \otimes I_t \|_2^2 \tag{6.3.3}$$

式中，λ_1 为平衡 FADA 效果和聚焦内容一致性的超参数。

6.3.2.2 模糊感知变换

需要注意，非聚焦区域可以提供有用的模糊信息，以帮助图像中的聚焦区域再模糊。因此，本节提出了一个模糊感知变换块 Φ_{Bat}，并将其插入 Φ_{Db} 中的每个解码器块后面。先将第 n 个解码器块 Φ_{Db}^n 的输出特征定义为 F_n，再将特征逐步细化如下：

$$F_n = \Phi_{\text{Bat}}[\Phi_{\text{Db}}^{n-1}(F_{n-1})], 1 \leqslant n \leqslant 4 \quad\quad (6.3.4)$$

通过学习 F_n 的模糊感知变换参数 $\{\gamma_n, \beta_n\}$ 来调制 Φ_{Bat}（见图 6.3.2）。首先建立一个图像重建网络 $\{\Phi_{\text{E}}, \Phi_{\text{Rec}}\}$，以 l_2 重建损失 L_{Rec} 来提取非聚焦区域的特征，其中解码器 $\Phi_{\text{Rec}} = \{\Phi_{\text{Rec}}^1, \Phi_{\text{Rec}}^2, \Phi_{\text{Rec}}^3, \Phi_{\text{Rec}}^4\}$，与 Φ_{Db} 的结构相同；然后将来自 Φ_{Rec}^{n-1} 的模糊特征 F_{n-1}'、来自 Φ_{Db}^{n-1} 的模糊特征 F_{n-1} 和反向非聚焦模糊检测掩模 $M_t' = 1 - M_t$ 连接起来，将连接后的特征输入两个卷积层以生成缩放及移位变换向量 $\{\gamma_{n-1}, \beta_{n-1}\}$。此外，$F_n$ 可以明确地表述为

$$F_n = \gamma_{n-1} \odot \frac{\Phi_{\text{Db}}^{n-1}(F_{n-1}) - \mu[\Phi_{\text{Db}}^{n-1}(F_{n-1})]}{\sigma[\Phi_{\text{Db}}^{n-1}(F_{n-1})]} + \beta_{n-1} \quad\quad (6.3.5)$$

式中，μ 和 σ 分别为特征的平均值和标准差；$\odot$ 表示逐通道相乘。

非聚焦区域和聚焦区域在空间上是不对齐的，如果直接采用空间风格[42]操作，传输的模糊信息可能无法正确指导再模糊过程。因此，本节不使用空间风格，而是通过通道级向量来计算向量 $\{\gamma_{n-1}, \beta_{n-1}\}$，这可以从通道的角度调整特征图以传递非聚焦区域的风格，有助于有效利用来自非聚焦图像本身的不成对的模糊信息。

6.3.2.3 通过 DRDA 去模糊

经过前面的步骤，已经获得了模拟的清晰和模糊区域对。为了实现非聚焦去模糊，第一种方法是利用清晰和模糊区域对通过以下损失训练去模糊网络。

$$L_{\text{Deb}} = \frac{1}{T} \sum_{t=1}^{T} \| \Phi_{\text{Deb}}(B_t; \phi_{\text{Deb}}) - M_t \otimes I_t \|_2^2 \quad\quad (6.3.6)$$

式中，ϕ_{Deb} 为去模糊网络的参数；L_{Deb} 为约束网络产生靠近聚焦区域的去模糊区域，从而能恢复纹理和边缘。

然而，自然模糊区域和再模糊区域之间可能存在域间隙，这会导致性能下降。幸运的是，可以通过 $B_t' = (1 - M) \otimes I_t$ 获得非聚焦图像 I_t 中的自然模糊区域 B_t'。进一步用自然模糊区域 B_t' 训练 Φ_{Deb} 以解决域间隙的问题。特别是，通过攻击预训练的非聚焦模糊检测网络来反转非聚焦区域检测，从而迫使 B_t' 去模糊。此外，由于去模糊是通过攻击非聚焦模糊检测网络来实现的，这可能会产生不确定的结果（如去模糊图像内容的失真），因此本节添加了对应于输入模糊区域的非聚焦内容一致性约束来缓解这种情况。用公式可以写为

$$L_{\text{DRDA}} = -\frac{1}{T} \sum_{t \in T} \sum_{p' \in B_t'} \Big[\lambda_2 \big((1 - M_{t,p'}) \otimes \log P[\Phi_{\text{Deb}}(B_{t,p'}'; \phi_{\text{Deb}})] +$$

$$M_{t,p'} \otimes \log\{1 - P[\Phi_{\text{Deb}}(B_{t,p'}'; \phi_{\text{Deb}})]\} \big) + \| \Phi_{\text{Deb}}(B_t'; \phi_{\text{Deb}}) - B_t' \|_2^2 \Big] \quad\quad (6.3.7)$$

式中，p' 为区域 B_t' 中的像素位置；λ_2 为平衡 DRDA 效果和非聚焦内容一致性的超参数。

因此，去模糊网络 Φ_{Deb} 的总损失为

$$L_{\text{DRDA}}' = L_{\text{Deb}} + L_{\text{DRDA}} \quad\quad (6.3.8)$$

6.3.3 模型训练

在结构上，再模糊网络 Φ_{Reb} 和预训练非聚焦模糊检测网络 Φ_{Dbd} 是灵活的。Φ_{Reb} 使用带有跳跃连接的简单编码器解码器网络 $\{\Phi_E, \Phi_{\text{Db}}\}$。编码器 Φ_E 使用 VGG16 网络[15]实现。解码

器 Φ_{Db} 包括四个解码器块 $\Phi_{\mathrm{Db}} = \{\Phi_{\mathrm{Db}}^1, \Phi_{\mathrm{Db}}^2, \Phi_{\mathrm{Db}}^3, \Phi_{\mathrm{Db}}^4\}$，其中每个解码器块包含两个具有 3×3 核的卷积层。Φ_{Dbd} 是用 R2MRF 的非聚焦模糊检测模型实现的[43]。本节框架中的去模糊网络 Φ_{Deb} 也很灵活，采用 HRNet[44]作为主干，并将输入添加到输出以保持图像内容的持久性。Φ_{Rec}、Φ_{Db} 和 Φ_{E} 的结构示意图分别如图 6.3.3、图 6.3.4 和图 6.3.5 所示。

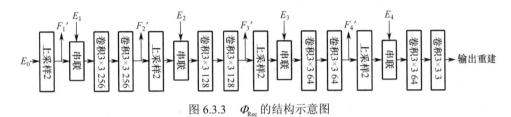

图 6.3.3　Φ_{Rec} 的结构示意图

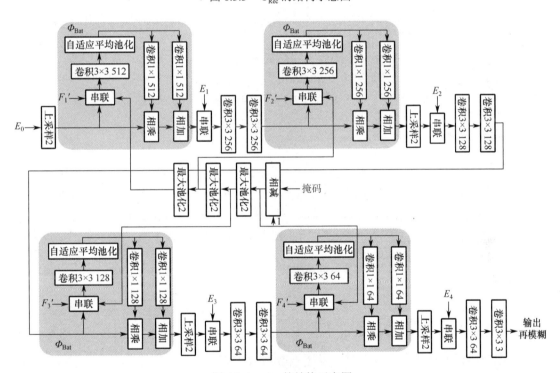

图 6.3.4　Φ_{Db} 的结构示意图

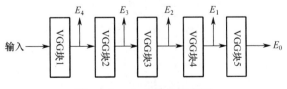

图 6.3.5　Φ_{E} 的结构示意图

具体来说，多级特征 $\{E_0, E_1, E_2, E_3, E_4\}$ 被顺序输入到 Φ_{Rec} 中从而生成模糊特征 $\{F_1', F_2', F_3', F_4'\}$。$\Phi_{\mathrm{Rec}}$ 的网络结构主要包括上采样操作（上采样 2）和卷积块（卷积 $c\times c\ k$），其中 $c\times c$ 是卷积核的大小，k 是卷积数量。在 Φ_{Db} 中，首先将多级特征 $\{E_0, E_1, E_2, E_3, E_4\}$ 和

模糊特征 $\{F_1', F_2', F_3', F_4'\}$ 依次馈入 Φ_{Db} 中，然后产生再模糊图像。Φ_{Db} 的网络结构主要包括模糊感知变换块 Φ_{Bat}、相加、相乘、自适应平均池化，以及卷积 $c \times c\,k$。Φ_E 能在 VGG16 网络的每个卷积块 VGG $-$ block v $(v=1,2,3,4,5)$ 之后顺序生成多级特征 $\{E_0, E_1, E_2, E_3, E_4\}$。

本节框架是在 GeForce RTX 3090Ti GPU 上使用 Pytorch 实现的。将 Adam 作为优化器，动量为 0.9，学习率为 0.0001。将批量大小设置为 1，图像大小缩放为 320 像素 × 320 像素。本节利用均值为 0、标准差为 0.001 的高斯分布来初始化模型框架。将超参数 λ_1 和 λ_2 分别设置为 0.0001 和 0.0001。首先用 100 个迭代轮次训练再模糊网络以获得清晰和模糊区域对，然后用 100 个迭代轮次训练去模糊网络，以生成完全清晰的图像，而不使用像素级真实图像和任何其他不配对图像。在推理阶段，将非聚焦图像直接输入到去模糊网络以产生去模糊结果，平均运行时间为 0.16s。

对于本节提出的可逆攻击策略，本节框架在不使用去模糊真值和任何其他非配对图像的情况下进行训练。因此采用两个广泛使用的非聚焦模糊检测数据集 CUHK[17] 和 DUT[18]（其中包括具有非聚焦模糊检测真值的不同场景非聚焦图像）来训练和测试框架。具体来说，CUHK 数据集/DUT 数据集包含 604/600 张训练图像和 100/500 张测试图像。此外，为了验证本节框架的泛化性，还采用具有 76 对非聚焦图像的 DP 数据集[7] 来评估。

6.3.4　实验

6.3.4.1　指标

对于具有真实值的 DP 数据集，本节采用广泛使用的 PSNR、SSIM 和学习感知图像块相似性（LPIPS）来评估非聚焦去模糊性能[7-9]。PSNR 或 SSIM 越大或 LPIPS 越小，表明去模糊性能越好。对于没有去模糊真值的 CUHK 数据集和 DUT 数据集，本节采用平均梯度（AG）、空间频率（SF）、信息熵（EN）和均方差（MSD）来评估去模糊性能。这些指标越大代表性能越好。

6.3.4.2　消融实验

1. 焦点区域检测攻击的有效性

前面提出用 FADA 框架来生成鲁棒的再模糊样本，表示为 Reb(FADA)。其核心思想是通过攻击预训练的非聚焦模糊检测网络来反转聚焦区域检测。通过比较两种替代方案以证明再模糊策略的效果。①Reb(Gaussian)：利用 σ 从 0.1～6 随机变化所对应的高斯滤波器获得再模糊图像；②Reb(GAN)：通过对抗性方式对抗训练具有不成对的全模糊图像的鉴别器（七个卷积层和两个全连接层）以生成再模糊图像。为了公平比较，使用 Reb(Gaussian)、Reb(GAN) 和 Reb(FADA) 生成的清晰和模糊区域对分别训练去模糊网络 Φ_{Deb}，并分别命名为 Reb(Gaussian) $\to$ Deb，Reb(GAN) $\to$ Deb 和 Reb(FADA) $\to$ Deb。

图 6.3.6 所示为不同训练策略的结构图。其提供了上述三种方案的详细结构配置，图 6.3.6（a）～（c）分别对应 Reb(Gaussian) $\to$ Deb、Reb(GAN) $\to$ Deb 和 Reb(FADA) $\to$ Deb。表 6.3.1 所示为在 DP 数据集上使用 PSNR、SSIM 和 LPIPS 指标的 FADA 和 DRDA 的结果。

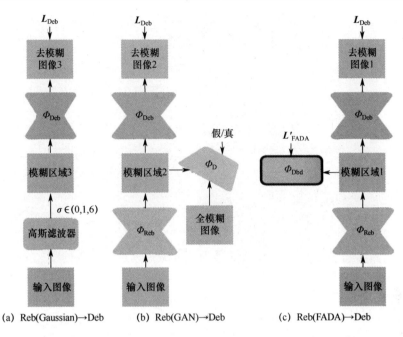

图 6.3.6　不同训练策略的结构图

表 6.3.1　在 DP 数据集上使用 PSNR、SSIM 和 LPIPS 指标的 FADA 和 DRDA 的结果

方法	PSNR	SSIM	LPIPS
Reb(Gaussian) → Deb	23.50	**0.746**	0.262
Reb(GAN) → Deb	22.06	0.670	0.310
Reb(FADA) → Deb	**24.45**	0.745	**0.218**
Reb(Gaussian) → Deb(DRDA)	23.81	0.757	0.225
Reb(GAN) → Deb(DRDA)	22.51	0.681	0.285
Reb(FADA) → Deb(DRDA)	**25.53**	**0.767**	**0.202**

由表 6.3.1 可知，Reb(FADA) → Deb 在 PSNR 和 LPIPS 上取得了最佳性能。不同再模糊策略的视觉比较如图 6.3.7 所示，图 6.3.7（a）～（d）分别表示源图像、Reb(Gaussian)、Reb(GAN) 和 Reb(FADA)。从视觉上观察，Reb(FADA) 能生成具有不同模糊程度的更自然的再模糊区域，从而帮助 Φ_{Deb} 产生更好的去模糊结果。

2. DRDA 的影响

当使用生成的清晰和模糊区域对训练去模糊网络 Φ_{Deb} 时，自然模糊区域和生成的再模糊区域之间的域间隙将导致性能下降。因此，本节将自然模糊区域提供给 Φ_{Deb}，攻击预训练的非聚焦模糊检测网络以反转非聚焦模糊检测结果，从而强制自然模糊区域去模糊。为了证明 DRDA 的效果，将其分别添加到 Reb(FADA) → Deb、Reb(Gaussian) → Deb 和 Reb(GAN) → Deb 中，记为 Reb(FADA) → Deb(DRDA)、Reb(Gaussian) → Deb(DRDA) 和 Reb(GAN) → Deb(DRDA)。不同再模糊策略的结构图如图 6.3.8 所示，图 6.3.8（a）～（c）所示分别为 Reb(Gaussian) → Deb(DRDA)、Reb(GAN) → Deb(DRDA) 和 Reb(FADA) → Deb(DRDA)。

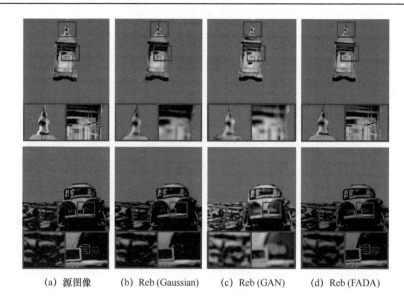

(a) 源图像　　　(b) Reb (Gaussian)　　　(c) Reb (GAN)　　　(d) Reb (FADA)

图 6.3.7　不同再模糊策略的视觉比较

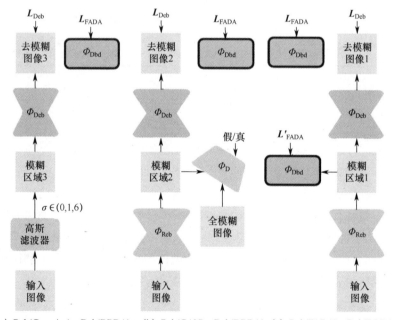

(a) Reb(Gaussian)→Deb(DRDA)　(b) Reb(GAN)→Deb(DRDA)　(c) Reb(FADA)→Deb(DRDA)

图 6.3.8　不同再模糊策略的结构图

在添加非聚焦区域检测攻击后，Reb(FADA) → Deb 、Reb(Gaussian) → Deb 和 Reb(GAN) → Deb 的性能都提高了。此外，本节提出的 Reb(FADA) → Deb(DRDA) 实现了较佳性能。图 6.3.9 所示为不同去模糊策略的视觉比较，图 6.3.9（a）～（d）所示分别为源图像、Reb(Gaussian) → Deb(DRDA)、Reb(GAN) → Deb(DRDA) 和 Reb(FADA) → Deb(DRDA)。Reb(FADA) → Deb(DRDA) 能生成更清晰的高保真去模糊图像。

(a) 源图像　　(b) Reb (Gaussian)　(c) Reb (GAN)→Deb　(d) Reb (FADA)→Deb
　　　　　　　　　→Ded (DRDA)　　　　(DRDA)　　　　　　　(DRDA)

图 6.3.9　不同去模糊策略的视觉比较

3. 模糊感知变换的重要性

本节设计了模糊感知变换块 Φ_{Bat}，将非聚焦区域的模糊信息传输到再模糊网络 Φ_{Reb}。为了有效使用不成对的模糊信息，通过学习通道向量来构建 $\Phi_{\mathrm{Bat}}[\Phi_{\mathrm{Bat}}(\mathrm{CV})]$用于计算缩放和移位参数。通过比较两种替代方案以证明其重要性。① $\Phi_{\mathrm{Bat}}(\mathrm{SS})$：学习空间样式[42]来构建 Φ_{Bat}；② $\Phi_{\mathrm{Bat}}(\mathrm{WOB})$：在不参考模糊信息的情况下学习通道向量来构建 Φ_{Bat}。将 $\Phi_{\mathrm{Bat}}(\mathrm{CV})$、$\Phi_{\mathrm{Bat}}(\mathrm{SS})$ 和 $\Phi_{\mathrm{Bat}}(\mathrm{WOB})$ 生成的清晰和模糊区域对分别用于训练去模糊网络 Φ_{Deb}。它们在 DP 数据集上的模糊感知变换的重要性评估结果如表 6.3.2 所示。

表 6.3.2　模糊感知变换的重要性评估结果

方法	PSNR	SSIM	LPIPS
$\Phi_{\mathrm{Bat}}(\mathrm{WOB})$	25.11	0.733	0.273
$\Phi_{\mathrm{Bat}}(\mathrm{SS})$	22.51	0.681	0.214
$\Phi_{\mathrm{Bat}}(\mathrm{CV})$	**25.53**	**0.767**	**0.202**

从表 6.3.2 可以看出，$\Phi_{\mathrm{Bat}}(\mathrm{CV})$ 获得了最好的去模糊性能。此外，本节还测量了有 $\Phi_{\mathrm{Bat}}(\mathrm{CV})$ 和没有 $\Phi_{\mathrm{Bat}}(\mathrm{CV})$ 时训练再模糊网络所花费的平均时间。当有 $\Phi_{\mathrm{Bat}}(\mathrm{CV})$ 时，平均每张图像需要 0.944s；当没有 $\Phi_{\mathrm{Bat}}(\mathrm{CV})$ 时，平均每张图像需要 0.906s，因此可以认为 $\Phi_{\mathrm{Bat}}(\mathrm{CV})$ 的计算成本不是很高。另外，$\Phi_{\mathrm{Bat}}(\mathrm{CV})$ 的总参数量为 0.886M（兆）。所以在训练期间，模糊感知变换块使用计算资源来换取再模糊性能的增强，这在实际应用中是可以接受的。

4. 攻击模型的鲁棒性分析

本节使用 R2MRF[43]的非聚焦模糊检测模型来实现对框架的攻击。另外，本节研究了使用不同非聚焦模糊检测模型（如 AENet[34]和 DCFNet[37]）的攻击框架的鲁棒性。不同非聚焦模糊检测模型的攻击框架对应的结果如表 6.3.3 所示。不同非聚焦模糊检测模型的攻击框架结果接近，并且都优于其他弱监督方法（见表 6.3.4）。

表 6.3.3　不同非聚焦模糊检测模型的攻击框架对应的结果

方法	PSNR	SSIM	LPIPS
本节方法加上 R2MRF[43]	25.35	0.767	0.202
本节方法加上 AENet[34]	24.86	0.761	0.204
本节方法加上 DCFNet[37]	24.57	0.755	0.208

表 6.3.4　不同方法的定量比较

方法	种类	PSNR	SSIM	LPIPS
JNB[45]	弱监督	23.84	0.715	0.315
EBDB[6]		23.45	0.683	0.336
DMENet[26]		23.41	0.714	0.349
WSD2（本节方法）		**25.53**	**0.767**	**0.202**
DPDNet[7]	全监督	25.29	0.818	—
IFAN[8]		25.01	0.786	0.176
KPAC[9]		26.34	0.828	—
Restormer[46]		26.53	0.852	—
FRSE[47]		25.11	0.814	—

6.3.4.3　与现有技术的比较

受益于可逆攻击，WSD2 已成功实现在不使用去模糊真值和任何其他非配对图像的情况下完成非聚焦图像去模糊的任务。本节比较了三种弱监督方法：稀疏表示和图像分解（JNB）[45]、基于边缘的非聚焦模糊估计（EBDB）[6]和非聚焦图估计网络（DMENet）[26]，它们都是估计非聚焦图，根据非聚焦图进行去模糊。此外，还比较了五种全监督方法：双像素非聚焦去模糊网络（DPDNet）[7]、迭代滤波器自适应网络（IFAN）[8]、核共享并行孔卷积（KPAC）[9]、Restormer[46]和频率选择（FRSE）[47]。本节使用上述方法推荐的参数设置进行实验。

1. 在 DP 数据集上的评估

表 6.3.4 展示了在 DP 数据集上使用 PSNR、SSIM 和 LPIPS 的定量结果。与三种弱监督方法相比，WSD2 在 PSNR 上优于第二好的 JNB 7.09%，在 SSIM 上优于第二好的 JNB 7.27%，在 LPIPS 上优于第二好的 JNB 35.87%。此外，与全监督方法相比，WSD2 实现了具有竞争力的性能。特别是针对 PSNR，WSD2 比 DPDNet、IFAN 和 FRSE 分别提高了 0.95%、2.08%和1.67%，与 KPAC 和 Restormer 相比有 3.08%和3.77%的差距。由于 WSD2 是弱监督方法，所以在某些指标上表现不如全监督方法合理。如果提供全监督数据，WSD2 仍然具有独特的优势。在这种情况下，WSD2 可以进行更广泛的训练，因为可逆攻击模型可以通过再模糊聚焦区域来扩大训练数据。

图 6.3.10 所示为不同非聚焦去模糊方法的视觉比较，其中 KPAC、Restormer 和 DPDNet 是全监督方法；DMENet、EBDB 和 WSD2 是弱监督方法。DMENet 和 EBDB 采用非聚焦图来产生去模糊图像，其中仍然存在较大的模糊［见图 6.3.10（e）和（f）］，原因可能是非聚焦图不准确。三种全监督方法 KPAC、Restormer 和 DPDNet 生成的细节更清晰［见图 6.3.10（b）~（d）］。然而，训练这些模型需要配对真值。相比之下，WSD2 是在不使用配对真值和任何其他未配对数据的情况下进行训练的，并获得了准确的去模糊结果，如结构和纹理细节［见图 6.3.10（g）］。本节的去模糊方法对于小尺寸模糊的效果比大尺寸模糊的效果更好。这可以通过在框架中添加多尺度模糊内核策略来实现。

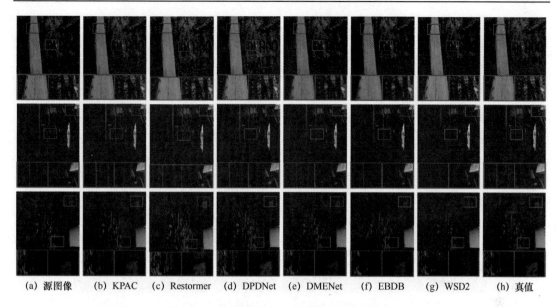

(a) 源图像   (b) KPAC   (c) Restormer   (d) DPDNet   (e) DMENet   (f) EBDB   (g) WSD2   (h) 真值

图 6.3.10 不同非聚焦去模糊方法的视觉比较

2. 在 CUHK 数据集和 DUT 数据集上的评估

本节进一步在 CUHK 数据集和 DUT 数据集上将 WSD2 与 IFAN 和 KPAC 两种较先进的方法进行比较。表 6.3.5 所示为不同方法在 CUHK 数据集和 DUT 数据集上的定量结果。WSD2 取得了最佳性能，在 CUHK 数据集和 DUT 数据集上的 AG、EN、SF 和 MSD 得分分别比第二名高出 12.04%/7.26%、0.51%/0.25%、6.06%/7.41%和 5.10%/6.59%。虽然 WSD2 在 AG 和 MSD 指标上显示出具有竞争力的结果，但它会产生少量的纹波伪影［见图 6.3.11（d）］，这可能会导致 AG 和 MSD 的值异常增加。为了公平比较，本节还测量了 EN 和 SF 指标，它们可以代表整体图像的质量和细节水平。从结果可以看出，WSD2 仍然取得了最好的结果。

表 6.3.5 不同方法在 CUHK 数据集和 DUT 数据集上的定量结果

方法	CUHK				DUT			
	AG	EN	SF	MSD	AG	EN	SF	MSD
IFAN[8]	6.596	7.291	0.063	0.156	5.403	7.287	0.054	0.167
KPAC[9]	6.551	7.304	0.062	0.156	5.381	7.288	0.053	0.167
Restormer[46]	6.603	7.291	0.066	0.157	5.018	7.273	0.052	0.167
FRSE[47]	5.086	7.222	0.051	0.150	4.441	7.219	0.047	0.163
WSD2	**7.398**	**7.341**	**0.070**	**0.165**	**5.795**	**7.306**	**0.058**	**0.178**

图 6.3.11 所示为 WSD2 与其他方法在 CUHK 数据集和 DUT 数据集上的视觉比较。WSD2 在各种模糊方面都取得了有竞争力或更好的去模糊结果，其根本原因可能是 KPAC 和 IFAN 依靠全监督方法学习从而容易存在数据偏差。

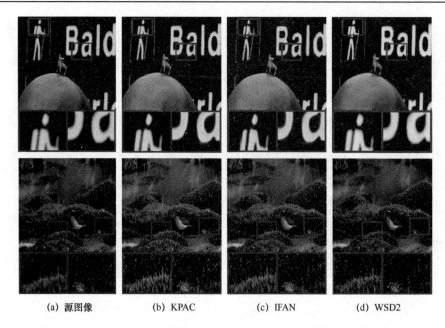

(a) 源图像　　　　(b) KPAC　　　　(c) IFAN　　　　(d) WSD2

图 6.3.11　WSD2 与其他方法在 CUHK 数据集和 DUT 数据集上的视觉比较

6.4　小结

本章提出了两种非聚焦图像去模糊方法。6.2 节提出了一种非聚焦模糊检测和非聚焦去模糊的联合学习方法，其核心思想是利用非聚焦模糊检测和非聚焦去模糊这两个任务的相关性以生成对抗的方式建立一个对抗促进学习框架，该方法不需要使用像素级非聚焦模糊检测注释和成对的非聚焦去模糊真值，提出了一种自参考非聚焦去模糊生成器 G_{sr} 及非聚焦模糊检测生成器 G_{ws}，并让二者以对抗鉴别器的方式共同优化。6.3 节通过一种可逆攻击框架来实现 WSD2。该方法通过非聚焦检测攻击进行非聚焦去模糊，利用图像本身的聚焦区域和非聚焦区域信息及相应的非聚焦模糊检测结果进行训练，而不使用配对的真实图像和其他未配对的图像。该方法还提出了 DRDA，利用模拟配对区域训练去模糊网络，通过引导真实模糊区域去模糊来弥合真实模糊图像和再模糊图像之间的域间隙。6.2 节和 6.3 节分别从两个不同的角度完成了弱监督非聚焦图像去模糊，为以后研究去模糊方法提供了两种不同的解决思路，利用非聚焦模糊检测任务或图像本身的聚焦区域，以所包含的信息来辅助去模糊网络的训练过程。具体来说，可以按照 6.2 节所提出方法的思路，将非聚焦去模糊任务与非聚焦模糊检测任务相结合，利用非聚焦模糊检测任务检测模糊区域，以指导去模糊网络更好地对图像中的模糊信息进行处理，生成更清晰的去模糊图像。也可以按照 6.3 节的思路，对图像中的聚焦区域进行可逆处理，利用图像本身所包含的信息作为模型训练的监督项从而帮助模型摆脱对配对真值的依赖。

本章提出的两种方法都是弱监督非聚焦图像去模糊方法，都不需要使用配对的像素级真值，可以对一些缺乏准确标签的数据集进行处理。在实际应用中，当因时间成本和人力资源投入较大而难以提供图像的像素级注释时，本章提出的方法能够展现出完美的去模糊效果。需要注意的是，对于 6.2 节提出的方法，尽管无须提供配对的真实图像，但仍需提供真实的清晰图像作为监督。因此，该方法仅适用于能够提供清晰图像的情况。对于 6.3 节提出的方法，其适用于前景非聚焦、背景非聚焦及渐变非聚焦等部分非聚焦情形的去模糊。另外，这两种方法都不适用于全非聚焦图像，因为在训练过程中，模型需要借助图像中的聚焦区域作为辅助信息来进行训练。总的来说，本章提出的方法为弱监督非聚焦图像去模糊任务提供了新的解决思路，适用于在标签获取方面存在挑战、数据复杂性高等实际应用场景，可以广泛应用于医学图像处理、工业质检、无人机和航拍摄影等各个领域且具有较高的鲁棒性。

参 考 文 献

[1] WANG L, LI D, ZHU Y, et al. Dual super-resolution learning for semantic segmentation[C]//Institute of Electrical and Electronics Engineers.IEEE/CVF Conference on Computer Vision and Pattern Recognition. Seattle, IEEE. 2020: 3774-3783.

[2] LUO B, CHENG Z, XU L, et al. Blind image deblurring via superpixel segmentation prior[J]. IEEE Transactions on Circuits and Systems for Video Technology, 2021, 32(3): 1467-1482.

[3] DING J, HUANG Y, LIU W, et al. Severely blurred object tracking by learning deep image representations[J]. IEEE Transactions on Circuits and Systems for Video Technology, 2015, 26(2): 319-331.

[4] GUO Q, FENG W, GAO R, et al. Exploring the effects of blur and deblurring to visual object tracking[J]. IEEE Transactions on Image Processing, 2021, 30: 1812-1824.

[5] ZHANG X, WANG R, JIANG X, et al. Spatially variant defocus blur map estimation and deblurring from a single image[J]. Journal of Visual Communication and Image Representation, 2016, 35: 257-264.

[6] KARAALI A, JUNG C R. Edge-based defocus blur estimation with adaptive scale selection[J]. IEEE Transactions on Image Processing , 2017, 27(3): 1126-1137.

[7] ABUOLAIM A, BROWN M S. Defocus deblurring using dual-pixel data[C]// European Conference on Computer Vision, Computer Vision-ECCV 2020: 16th European Conference. Proceedings, Part x 16. Glasgow, Springer International Publishing , 2020: 111-126.

[8] LEE J, SON H, RIM J, et al. Iterative filter adaptive network for single image defocus deblurring[C]//Institute of Electrical and Electronics Engineers. IEEE/CVF Conference on Computer Vision and Pattern Recognition.Nashville, IEEE. 2021: 2034-2042.

[9] SON H, LEE J, CHO S, et al. Single image defocus deblurring using kernel-sharing parallel atrous convolutions[C]//Institute of Electrical and Electronics Engineers. IEEE/CVF International Conference on Computer Vision. Montreal, IEEE. 2021: 2642-2650.

[10] ZHAO W, WEI F, HE Y, et al. United defocus blur detection and deblurring via adversarial promoting learning[C]//European Conference on Computer Vision. Computer Vision-eccv 2022. Telaviv Springer Nature Switzerland, 2022: 569-586.

[11] ZHAO W, HU G, WEI F, et al. Attacking defocus detection with blur-aware transformation for defocus deblurring[J]. IEEE Transactions on Multimedia, 2023.

[12] ZHAO W, SHANG C, LU H. Self-generated defocus blur detection via dual adversarial discriminators

[C]//Institute of Electrical and Electronics Engineers. IEEE/CVF Conference on Computer Vision and Pattern Recognition. Nashville, IEEE, 2021: 6933-6942.

[13] WANG X, YU K, DONG C, et al. Recovering realistic texture in image super-resolution by deep spatial feature transform[C]//Institute of Electrical and Electronics Engineers. IEEE/CVF Conference on Computer Vision and Pattern Recognition. Salt Lake City, IEEE, 2018: 606-615.

[14] RONNEBERGER O, FISCHER P, BROX T. U-net: convolutional networks for biomedical image segmentation[C]//Medical Image Computing and Computer Assisted Intervention Society, Medical Image Computing and Computer-Assisted Intervention-Miccai 2015: 18th International Conference. Proceedings, Part iii 18. Munich: Springer International Publishing, 2015: 234-241.

[15] SIMONYAN K, ZISSERMAN A. Very deep convolutional networks for large-scale image recognition[J]. Computer Science, 2014.doi:10.48550/arxiv.1409.1556.

[16] YI X, ERAMIAN M. Lbp-based segmentation of defocus blur[J]. IEEE Transactions on Image Processing, 2016, 25(4): 1626-1638.

[17] SHI J, XU L, JIA J. Discriminative blur detection features[C]//Institute of Electrical and Electronics Engineers. IEEE/CVF Conference on Computer Vision and Pattern Recognition. Columbus, IEEE, 2014: 2965-2972.

[18] ZHAO W, ZHAO F, WANG D, et al. Defocus blur detection via multi-stream bottom-top-bottom network[J]. IEEE Transactions on Pattern Analysis and Machine Intelligence, 2019, 42(8): 1884-1897.

[19] ZHANG K, ZUO W, ZHANG L. Learning a single convolutional super-resolution network for multiple degradations[C]//Institute of Electrical and Electronics Engineers. IEEE/CVF Conference on Computer Vision and Pattern Recognition. Salt Lake City, IEEE, 2018: 3262-3271.

[20] TANG C, ZHU X, LIU X, et al. Defusionnet: defocus blur detection via recurrently fusing and refining multi-scale deep features[C]//Institute of Electrical and Electronics Engineers. IEEE/CVF Conference on Computer Vision and Pattern Recognition. Long Beach, IEEE, 2019: 2700-2709.

[21] ZHAO W, ZHENG B, LIN Q, et al. Enhancing diversity of defocus blur detectors via cross-ensemble network[C]//Institute of Electrical and Electronics Engineers. IEEE/CVF Conference on Computer Vision and Pattern Recognition. Long Beach, IEEE, 2019: 8905-8913.

[22] SU B, LU S, TAN C L. Blurred image region detection and classification[C]// Association for Computing Machinery. 19th Acm International Conference on Multimedia. New York, Association for Computing Machinery, 2011: 1397-1400.

[23] ALIREZA GOLESTANEH S, KARAM L J. Spatially-varying blur detection based on multiscale fused and sorted transform coefficients of gradient magnitudes[C]//Institute of Electrical and Electronics Engineers.IEEE/CVF Conference on Computer Vision and Pattern Recognition. Honolulu, IEEE, 2017: 5800-5809.

[24] PANG Y, ZHU H, LI X, et al. Classifying discriminative features for blur detection[J]. IEEE Transactions on Cybernetics, 2015, 46(10): 2220-2227.

[25] TANG C, WU J, HOU Y, et al. a Spectral and spatial approach of coarse-to-fine blurred image region detection[J]. Ieee Signal Processing Letters, 2016, 23(11): 1652-1656.

[26] LEE J, LEE S, CHO S, et al. Deep defocus map estimation using domain adaptation[C]//Institute of Electrical and Electronics Engineers. IEEE/CVF Conference on Computer Vision and Pattern Recognition.

Long Beach, IEEE, 2019: 12222-12230.

[27] RUAN L, CHEN B, LI J, et al. Learning to deblur using light field generated and real defocus images[C]//Institute of Electrical and Electronics Engineers. IEEE/CVF Conference on Computer Vision and Pattern Recognition. New Orleans, IEEE, 2022: 16304-16313.

[28] ZHANG D, WANG X. Dynamic multi-scale network for dual-pixel images defocus deblurring with transformer[C]//Institute of Electrical and Electronics Engineers. 2022 IEEE International Conference on Multimedia and Expo (icme). Taipei, IEEE, 2022: 1-6.

[29] MAEDA S. Unpaired image super-resolution using pseudo-supervision[C]// Institute of Electrical and Electronics Engineers. IEEE/CVF Conference on Computer Vision and Pattern Recognition. Seattle, IEEE, 2020: 291-300.

[30] LE H, SAMARAS D. From shadow segmentation to shadow removal[C]//European Conference on Computer Vision, Computer Vision-ECCV 2020: 16th European Conference. Proceedings, Part Xi 16. Glasgow, Springer International Publishing , 2020: 264-281.

[31] LIU Z, YIN H, WU X, et al. From shadow generation to shadow removal[C]// Institute of Electrical and Electronics Engineers.IEEE/CVF Conference on Computer Vision and Pattern Recognition. Nashville, IEEE, 2021: 4927-4936.

[32] ZHAO W, WEI F, WANG H, et al. Full-scene defocus blur detection with defbd+ via multi-level distillation learning[J]. IEEE Transactions on Multimedia, 2023.

[33] TANG C, LIU X, AN S, et al. Br2net: defocus blur detection via a bidirectional channel attention residual refining network[J]. IEEE Transactions on Multimedia, 2020, 23: 624-635.

[34] ZHAO W, HOU X, HE Y, et al. Defocus blur detection via boosting diversity of deep ensemble networks[J]. IEEE Transactions on Image Processing, 2021, 30: 5426-5438.

[35] ZHANG N, YAN J. Rethinking the defocus blur detection problem and a real-Time deep dbd model[C]//European Conference on Computer Vision, Computer Vision-ECCV 2020: 16th European Conference. Proceedings, Part Xi 16. Glasgow, Springer International Publishing, 2020: 617-632.

[36] CUN X, PUN C M. Defocus blur detection via depth distillation[C]//European Conference on Computer Vision, Computer Vision-ECCV 2020: 16th European Conference. Proceedings, Part Xi 16. Glasgow, Springer International Publishing, 2020: 747-763.

[37] KIM B, SON H, PARK S J, et al. Defocus and motion blur detection with deep contextual features [J].Computer Graphics Forum, 2018, 37(7):277-288.

[38] ZHAO W, HOU X, YU X, et al. Towards weakly-supervised focus region detection via recurrent constraint network[J]. IEEE Transactions on Image Processing, 2019, 29: 1356-1367.

[39] TANG C, LIU X, ZHENG X, et al. Defusionnet: defocus blur detection via recurrently fusing and refining discriminative multi-scale deep features[J]. IEEE Transactions on Pattern Analysis and Machine Intelligence, 2020, 44(2): 955-968.

[40] CHEN H, GU J, GALLO O, et al. Reblur2deblur: deblurring videos via self-Supervised learning[C]// Institute of Electrical and Electronics Engineers. 2018 IEEE International Conference on Computational Photography (ICCP). Pittsburgh, IEEE, 2018: 1-9.

[41] LU Y, TAI Y W, TANG C K. Attribute-guided face generation using conditional cyclegan[C]//European Conference on Computer Vision. European Conference on Computer Vision (ECCV). Munich, Springer

International Publishing, 2018: 282-297.

[42] KARRAS T, LAINE S, AILA T. a Style-based generator architecture for generative adversarial networks[C]//Institute of Electrical and Electronics Engineers. IEEE/CVF Conference on Computer Vision and Pattern Recognition. Long Beach, IEEE, 2019: 4401-4410.

[43] TANG C, LIU X, ZHU X, et al. R^2 mrf: defocus blur detection via recurrently refining multi-scale residual features[C]//Association for The Advancement of Artificial Intelligence. AAAI Conference on Artificial Intelligence. New York, 2020, 34(07): 12063-12070.

[44] SUN K, XIAO B, LIU D, et al. Deep high-resolution representation learning for human pose estimation[C]//Institute of Electrical and Electronics Engineers. IEEE/CVF Conference on Computer Vision and Pattern Recognition. Long Beach, IEEE, 2019: 5693-5703.

[45] SHI J, XU L, JIA J. Just noticeable defocus blur detection and estimation[C]// Institute of Electrical and Electronics Engineers. IEEE/CVF Conference on Computer Vision and Pattern Recognition. Boston, IEEE, 2015: 657-665.

[46] ZAMIR S W, ARORA A, KHAN S, et al. Restormer: efficient transformer for high-resolution image restoration[C]//Institute of Electrical and Electronics Engineers.IEEE/CVF Conference on Computer Vision and Pattern Recognition. New Orleans, IEEE, 2022: 5728-5739.

[47] ZAMIR S W, ARORA A, KHAN S, et al. Restormer: efficient transformer for high-resolution image restoration[C]//Institute of Electrical and Electronics Engineers.IEEE/CVF Conference on Computer Vision and Pattern Recognition. New Orleans, IEEE, 2022: 5728-5739.

第7章　多聚焦图像融合的非聚焦图像去模糊

7.1　引言

第 6 章提出了非聚焦模糊检测和非聚焦去模糊的联合学习方法与可逆攻击的弱监督学习方法这两种方法，解决了在弱监督情景下的非聚焦图像去模糊问题。这两种方法的特点是不需要使用像素级非聚焦模糊检测注释和成对的非聚焦去模糊真值。通过结合非聚焦模糊检测和非聚焦去模糊两个任务的相关性，以生成对抗训练的方式实现去模糊任务。本章探讨非聚焦去模糊任务的另一个研究方向，即通过多聚焦图像融合的方式，高效、准确地对非聚焦图像去模糊。在现实世界中，由于相机具有有限的景深，处于有限景深的物体会被清晰（聚焦）成像，而远离有限景深的物体则会被模糊（非聚焦）成像。因此，本章通过利用多聚焦图像融合方法的核心思想，将同一场景下不同焦点设置的多张图像进行融合，生成一张全聚焦清晰图像，从而实现非聚焦图像的去模糊。

多聚焦图像通常存在非聚焦区域和同质区域（对比度较弱的区域）线索模糊的问题。针对第一个问题，7.2 节设计了联合多级深度监督卷积神经网络[1]。通过结合多层次的视觉独特特征，实现具有自然增强的多聚焦图像融合。针对第二个问题，7.3 节设计了深度蒸馏多聚焦图像融合网络[2]，利用深度图在同质区域中存在丰富的空间位置特征，通过提供深度线索区分聚焦和非聚焦，以实现高精度的多聚焦图像融合。7.4 节对上述方法进行了总结，提出了各种方法的适用场景。

7.2　联合多级深度监督卷积神经网络

7.2.1　方法背景

一般来说，多聚焦图像融合方法可以分为基于空间域的方法和基于变换域的方法。基于空间域的方法能直接在空间域中融合输入图像，关键问题是焦点区域检测。一些代表性的方法包括基于图像梯度的加权核方法[3]、基于表面积的聚焦准则方法[4]、基于 DCNN 的聚焦区域检测方法[5]、基于非局部均值滤波的方法[6]、基于图的视觉显著性方法[7]、基于多尺度结构的焦点测量方法[8]、基于自相似性和深度信息的方法[9]，以及基于对比度显著性、清晰度和结构显著性的方法[10]。这些基于聚焦区域检测的方法可以有效地融合聚焦区域中的信息。然而，如果该区域（如焦点区域）边界包含部分清晰和模糊的信息，则这些方法将错误地生成融合图像。因此，本节提出了一些基于图像分割的方法来提高聚焦区域和非聚焦区域之间的信息融合质量。ZHANG 等人[11]提出了一种多尺度形态学聚焦测量方法来寻找聚焦区域和非聚焦区域之间的边界。DUAN 等人[12]从输入图像中分割对焦区域并将它们合并以生成全对焦图像。LI 等人[13]首先使用形态过滤来粗略分割聚焦区域和非聚焦区域，然后通过图像抠图技术获得精确的聚焦区域。

基于变换域的方法通常分为三个主要的连续步骤，即分解、融合和重构。分解在图像融合中起重要作用。一些代表性的方法包括基于卡通内容和纹理内容的方法[14]、基于小波变换的方法[15]、基于双树复小波变换的方法[16]、基于非下采样轮廓波变换（NSCT）的方法[17]、基于离散余弦变换的方法[18]和基于高阶奇异值分解的方法[19]。这些方法存在一个设计用于合并分解系数的规则，并且已经在这个方向上进行了许多研究[20-21]。最近，基于稀疏表示（SR）的方法已成为合并分解系数领域一个有吸引力的分支。SR 可以通过建立特征和稀疏系数之间的关系来表示图像的显著信息。因此，基于 SR 的方法[22-25]已被证明对于图像融合是有效的。

基于空间域的方法可以准确地融合聚焦区域的信息，而基于变换域的方法可以有效地提取图像特征以准确地融合聚焦区域边界的信息。本节提出了一些结合空间域和变换域的方法，实现了对聚焦区域和聚焦区域边界信息的准确融合。一些有代表性的方法包括多任务 SR 和基于空间上下文的方法[26]、基于两尺度分解和引导滤波的加权平均方法[27]，以及基于 NSCT 和聚焦区域检测的方法[28]。如上所述，无论是空间域还是变换域的多聚焦图像融合方法，特征提取、焦点区域检测和融合规则都是关键因素。在大多数现有的图像融合方法中，这些问题都是手动设计的[29]。手动设计被认为是一项具有挑战性的任务。从某种角度来看，想出一个考虑到所有必要因素的理想设计几乎是不可能的。

DCNN 在各种计算机视觉任务中都提供了破纪录的性能，包括场景理解[30]、行人检测[31]、图像去噪[32]和图像超分辨率[33]。本节所提出的方法没有手动设计复杂的特征提取、聚焦区域检测和融合规则，而是设计了一种用于图像融合的端到端网络，其中特征提取、融合规则和图像重建可以通过学习共同生成 DCNN 模型。"端到端"意味着所提出的方法只需要在输入图像上运行一次即可生成与输入图像具有相同像素分辨率的完整融合图像。与那些基于图像块的卷积神经网络方法（每个像素都分配其封闭块的融合值）相比，本节所提出的端到端网络大大减少了计算和存储的冗余。该方法比手动设计的方法具有更好的鲁棒性，从而提高了较先进的多聚焦图像融合方法的性能。

根据观察，低级特征可以捕获低频内容（如图像幅度），但会损失高频内容（如边缘细节），而高级特征则侧重于高频内容的频率细节，但在低频内容方面受到限制。因此，本节提出了一种先进的模型，其结合低级特征和高级特征来融合多聚焦图像的低频和高频内容，实现了比先进方法更优越的性能。本节将所提出的联合多级深度监督卷积神经网络称为 MLCNN。虽然本节旨在设计一种有效的端到端网络进行多聚焦图像融合，但所提出的 MLCNN 同时对融合图像具有自然增强的作用，从而提高了融合图像的质量，特别是在常见的非聚焦区域（见图 7.2.1）。自然增强有两个方面。一方面，图像融合和增强是通过学习卷积神经网络模型共同生成的，因此不存在手动设计的参数（如增强因子）；另一方面，MLCNN 的真值是由相机直接获得的自然清晰的图像，因此融合和增强的图像具有与自然清晰的图像相似的质量。

本节的主要贡献如下：

（1）首次提出了一种基于卷积神经网络的端到端自然增强多聚焦图像融合方法，在存在常见非聚焦区域、各向异性模糊和失准的情况下，该方法比现有方法具有更优越的性能。

（2）提出了一种基于联合多级特征提取的卷积神经网络。多级特征可以捕获有效融合和增强的低频内容和高频细节。

（3）在端到端卷积神经网络的训练过程中，会同时监督多级输出，以提高图像融合和增强的性能。

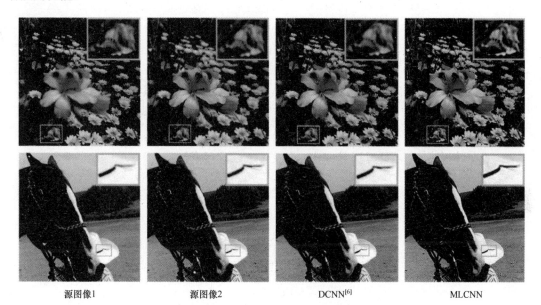

|源图像1|源图像2|DCNN[6]|MLCNN|

图 7.2.1　不同网络的多聚焦图像融合结果

7.2.2　多级深度监督网络模型

本节将介绍用于增强多聚焦图像融合的 MLCNN 体系结构。本节方法基于以下观察：低级特征提取可以捕获低频内容，但是以丢失高频细节为代价，而高级特征提取则专注于高频细节，但当涉及低频内容时会受到限制。这些现象激发了本节使用以下方法来适当地合并不同级别的输出，以便可以提取和融合视觉上最鲜明的特征。图 7.2.2 概述了 MLCNN 体系结构，可以将其进一步分为三个模块：特征提取、特征融合和增强重建。复杂的体系结构增强了图像融合的性能，但使训练更具有挑战性。在训练过程中，重建和输出会同时受到监督（见图 7.2.2），可将中间的融合和增强图像进行组合以获得最终输出。

7.2.2.1　特征提取

基于深度学习的方法不是手动设计用于特征提取的过滤器的，而是从训练数据中自动学习这些过滤器的。本节的特征提取模块由一系列卷积+非线性激活层组成（见图 7.2.2）。每个特征级别可以表示为

$$F_1^d = \max(0, W_1^d * F_1^{d-1} + b_1^d) \tag{7.2.1}$$

$$F_2^d = \max(0, W_2^d * F_2^{d-1} + b_2^d) \tag{7.2.2}$$

式中，F_n^d 为第 n 个输入图像的第 d 级特征图；W_n^d 和 b_n^d 分别为第 n 个输入图像的第 d 级卷积滤波器和偏置。

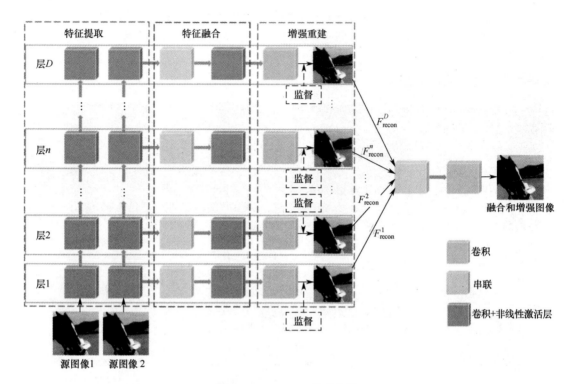

图 7.2.2　MLCNN 体系结构

7.2.2.2　特征融合

给定从输入图像对中提取的特征，对特征的每个级别执行特征融合操作以融合相应级别的特征。特征融合的公式如下：

$$F_{fusion}^d = \max[0, W_{fusion}^d * \mathrm{cat}(F_1^d, F_2^d) + b_{fusion}^d] \qquad (7.2.3)$$

式中，F_{fusion}^d 为第 d 级特征的（$d=1,2,\cdots,D$）融合特征图；W_{fusion}^d 和 b_{fusion}^d 分别为第 d 级特征的卷积滤波器和偏差；$\mathrm{cat}(F_1^d, F_2^d)$ 为输入图像对的第 d 级特征串联生成的双通道特征图。

7.2.2.3　增强重建

如果融合特征图位于图像域中，那么本节的期望增强重建网络就像增强和平均操作一样。如果融合特征图的表示在其他域中，那么可通过增强重建网络的方式先将特征投影到图像域上，再进行增强和平均。无论哪种方式，本节都定义了卷积层来重建和增强融合图像。

$$F_{recon}^d = W_{recon}^d * F_{fusion}^d + b_{recon}^d \qquad (7.2.4)$$

式中，F_{recon}^d 为第 d 级融合特征的重建和增强图像；W_{recon}^d 和 b_{recon}^d 分别为第 d 级融合特征的卷积滤波器和偏差。

图 7.2.3 所示为高级特征图和低级特征图。图 7.2.3（a）所示图像的亮度被保留了，但是边缘细节模糊。图 7.2.3（b）所示图像的边缘细节清晰，但是图像太亮。从伪彩色图中

的放大矩形区域可以看到，高级融合特征的增强效果优于低级融合特征的增强效果。因此，低级特征和高级特征的组合能使最终的融合图像同时包含低频内容和高频细节。

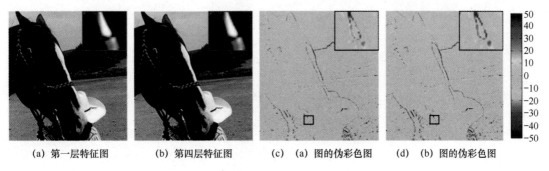

(a) 第一层特征图　　　(b) 第四层特征图　　　(c) (a) 图的伪彩色图　　(d) (b) 图的伪彩色图

图 7.2.3　高级特征图和低级特征图

所有重建和增强图像都被组合到一个多通道特征图中，将多通道特征图馈送到卷积层以获得最终输出（见图 7.2.3）。

$$\hat{Y} = W_{\text{final}} * \text{cat}(F_{\text{recon}}^1, F_{\text{recon}}^2, \cdots, F_{\text{recon}}^D) + b_{\text{final}} \tag{7.2.5}$$

式中，W_{final} 和 b_{final} 分别为最终输出的卷积滤波器和偏置；D 为特征级数。

7.2.2.4　优化

虽然上述操作是通过不同的直觉进行的，但它们都形成了与卷积层相同的形式。本节将上述操作结合起来，形成了一个高级网络 MLCNN。在该网络中，所有滤波权重和偏置都会得到优化。

通过多级深度监督重建，本节有 $D+1$ 个目标可以最小化：监督重建中的 D 输出包括增强和最终输出。对于重建输出，本节具有损失函数

$$L_{\text{recon}}(W', b') = \min \frac{1}{2DN} \sum_{d=1}^{D} \sum_{n=1}^{N} \left\| Y_n - F_{\text{recon}}^d(X_n, X_n'; W', b') \right\|_2^2 \tag{7.2.6}$$

式中，X_n 和 X_n' 为输入图像对；Y_n 为真值；$W' = \{(W_1^d, W_2^d, W_{\text{fusion}}^d, W_{\text{recon}}^d), d = 1, 2, \cdots, D\}$ 和 $b' = \{(b_1^d, b_2^d, b_{\text{fusion}}^d, b_{\text{recon}}^d), d = 1, 2, \cdots, D\}$ 为学习参数集；F_{recon}^d 为从第 d 个融合特征中重建和增强的图像。对于最终输出，本节有

$$L_{\text{final}}(W, b) = \min \frac{1}{2N} \sum_{n=1}^{N} \left\| Y_n - Y'(F_{\text{recon}}^1, F_{\text{recon}}^2, \cdots, F_{\text{recon}}^D; W, b) \right\|_2^2 \tag{7.2.7}$$

式中，$W = \{(W_1^d, W_2^d, W_{\text{fusion}}^d, W_{\text{recon}}^d, W_{\text{final}}), d = 1, 2, \cdots, D\}$；$b = \{(b_1^d, b_2^d, b_{\text{fusion}}^d, b_{\text{recon}}^d, b_{\text{final}}), d = 1, 2, \cdots, D\}$。

因此，最终损失函数 $L(W, b)$ 可以写成

$$L(W, b) = L_{\text{final}}(W, b) + \alpha_t L_{\text{recon}}(W', b') \tag{7.2.8}$$

式中，α_t 用于控制两项之间的平衡。

在训练过程中，为了将第二项主要用作正则化，本节采用与文献[34]相同的策略

$$\alpha_t \leftarrow \alpha_t(1 - t/N) \tag{7.2.9}$$

式中，α_t 随时间 t 衰减；N 为历时总数；t 的初始值设置为 0.4。

7.2.3　模型训练

7.2.3.1　训练数据集

训练数据集来自于两个数据集：第一个使用 YANG 等人[35]的 91 张图像，第二个使用伯克利细分数据集[36]的 200 张图像。为了避免过拟合并进一步提高精度，本书采用旋转技术，获得了由 873 张图像组成的图像集。对于每张图像，先随机裁剪 41 像素×41 像素的小块作为真值。然后采用标准差为 2 且窗口大小为 7 像素×7 像素的高斯滤波器来连续平滑每一个小块，总共 5 次。每次将获得的模糊块和原始块作为输入图像对。在这项研究中，本节总共获得了 1420000 个训练图像对。

7.2.3.2　训练

除非另有说明，否则本节将使用 8 个级别的特征提取，以及 64 个大小为 3×3 的滤波器。另外，本节采用零填充来保留输出特征图的空间大小。训练是通过使用每批次包含 128 个样本的小批量梯度下降法优化回归目标来进行的。卷积层中的所有滤波器均使用 Xavier 方法初始化[37]，这种方法能根据输入神经元和输出神经元的数量自适应地确定初始化规模。将每层的偏差都初始化为 0，学习率设置为 $1×10^{-4}$。在配备 Intel 3.4 GHz CPU 和 GTX1080 GPU 的工作站上，使用 Caffe 软件包[38]对提出的模型进行训练，训练大约需要 24h。

7.2.4　实验

7.2.4.1　定性结果

（1）融合具有完美配准的多聚焦图像：本节使用一对具有完美配准的多聚焦图像来证明所提出方法的有效性。图 7.2.4 所示为从每个融合图像中减去图 7.2.4（a）所示的源图像获得的不同图像的伪彩色图。粗略看，所有融合方法都融合了源图像的聚焦区域。SR、NSCT-SR、GFWE 和 MLCNN 不仅融合了源图像的聚焦区域，还增强了模糊细节，但是 MLCNN 增强的边缘细节最清晰（见图 7.2.4 中的矩形区域）。

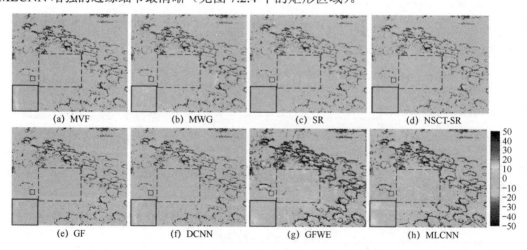

图 7.2.4　从每个融合图像中减去图 7.2.4（a）所示的源图像获得的不同图像的伪彩色图

（2）多聚焦图像配准不正确：本节使用一对配准不正确的多聚焦图像来证明所提出方法的有效性。图 7.2.5 所示为配准不正确的源图像对及通过不同融合方法获得的融合图像。例如，矩形区域和左上角的放大矩形区域，IM、GF、DCNN 和 GFWE 由于未对准而使边缘细节模糊（参考标注矩形区域，以及图像左上角处该区域的放大展示）。

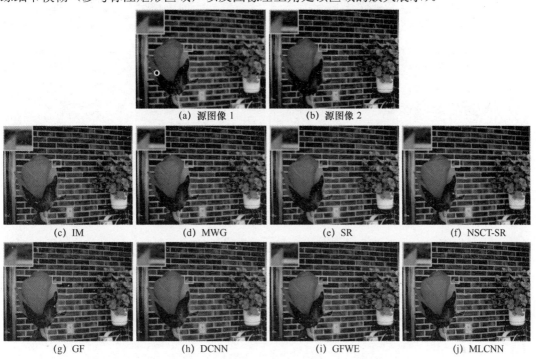

(a) 源图像 1　　　　　　　　　(b) 源图像 2

(c) IM　　　　(d) MWG　　　　(e) SR　　　　(f) NSCT-SR

(g) GF　　　　(h) DCNN　　　　(i) GFWE　　　　(j) MLCNN

图 7.2.5　配准不正确的源图像对及通过不同融合方法获得的融合图像

（3）融合具有公共非聚焦区域的多聚焦图像：本节将证明针对具有公共非聚焦区域的多聚焦图像所提出的 MLCNN 融合方法的优点。图 7.2.6 所示为具有常见非聚焦区域的源图像对及其通过不同融合方法获得的融合图像。当输入图像包含常见的非聚焦区域时，GFWE 和 MLCNN 明显优于其他方法，如实线矩形区域和位于左下角的放大图像所示。GFWE 和 MLCNN 不仅可以融合输入图像的聚焦区域，还能增强模糊细节，但是 MLCNN 融合和增强的图像更自然［见图 7.2.6（i）和（j）］。例如，通过 MLCNN 融合和增强的图像的颜色更接近源图像的颜色，如图 7.2.6（i）和（j）中的虚线矩形区域所示。总之，在所有八种方法中，MLCNN 融合的图像具有最好的视觉质量。

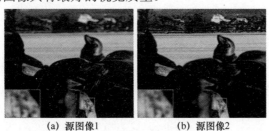

(a) 源图像1　　　　　　　(b) 源图像2

图 7.2.6　具有常见非聚焦区域的源图像对及其通过不同融合方法获得的融合图像

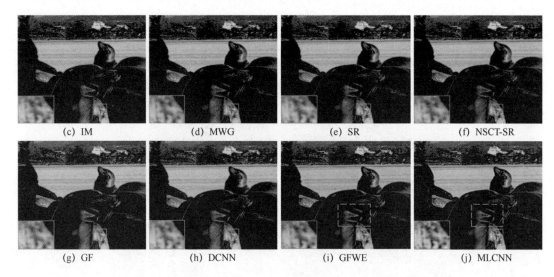

(c) IM　　　　　(d) MWG　　　　　(e) SR　　　　　(f) NSCT-SR

(g) GF　　　　　(h) DCNN　　　　　(i) GFWE　　　　　(j) MLCNN

图 7.2.6　具有常见非聚焦区域的源图像对及其通过不同融合方法获得的融合图像（续）

（4）采用三个数据集中的其他示例：图 7.2.7、图 7.2.8 和图 7.2.9 展示了采用的三个数据集中的其他示例。结果表明，本节所提出方法能够使图像具有良好的融合和增强性能。

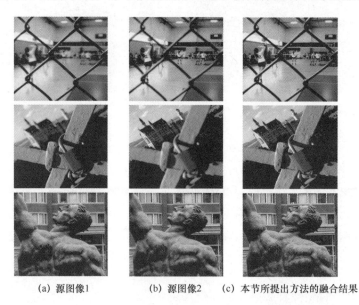

(a) 源图像1　　　　　(b) 源图像2　　　　　(c) 本节所提出方法的融合结果

图 7.2.7　在 MFIWPR 数据集中具有完美配准的其他三个图像对的融合结果

7.2.4.2　定量评估

本节先简要介绍采用的评估指标，再公布详细的定量结果。

评估指标：到目前为止，已经有相关研究提出了一些用于多聚焦图像融合的客观性能指标，即基于边缘信息的指标[39]和基于信息论的指标[40]。但是，这些指标仅能测量融合图像与每个源图像的相似程度，或源图像包含的显著信息在融合图像中保留的程度。它们通常忽略了每个源图像和融合图像之间的边缘细节和对比度变化。为了突出图像融合同时增强边缘细节和对比度，本节采用三个指标来评估所提出方法。采用基于对比度增强和图像融合（CEIF）的指标[41]来评估图像融合和对比度增强。对于融合图像的边缘细节和对比度增强的性能，采用模糊度线性指数（LIF）[42]、平均梯度（AG）[43]、均方差（MSD）和灰度差（GLD）来评估。其中，AG 和 MSD 的计算方式和含义请参照 1.3.2 节。

(a) 源图像1　　　　　(b) 源图像2　　　　　(c) 本节所提出方法的融合结果

图 7.2.8　在 MFIWMR 数据集中未对齐的其他四个图像对的融合结果

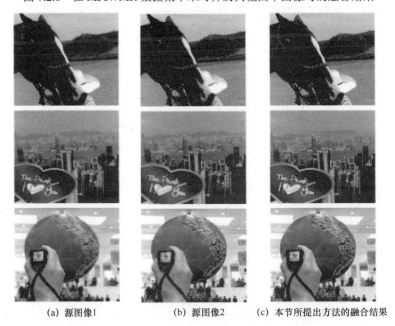

(a) 源图像1　　　　　(b) 源图像2　　　　　(c) 本节所提出方法的融合结果

图 7.2.9　在 MFIWCUA 数据集中具有常见非聚焦区域的其他四个图像对的融合结果

（1）CEIF：采用的 CEIF 指标定义为

$$\text{CEIF} = \frac{1}{M} \sum_{(x,y) \in \tilde{\Omega}} S(x,y) \cdot O(x,y) \qquad (7.2.10)$$

式中，$S(x,y)$ 和 $O(x,y)$ 分别为在 (x,y) 位置的边缘强度增长和边缘方向重合。

$$S(x,y) = \begin{cases} \dfrac{1}{1+\exp\left\{-k\left[\dfrac{\overline{s}_F(x,y)-\overline{s}_A(x,y)}{\overline{s}_F(x,y)+\overline{s}_A(x,y)}\right]\right\}}, & \text{if } \overline{s}_A(x,y) > \overline{s}_B(x,y) \\[3em] \dfrac{1}{1+\exp\left\{-k\left[\dfrac{\overline{s}_F(x,y)-\overline{s}_B(x,y)}{\overline{s}_F(x,y)+\overline{s}_B(x,y)}\right]\right\}}, & \text{其他} \end{cases} \qquad (7.2.11)$$

其中

$$\overline{s}_i(x,y) = \frac{\sqrt{e_i^x(x,y)^2 + e_i^y(x,y)^2}}{s_{\max}}, \quad i \in \{A,B,F\} \qquad (7.2.12)$$

并且

$$O(x,y) = \begin{cases} \cos^2\left[|o_F(x,y)-o_A(x,y)|\right], & \text{if } \overline{s}_A(x,y) > \overline{s}_B(x,y) \\ \cos^2\left[|o_F(x,y)-o_B(x,y)|\right], & \text{其他} \end{cases} \qquad (7.2.13)$$

这里

$$o_i(x,y) = \tan^{-1}\left(\frac{e_i^y(x,y)}{e_i^x(x,y)}\right), \quad i \in \{A,B,F\} \qquad (7.2.14)$$

在式（7.2.12）～式（7.2.14）中，A 和 B 为两个源图像；F 为融合图像；$e_i^x(x,y)$ 和 $e_i^y(x,y)$ 为有向 Sobel 边缘算子的两个滤波图像，分别包含 x 方向和 y 方向的边缘分量；常数 k 决定了 sigmoid 函数的形状，并且在所有实验中均设置为 5。CEIF 值越大，表示对比度增强及保留源图像中的主要特征的性能越好。

（2）LIF：对于给定的 $M \times N$ 图像 I，它的 LIF 定义为

$$\text{LIF} = \frac{2}{MN} \sum_{m=1}^{M} \sum_{n=1}^{N} \min\{p_{mn}, (1-p_{mn})\} \qquad (7.2.15)$$

$$p_{mn} = \sin\left\{\frac{\pi}{2} \times \left[1 - \frac{I(m,n)}{I_{\max}}\right]\right\} \qquad (7.2.16)$$

式中，$I(m,n)$ 为图像 I 中像素 (m,n) 的灰度值；$I_{\max}$ 为图像 I 的最大灰度值。

LIF 值越小意味着给定图像的对比度增强越好。

（3）GLD：聚焦图像比非聚焦图像具有更清晰的边缘细节，也就是说，聚焦图像具有更多的高频分量，因此 GLD 可以用作聚焦评估的主要成分。

$$\text{GLD} = \frac{1}{(M-1)(N-1)} \sum_{m=1}^{M-1} \sum_{n=1}^{N-1} \times |I(m,n)-I(m+1,n)| + |I(m,n)-I(m,n+1)| \qquad (7.2.17)$$

GLD 值越大，表示图像的边缘细节越清晰。

定量结果：表 7.2.1 所示为在 MFIWCUA 数据集上 SBN、SN、PSN 和 MLCNN 的质量

指标。表 7.2.2、表 7.2.3 和表 7.2.4 显示了三种类型的源图像的定量结果。从这些表中可以看出，就所有采用的评估指标而言，MLCNN 在三个数据集上的性能均明显优于其他竞争方法。总之，不进行增强的图像融合会导致融合结果的评价指标值降低。值得注意的是，CEIF 用于全面评估边缘细节增强效果及源图像中主要特征的保留。表 7.2.2 和表 7.2.3 所示分别为在 MFIWPR 数据集和 MFIWMR 数据集的五个图像对上不同图像融合方法的质量指标。MFIWPR 数据集和 MFIWMR 数据集通常包含带有补充聚焦信息的源图像。由于源图像中主要特征的良好保留，尽管 MLCNN 融合图像的视觉效果最佳，但表 7.2.2 和表 7.2.3 中的 IM、MWG、NSCT-SR 和 DCNN 的 CEIF 值有时高于 MLCNN 的 CEIF 值。表 7.2.4 所示为在 MFIWCUA 数据集的五个图像对上不同图像融合方法的质量指标。由于 MFIWCUA 数据集通常包含具有常见非聚焦区域的源图像，因此公共非聚焦区域的增强对 CEIF 的贡献更大，有效增强了常见非聚焦区域边缘细节的效果，表 7.2.4 中 MLCNN 的 CEIF 效果最好。

表 7.2.1　在 MFIWCUA 数据集上 SBN、SN、PSN 和 MLCNN 的质量指标

指标	SBN	SN	PSN	MLCNN
GLD	8.2172	9.1571	12.6528	15.1018
MAD	6.3847	9.6951	11.1305	7.3258

表 7.2.2　在 MFIWPR 数据集的五个图像对上不同图像融合方法的质量指标

序号	指标	IM	MWG	SR	NSCT-SR	GF	DCNN	GFWE	MLCNN
1	AG	11.4768	11.4110	11.3578	11.5687	11.4179	11.4020	11.8887	13.1836
	LIF	0.3414	0.3419	0.3451	0.3439	0.3412	0.3418	0.3302	0.3308
	CEIF	0.3672	0.4374	0.3740	0.3522	0.4303	0.4333	0.4457	0.4141
	MSD	0.1406	0.1405	0.1405	0.1417	0.1409	0.1405	0.1416	0.1496
	GLD	20.4293	20.5068	20.2099	20.4885	20.2619	20.3275	21.0925	23.8497
2	AG	5.1488	5.1326	4.9046	5.0615	5.1024	5.0905	5.3012	6.1640
	LIF	0.3971	0.3970	0.4033	0.4012	0.3974	0.3969	0.3756	0.3974
	CEIF	0.2529	0.2520	0.2560	0.2586	0.2514	0.2493	0.2529	0.2537
	MSD	0.0804	0.0805	0.0794	0.0801	0.0804	0.0803	0.0790	0.0812
	GLD	9.1461	9.1012	8.7027	8.9850	9.0637	9.0506	9.4050	10.8719
3	AG	6.2237	5.9905	6.0935	6.3656	6.1797	6.1037	6.4634	7.9016
	LIF	0.5224	0.5283	0.5231	0.5176	0.5185	0.5180	0.5269	0.5142
	CEIF	0.3649	0.3539	0.3448	0.3534	0.3470	0.3421	0.3409	0.3328
	MSD	0.1038	0.1024	0.1027	0.1051	0.1043	0.1050	0.1031	0.1073
	GLD	11.9035	11.5174	11.6788	12.2064	11.8450	11.7032	12.3905	15.1012
4	AG	6.0944	5.2600	5.9127	6.0410	6.0039	5.9602	6.2741	7.5812
	LIF	0.4077	0.4076	0.4129	0.4114	0.4086	0.4087	0.4024	0.4079
	CEIF	0.4146	0.3455	0.4179	0.4315	0.4158	0.4148	0.4180	0.4156
	MSD	0.1136	0.1130	0.1130	0.1133	0.1135	0.1133	0.1101	0.1147
	GLD	9.9537	8.4328	9.6620	9.8771	9.8043	9.7447	10.2387	12.4835

（续表）

序号	指标	IM	MWG	SR	NSCT-SR	GF	DCNN	GFWE	MLCNN
	AG	10.1780	9.9979	10.0074	10.1671	10.1535	10.1301	10.5751	11.9847
	LIF	0.4150	0.4175	0.4173	0.4159	0.4162	0.4162	0.3993	0.4055
5	CEIF	0.3964	0.4056	0.4054	0.4018	0.3980	0.3955	0.4064	0.4608
	MSD	0.0916	0.0912	0.0920	0.0922	0.0919	0.0917	0.0910	0.0962
	GID	16.6116	16.3041	16.3610	16.6624	16.5678	16.5313	17.2682	19.7363

表 7.2.3　在 MFIWMR 数据集的五个图像对上不同图像融合方法的质量指标

序号	指标	IM	MWG	SR	NSCT-SR	GF	DCNN	GFWE	MLCNN
	AG	7.0311	6.8594	6.7555	6.9703	6.9989	6.9885	7.3254	8.0396
	LIF	0.4774	0.5145	0.5159	0.5016	0.5093	0.5089	0.4823	0.4767
1	CEIF	0.3866	0.4777	0.3503	0.3692	0.3836	0.3848	0.4035	0.4462
	MSD	0.0593	0.0597	0.0591	0.0599	0.0594	0.0594	0.0603	0.0637
	GLD	12.7312	12.4841	12.2402	12.6634	12.6836	12.6489	13.2908	14.6552
	AG	6.0156	5.5002	5.7260	5.9288	5.8949	5.9290	6.1453	7.6163
	LIF	0.6048	0.6012	0.6107	0.6065	0.6050	0.6032	0.6048	0.6004
2	CEIF	0.3712	0.3680	0.3364	0.3586	0.3665	0.3709	0.3840	0.4471
	MSD	0.0777	0.0778	0.0758	0.0769	0.0775	0.0779	0.0767	0.0781
	GLD	10.3785	9.4278	9.8818	10.2579	10.1787	10.2407	10.6263	13.1255
	AG	5.6450	5.7781	5.5738	5.8046	5.7840	5.7229	6.0029	6.8548
	LIF	0.5981	0.5953	0.5988	0.5949	0.6015	0.5955	0.5945	0.5928
3	CEIF	0.3559	0.3711	0.3437	0.3751	0.3679	0.3705	0.3763	0.3249
	MSD	0.1842	0.1890	0.1865	0.1871	0.1836	0.1885	0.1778	0.1877
	GLD	9.0439	9.3711	8.9785	9.3178	9.2174	9.2453	9.5866	11.1320
	AG	5.4689	5.3613	5.3786	5.5272	5.4847	5.4951	5.7031	8.0499
	LIF	0.5363	0.5298	0.5362	0.5348	0.5339	05326	0.5449	0.6006
4	CEIF	0.3725	0.3685	0.3483	0.3713	0.3681	0.3722	0.3703	0.3223
	MSD	0.1498	0.1516	0.1492	0.1496	0.1500	0.1504	0.1456	0.1531
	GLD	6.8715	6.5438	6.7236	6.9860	6.9090	6.9332	7.1884	10.3416
	AG	3.7964	3.8148	3.7757	3.9861	3.8543	3.8230	4.0281	5.0686
	LIF	0.5628	0.5623	0.5643	0.5648	0.5618	0.5618	0.5629	0.5633
5	CEIF	0.3341	0.3375	0.3159	0.3408	0.3248	0.3372	0.3176	0.3226
	MSD	0.0736	0.0737	0.0726	0.0732	0.0737	0.0736	0.0717	0.0746
	GID	7.4562	7.4706	7.1568	7.5250	7.3435	7.4277	7.6664	9.5068

表 7.2.4　在 MFIWCUA 数据集的五个图像对上不同图像融合方法的质量指标

序号	指标	IM	MWG	SR	NSCT-SR	GF	DCNN	GFWE	MLCNN
	AG	4.8640	4.8458	4.6465	4.8500	4.8543	4.8554	5.0654	6.2958
	LIF	0.3502	0.3489	0.3515	0.3502	0.3497	0.3496	0.3470	0.3468
1	CEIF	0.3654	0.3605	0.3359	0.3619	0.3662	0.3679	0.3600	0.3169
	MSD	0.0942	0.0945	0.0940	0.0945	0.0943	0.0943	0.0915	0.0961
	GLD	9.6891	9.6679	9.2655	9.6710	9.6737	9.6737	10.0972	12.4715

（续表）

序号	指标	IM	MWG	SR	NSCT-SR	GF	DCNN	GFWE	MLCNN
2	AG	6.1218	5.6710	5.9487	6.1093	6.0959	6.0794	6.3425	7.4903
	LIF	0.4176	0.4201	0.4180	0.4174	0.4170	0.4171	0.4219	0.4141
	CEIF	0.4345	0.4009	0.4290	0.4374	0.4350	0.4336	0.4355	0.4852
	MSD	0.1161	0.1162	0.1162	0.1164	0.1164	0.1163	0.1123	0.1179
	GLD	10.8527	9.9733	10.5385	10.8295	10.8128	10.7872	11.2523	13.0744
3	AG	4.5335	4.4437	4.3350	4.5281	4.5040	4.5080	4.7038	6.0502
	LIF	0.5241	0.5241	0.5258	0.5239	0.5234	0.5233	0.4971	0.5175
	CEIF	0.3493	0.3437	0.3244	0.3465	0.3450	0.3502	0.3358	0.4049
	MSD	0.0729	0.0729	0.0729	0.0733	0.0732	0.0731	0.0719	0.0780
	GLD	7.9032	7.7231	7.5279	7.8771	7.8344	7.8437	8.1864	10.5751
4	AG	8.1122	8.0771	7.9388	8.0491	8.0414	8.0242	8.3384	10.2903
	LIF	0.5484	0.5481	0.5532	0.5512	0.5488	0.5486	0.5147	0.5401
	CEIF	0.4227	0.4287	0.4144	0.4212	0.4190	0.4186	0.4229	0.4633
	MSD	0.0875	0.0875	0.0867	0.0873	0.0873	0.0873	0.0861	0.0916
	GLD	14.1472	14.0848	13.8438	14.0481	14.0205	13.9887	14.5274	18.1124
5	AG	9.5735	9.5295	9.4140	9.5380	9.5313	9.5162	9.8591	12.0115
	LIF	0.4430	0.4432	0.4477	0.4447	0.4430	0.4428	0.4649	0.4376
	CEIF	0.4137	0.4109	0.4053	0.4044	0.4098	0.4097	0.4079	0.4401
	MSD	0.1185	0.1184	0.1164	0.1175	0.1183	0.1184	0.1157	0.1205
	GlD	16.9048	16.8247	16.6233	16.8468	16.8395	16.8187	17.4243	21.2756

7.2.4.3　消融研究

本节将对提出的模块进行详细分析，MLCNN 可以看作对 PSN 的一种扩展。MLCNN 结合了多级特征，而 PSN 可以视为 MLCNN 的高级特征。为了证明设计的优越性，本节给出了 SN、PSN 和 MLCNN 评估指标。SN 和 PSN 中的层数（8 层）与 MLCNN 中的层数相同，并且其他超参数均相同。SN、PSN 和 MLCNN 在 MFIWPR 数据集、MFIWMR 数据集和 MFIWCUA 数据集上的平均质量指标如表 7.2.5 所示。就所有评估指标而言，MLCNN 的性能均优于 SN 和 PSN。结果表明，结合多级特征可以提高图像融合和对比度增强的性能。

表 7.2.5　SN、PSN 和 MLCNN 在 MFIWPR 数据集、MFIWMR 数据集和 MFIWCUA 数据集上的平均质量指标

指标	SN	PSN	MLCNN
AG	6.1791	6.5362	8.3058
LIF	0.4903	0.4861	0.4765
CEIF	0.3669	0.3704	0.3903
MSD	0.1026	0.1018	0.1071
GLD	11.8573	12.6081	14.4316

7.3 深度蒸馏多聚焦图像融合网络

7.3.1 方法背景

虽然多聚焦图像融合方法取得了巨大进展，但在面对同质区域时仍然面临着挑战（见图 7.3.1 中的矩形框）。由于同质区域是平滑区域，几乎没有任何纹理信息 [见图 7.3.1（a）、（b）、（g）、（h）]，因此同质区域缺乏用于区分它们是聚焦区域还是非聚焦区域的模糊线索。这给现有的 MFIF 方法带来了巨大挑战。CNNF 和 GACN 未能正确处理那些具有不同程度误判的同质区域（矩形框）[见图 7.3.1（d）、（e）、（j）、（k）]。

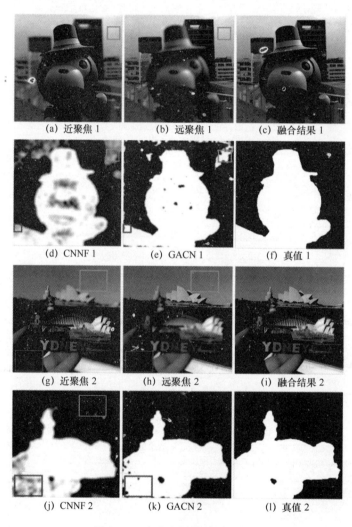

(a) 近聚焦 1	(b) 远聚焦 1	(c) 融合结果 1
(d) CNNF 1	(e) GACN 1	(f) 真值 1
(g) 近聚焦 2	(h) 远聚焦 2	(i) 融合结果 2
(j) CNNF 2	(k) GACN 2	(l) 真值 2

图 7.3.1　多聚焦图像融合的挑战

本节利用深度信息作为额外的线索来解决上述问题。事实上，聚焦区域或非聚焦区域的生成与深度密切相关。以近聚焦成像（前景清晰、背景模糊）为例，通常使用薄透镜模型[44-45]来阐明离焦和深度之间的关系，如图 7.3.2（a）所示。对于位于相似深度范围（在聚焦平面 d_f 处）的目标 1，异质区域和同质区域中的每个场景点都会在通过镜头后，收敛到传感器的对应点位上。相反，位于相似深度范围之外的目标 2 将投射多个带有模糊圆 S 的传感器点并出现非聚焦。事实上，随着物体和镜头之间的距离（深度 d）的增加，非聚焦量（模糊圆 S）也会增加。模糊圆 S 的大小与深度 d 之间的关系可以表示为

$$S = 2rs\left(\frac{1}{f} - \frac{1}{d} - \frac{1}{s}\right) \tag{7.3.1}$$

式中，r 为镜头半径；f 为镜头焦距；s 为从镜头到传感器的距离。由于 r、f 和 s 是相机参数，因此深度 d 和模糊圆 S 之间的响应近似线性。

对于异质区域，有明显的模糊线索可以推断聚焦/非聚焦属性 [见图 7.3.2（b1）、（b2）]。因此，现有方法可以很好地处理异质区域 [见图 7.3.3（c）～（e）]。对于同质区域，图 7.3.2（b3）和（b4）所示分别来自聚焦区域和非聚焦区域，几乎没有任何纹理信息，导致视觉差异不明显。这给现有方法带来了很大的挑战。例如，图 7.3.3（c）～（e）所示的方框，因此这些方法无法处理同质区域。

对于同质区域，多聚焦图像缺乏明显的模糊线索来区分聚焦/非聚焦属性，但深度图能提供额外的线索来区分聚焦/非聚焦属性。更关键的是，深度信息具有对同质区域的位置辨别的优势，这为学习如何预测聚焦区域和非聚焦区域提供了强大的支持 [见图 7.3.2（c）]。从深度图的角度来看，具有相似深度的区域可能是聚焦区域/非聚焦区域的一部分。以图 7.3.2（c）为例，由于异质区域和同质区域中具有相同的深度，因此它们会被正确识别为焦点区域。图 7.3.2（c）右侧的两个方框区域，对应图 7.3.2（b3）、（b4）的同质区域，不同的深度为分类提供了强先验。由图 7.3.3（f）可知，与其他方法相比，D2MFIF 利用深度信息的模型可以提高对同质区域辨别的性能，从而生成更高精度的决策图。各种类型融合方法的基本流程如图 7.3.4 所示。

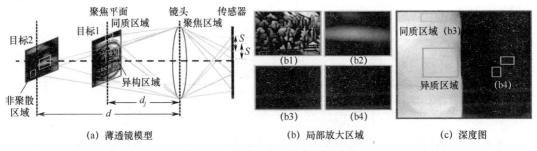

图 7.3.2　深度与非聚焦之间的关系

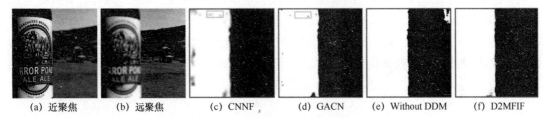

图 7.3.3　不同方法生成的决策图的比较

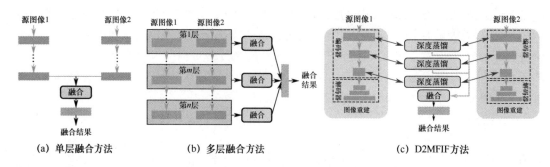

(a) 单层融合方法　　　　　(b) 多层融合方法　　　　　(c) D2MFIF方法

图 7.3.4　各种类型融合方法的基本流程

　　虽然同质区域缺乏区分性的外观，但相应的深度信息为识别同质区域提供了强大的位置先验。因此，本节采用深度线索来降低对同质区域的误判概率。一种方法是通过特征融合策略来整合深度线索。然而，该策略在测试阶段依赖于深度图，这限制了其实际应用，所以通过深度蒸馏来利用深度线索。一方面，深度信息可以逐渐提炼到融合网络中，从而利用丰富的空间位置特征来帮助融合网络准确区分同质区域。另一方面，深度线索通过蒸馏被视为辅助知识，在测试过程中可以丢弃。

　　基于上述分析，本节提出了一种深度蒸馏多聚焦图像融合（D2MFIF）。具体来说，本节设计了一个深度蒸馏模型（DDM）来保证决策图和深度图之间的一致性，以便可以在决策图中正确地处理同质区域。为了进一步提高 MFIF 性能，本节提出了利用多级深度蒸馏决策图融合机制来改进最终预测。由于所提出的模型基于深度蒸馏，因此消除了实际应用中对深度图的依赖。

　　具体来说，本节的贡献如下：

　　（1）本节尝试通过深度学习框架利用深度线索来增强 MFIF 任务，其中深度图被当作同质区域辨别的可靠定位线索。

　　（2）本节提出了 D2MFIF。其中，多级 DDM 被设计用于自适应地将深度知识转移到 MFIF 中。本节方法在测试阶段独立于深度图。

　　（3）本节定性和定量地评估了本节方法，证明了本节方法优于先进的 MFIF 方法。

7.3.2　深度蒸馏多聚焦图像融合框架

　　本节结合图像深度信息，提出了一种集成 D2MFIF 网络。在 D2MFIF 网络中，DDM 旨在将深度知识自适应地转移到 MFIF 任务中，以逐步提高 MFIF 性能。此外，多级融合机制旨在整合来自中间输出的多级决策图，以提升融合性能。本节所提出的 D2MFIF 框架的概述如图 7.3.5 所示，它由三个主要部分组成。首先通过构建 DDM 来传递深度知识以辅助决策图生成，然后多级决策图融合模式用于组合 DDM 的多级中间输出，最后生成决策图预测。此外，采用辅助任务重建有利于源图像的特征表示。

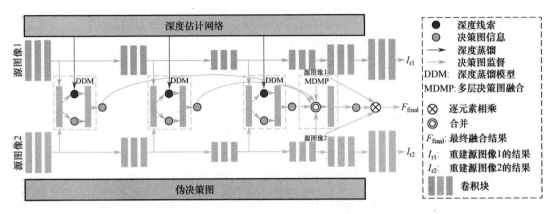

图 7.3.5　本节所提出的 D2MFIF 框架的概述

7.3.2.1　深度蒸馏模型

受知识蒸馏的启发，本节旨在通过使用预训练网络作为深度知识蒸馏的教师网络来设计一个 DDM。深度估计网络被用作将具有定位线索的深度知识传输到 DDM 的第一个流。本质上，这是通过强制深度估计网络的深度预测与中间输出之间的一致性来实现的。通过一致性，逐渐区分聚焦区域和非聚焦区域，特别是在同质区域中补充定位信息。此外，虽然深度流能为同质区域推断出额外的位置线索，但深度图中不令人满意的背景可能会带来负面影响。为了确保在不从深度图中引入不希望的背景的情况下生成可靠的决策图，本节设计了第二个流以在深度蒸馏期间抑制深度流。具体来说，可采用伪决策图作为第二个流来指导决策图的生成。因此，在这两种流的影响下，伪决策图和深度图之间的补偿可以区分背景和同质区域，从而确保决策图在具有挑战性的场景中具有高稳定性。这样，深度蒸馏方案就可以实现将深度知识转移到 MFIF 任务中，以进行同质区域识别，避免不可靠的信息。由于深度蒸馏机制独立于测试期间的深度预测，因此本节设计了如图 7.3.6 所示的 DDM。

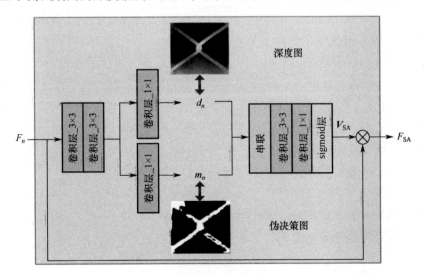

图 7.3.6　DDM

首先，在内核大小为 3×3 的两个卷积层之后，分离出两个侧分支，分别用于深度信息传递和伪决策图监督。对于每个分支，通过 1×1 的卷积层，本节可以获得侧输出 d_n 和 m_n。上述描述可以表示为

$$d_n = \text{Conv}[\text{Conv}^2(F_n)], m_n = \text{Conv}[\text{Conv}^2(F_n)] \qquad (7.3.2)$$

式中，F_n 为从多层 n 输入到 DDM 的特征输入。

然后，分别采用预训练网络 R_1 和模型 R_2 进行深度蒸馏和伪决策图监督。R_1 是一个使用来自互联网的不同数据训练的单视图深度预测网络，它可以以高精度和对新场景的普遍性来预测深度图。R_2 是一个 MFIF 模型，采用密集尺度不变特征变换（SIFT）进行活动水平测量，通过特征匹配和局部焦点测量比较来细化决策图。将 R_1 和 R_2 的输出大小调整为与 d_n 和 m_n 相同的大小。总之，深度蒸馏方案可以定义为

$$L_n = \text{MSE}\{d_n, \text{Resize}[R_1(I_1)]\} + \text{MSE}\{m_n, \text{Resize}[R_2(I_1, I_2)]\} \qquad (7.3.3)$$

式中，MSE 为均方误差；I_1 和 I_2 为近焦图像和远焦图像；Resize 为调整图像大小的操作。通过最小化损失 L_n，DDM 允许 d_n 学习具有同质区域可辨别信息的深度线索，以补充决策图，而 m_n 被迫响应焦点区域。

最后，如何有效地结合从这两个流中学习到的深度信息 d_n 和焦点线索 m_n 用于最终的决策图预测，仍然是一个有待解决的问题。因此，本节采用特征注意机制来实现深度蒸馏和伪决策图监督的结合。具体来说，特征注意机制是一种放大有价值的特征信道和抑制噪声信道的策略，使其能够重新校准通道级的特征响应。深度信息 d_n 和焦点线索 m_n 先用级联操作 $F_{dm} = \text{Cat}(d_n, m_n)$ 合并，再用 ReLU，一个全卷积和一个 sigmoid 层进行卷积，本节可以得到一组向量 $V_{SA} = \text{sigmoid}\{\text{Conv}[\text{Conv}(F_{dm})]\}$，其中包含焦点区域的重要信息。因此可以通过激活特征来获得空间注意力特征。

$$F_{SA} = F_n \times V_{SA}^n \qquad (7.3.4)$$

式中，V_{SA}^n 为多级 n 的注意力向量；× 为通道乘法。

本节可以通过两个卷积层和一个 sigmoid 层操作获得中间决策图 D_n 的输出

$$D_n = \text{sigmoid}\{\text{Conv}[\text{Conv}(F_{SA})]\} \qquad (7.3.5)$$

7.3.2.2　多层决策图融合

特征层与焦点信息高度相关。多层特征集成有可能改善最终预测。因此，本节设计了多级决策图融合机制。为了充分利用多级特征，首先在 DDM 的所有中间输出上采样到相同的分辨率，然后通过级联进行组合及研究以生成最终决策图。源图像 I_n 进一步与中间决策图 D_n 集成，并通过级联操作传递到多级融合模型中，以生成集成特征 F_{DI}。这个过程可以表示为

$$F_{DI} = \text{Cat}[D_1, \text{Upsample}(D_2), \cdots, \text{Upsample}(D_n), I_n] \qquad (7.3.6)$$

采用两个卷积层和一个 sigmoid 层得到最终的决策图 D_{final} 如下：

$$D_{final} = \text{sigmoid}\{\text{Conv}[\text{Conv}(F_{DI})]\} \qquad (7.3.7)$$

最终，融合结果表示为

$$F_{final} = I_1 \otimes D_{final} + I_2 \otimes (1 - D_{final}) \qquad (7.3.8)$$

式中，$\otimes$ 代表逐元素相乘。

7.3.2.3　图像重建辅助任务

重要特征提取是提升融合性能的前提。MFIF 中真值的缺少全面阻碍了特征提取。本节设计了一个图像重建辅助任务来辅助重要特征提取。图像重建辅助任务旨在从源图像中提取具有代表性的特征，这些特征足以从提取的特征中恢复源图像。特别是，使用源图像 I_n 作为真值，以避免额外标签的要求。图像重建网络是基于编解码器结构的。编码器包含 3 个卷积模块，解码器包含 3 个相应的反卷积模块。辅助损失 L_r 定义如下：

$$L_r = \mathrm{MSE}(I_n, I_{r_n}) \tag{7.3.9}$$

式中，I_{r_n} 为第 n 个重建的输出。

7.3.2.4　优化

模型的优化包括两个阶段：训练图像重建网络和训练 D2MFIF 网络。首先本节通过优化上述公式来训练图像重建网络，然后固定图像重建网络的编码器参数，训练 D2MFIF 网络。D2MFIF 网络的损失函数由三部分组成：深度蒸馏损失和伪决策图监督损失，即 L'；监督中间决策图 D_n 的损失，即 L''；监督最终决策图的损失，即 L'''。具体来说，L' 表示为

$$L' = \sum_{n=1}^{N} L_n \tag{7.3.10}$$

式中，L_n 为特征级别的数量。L'' 是由式（7.3.11）计算得到的

$$L'' = \sum_{n=1}^{N} \mathrm{MSE}\{D_n, \mathrm{Resize}[R_2(I_1, I_2)]\} \tag{7.3.11}$$

式中，D_n 为第 n 个中间决策图；$R_2(I_1, I_2)$ 为模型 R_2 的伪决策映射输出。

L''' 是由式（7.3.12）计算得到的

$$L''' = \mathrm{MSE}\{G(F_{\mathrm{final}}), \mathrm{Max}[G(I_1), G(I_2)]\} \tag{7.3.12}$$

式中，$G(\cdot)$ 表示梯度运算。

多聚焦图像融合的最终感知损失为

$$L_{\mathrm{final}} = L' + L'' + L''' \tag{7.3.13}$$

7.3.3　模型训练

本节在包含 120 个图像对的 MFI-WHU 数据集 1 上训练 D2MFIF 网络。MFI-WHU 数据集是通过模拟运算得到的。具体地，对于近聚焦图像模拟，手动选择一个或多个目标区域作为聚焦区域，而剩余的被模糊化处理作为非聚焦区域。反之，对于相应的远聚焦图像模拟，一个或多个目标区域被模糊化处理作为非聚焦区域，而其余的区域被视为聚焦区域。事实上，这个模拟过程并不符合理论成像过程［见图 7.3.2（a）］。因此，对于一些模拟图像对，深度图可能与非聚焦无关。深度图和焦点图的不一致会导致决策图令人不满意。所以本节仅选择非聚焦与深度近似线性的模拟图像。最后采用 MFI-WHU 数据集中的总共 80 个图像对进行训练。为了增加训练样本，本节在训练数据集上实现了翻转、裁剪和旋转，总共获得了 5120 个大小为 320 像素×320 像素的 patch 用于训练。Lytro 数据集包含 20 个

图像对和其他 8 个图像对,用作测试集来验证性能。

该网络是在 PyTorch 框架上使用 GTX1080TI GPU 实现的。本节模型包括从源图像中提取特征和生成决策图。为了使用小数据集有效地训练该模型,本节实施了分阶段训练策略。首先训练图像重建网络以自监督的方式提取特征,然后通过深度蒸馏进一步构建决策图以生成网络。

因此,本节分别优化了特征提取和决策图生成的模型参数,降低了对大型训练集的需求,并随机初始化参数,采用 Adam[46]优化器,将学习率设置为 1×10^{-4},批量大小为 1,动量值为 0.9,权重衰减为 5×10^{-3}。

7.3.4　实验

7.3.4.1　消融研究

为了更全面地理解本节方法,可通过调整本节方法的不同组成部分来进行消融研究,包括深度蒸馏机制、DDM 预训练深度网络、多级决策图融合结构、梯度域约束与多任务学习和不同训练策略等。

(1)深度蒸馏机制的有效性。本节引入 DDM 来传递具有定位线索的深度知识,从而为同质区域提供具有判别特征的补充定位信息。为了验证所提出的深度蒸馏机制的有效性,本节设计了一种去除 DDM 的变体(D2MFIF w/o DDM)。图 7.3.7 所示为分别由 D2MFIF w/o DDM 和 D2MFIF 生成的视觉比较。显然,D2MFIF w/o DDM 生成的决策图更准确地显示了焦点对象的位置信息。对于同质区域,如地板和金属丝网的交界处〔见图 7.3.7(c)的第一行〕、天空〔见图 7.3.7(c)的第二行〕,D2MFIF 不使用 DDM 会出现误判,而本节使用 DDM 取得了很好的效果〔见表 7.3.1〕。本节可以观察到深度蒸馏机制在提高 MFIF 的准确性方面发挥了有效作用,并进一步证明了 DDM 在其他两个具有挑战性的数据集上的有效性。具体来说,SS-数据集和 PC-数据集包含成对的近焦图像和远焦图像,其中复杂的场景使区分均匀区域变得更加困难。深度蒸馏机制的有效性如表 7.3.1 所示,深度蒸馏机制可以较大程度地提高 MFIF 的精度。

(a) 近聚焦　　　　(b) 远聚焦　　　　(c) Without DDM　　　　(d) 本节方法

图 7.3.7　分别由 D2MFIF w/o DDM 和 D2MFIF 生成的视觉比较

表 7.3.1　深度蒸馏机制的有效性

数据集	方法	AG	EN	GLD	MI	SF	VIFF
Lytro 数据集	D2MFIF w/o DDM	8.187	7.528	15.014	15.070	0.076	0.968
	D2MFIF	8.204	7.529	15.041	15.072	0.076	0.970
SS-数据集	D2MFIF w/o DDM	9.538	7.363	17.385	14.728	0.083	0.629
	D2MFIF	10.291	7.368	18.682	14.738	0.089	0.631
PC-数据集	D2MFIF w/o DDM	9.159	7.248	15.848	14.505	0.081	0.952
	D2MFIF	10.043	7.260	17.405	14.529	0.088	0.963

（2）DDM 预训练深度网络的选择。本节选择深度估计网络[47]，即 MegaDepth 作为生成深度预测的教师网络，将带有定位线索的深度知识传递给 DDM。为了研究预训练深度网络选择的影响，本节采用另一个深度估计网络[48]作为教师网络，即 MiDaSDepth 进行深度传输。Lytro 数据集上 DDM 预训练深度网络的选择如表 7.3.2 所示。MiDaSDepth 在 EN、MI 和 SF 方面实现了可比性能，而其 AG 和 GLD 的值较高。一方面，这表明 DDM 可以带来可观的性能提升；另一方面，这也表明深度估计网络可能会轻微影响融合性能。这样，用户可以灵活地选择更合适的模型来进一步提升性能。

表 7.3.2　Lytro 数据集上 DDM 预训练深度网络的选择

方法	AG	EN	GLD	MI	SF	VIFF
MegaDepth	8.195	7.529	15.021	15.071	0.076	0.971
MiDaSDepth	8.204	7.529	15.041	15.072	0.076	0.970

（3）多级决策图融合结构的有效性。本节的建议旨在整合多级中间决策图以提高预测结果。具体地，来自 DDM 的多级中间决策图 D_n 被组合以生成最终决策图 D_{final}。为了研究多级融合结构的影响，本节设计了四种变体，采用第一级（$Level_1$）、第二级（$Level_2$）、第三级（$Level_3$）及其组合级别（$Level_{1,2,3}$）来预测输出结果。多级决策图融合结构的有效性如表 7.3.3 所示。多级融合机制比单级融合选择表现出更好的性能。

表 7.3.3　多级决策图融合结构的有效性

变体	AG	EN	GLD	MI	SF	VIFF
$Level_1$	7.798	7.525	14.271	15.062	0.072	0.939
$Level_2$	7.762	7.526	14.192	15.064	0.072	0.931
$Level_3$	7.795	7.526	14.259	15.063	0.072	0.936
$Level_{1,2,3}$	8.204	7.529	15.041	15.072	0.076	0.970

此外，本节可视化了每个 $Level_1$、$Level_2$、$Level_3$ 和 $Level_{1,2,3}$ 的中间决策图。低级特征融合（$Level_1$ 和 $Level_2$）关注低级特征，如边缘细节，从而导致被区域遗漏，如图 7.3.8（b）、（c）第一行中的洞和错误检测区域。而高级特征融合（$Level_3$）关注语义特征并忽略边缘细节，导致边缘模糊且为锯齿状 [见图 7.3.8（d）矩形框中的区域]。相反，多级特征融合 $Level_{1,2,3}$ 可以同时捕获低频内容和高频细节。因此，图 7.3.8（e）产生的边缘比图 7.3.8（d）产生的边缘更清晰，如矩形框中的放大区域。总体而言，通过本节我们可

以观察到，多级特征融合机制逐渐提高了决策图的准确性。

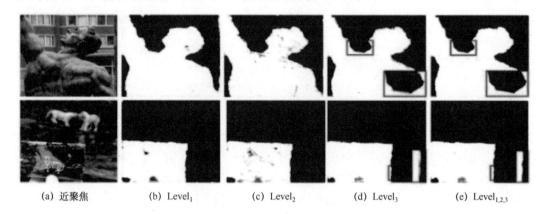

　(a) 近聚焦　　　　　(b) Level₁　　　　　(c) Level₂　　　　　(d) Level₃　　　　　(e) Level₁,₂,₃

图 7.3.8　多级融合机制生成的决策图

（4）梯度域约束的有效性。本节构建了基于梯度的损失 L''' 来监督最终决策图的生成，其中通过在梯度域中添加约束使最终融合图像和源图像的梯度一致。梯度域约束的目的是保留边缘。表 7.3.4 所示为 Lytro 数据集上 MSE 损失的有效性研究。ODC 代表原始域约束，GDC 代表梯度域约束及融合图像中的其他细节。为了研究梯度域约束的影响，本节通过在原始域中采用约束来设计一个变体，即 L_O。L_O 的直接强制融合结果与原始图像域中伪决策图生成模型[20]的输出融合结果一致。本节的基于梯度域约束的损失可以比基于原始域的损失具有更好的融合性能。

表 7.3.4　Lytro 数据集上 MSE 损失的有效性研究

约束	AG	EN	GLD	MI	SF	VIFF
ODC	8.195	7.529	15.025	15.071	0.076	0.970
GDC	8.204	7.529	15.041	15.072	0.076	0.970

（5）多任务学习和不同训练策略的有效性。本节添加了一个名为 D2MFIF w/o IR 的变体，它不使用图像重建作为辅助任务。此外，本节还比较了不同训练策略的融合性能，包括 D2MFIF w/o FP（D2MFIF 首先在重建损失下训练图像重建，然后在不固定参数的情况下对 MFIF 任务进一步训练结构），以及本节的 D2MFIF。首先在重建损失下训练图像重建；然后固定图像重建网络的参数并训练决策图以生成网络。多任务学习和不同训练策略的有效性如表 7.3.5 所示。D2MFIF w/o FP 和 D2MFIF 都比 D2MFIF w/o IR 获得了更好的结果。这归因于使用图像重建作为辅助任务可以增强特征表达，有利于像素级融合任务。多任务学习也被用于其他像素级任务，其有效性已被证明[49-50]。D2MFIF w/o FP 比 D2MFIF 稍差。这与融合过程有关，融合过程包括两个步骤：特征提取、比较以获得决策图。D2MFIF w/o FP 的训练没有使用特征提取步骤的固定参数，这使网络很难找到最优解。相比之下，D2MFIF 先固定了特征提取步骤的参数，再训练 MFIF 任务，很容易找到最优解。

表 7.3.5　多任务学习和不同训练策略的有效性

方　　法	AG	EN	GLD	MI	SF	VIFF
D2MFIF w/o IR	7.820	7.401	14.235	15.020	0.071	0.952
D2MFIF w/o FP	8.192	7.523	15.028	15.056	0.075	0.967
D2MFIF	8.204	7.529	15.041	15.072	0.076	0.970

　　将本节方法与七种较先进的多聚焦图像融合方法进行比较和评估，包括基于 SR 的方法[20]、密集 SIFT（DSIFT）[51]、GFDF[52]、CNNF[21]、SESF-Fuse[23]、GACN[53]和基于 CNN 的通用图像融合框架（IFCNN）。SR、DSIFT 和 GFDF 是传统方法，而 CNNF、SESF-Fuse、GACN 和 IFCNN 是基于深度学习的方法。其中，DSIFT、CNNF 和 SESF-Fuse 旨在得到最终的融合决策图。本节使用作者提供的代码和推荐的参数设置来运行这些方法。本节方法与七种较先进的多聚焦图像融合方法的视觉比较如图 7.3.9 所示。

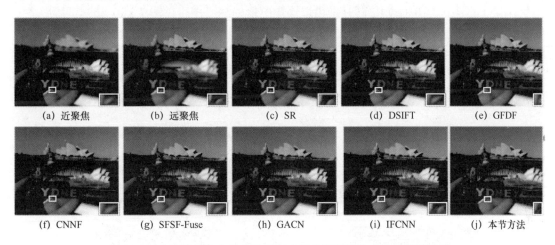

(a) 近聚焦　　　(b) 远聚焦　　　(c) SR　　　(d) DSIFT　　　(e) GFDF

(f) CNNF　　　(g) SFSF-Fuse　　　(h) GACN　　　(i) IFCNN　　　(j) 本节方法

图 7.3.9　本节方法与十种较先进的多聚焦图像融合方法的视觉比较

7.3.4.2　定性结果

　　表 7.3.6 所示为不同融合方法的客观比较结果。本节方法在 AG、EN、GLD 和 MI 指标方面显著优于其他方法，并在 SF 和 VIFF 指标方面实现了次级性能。这表明本节方法的融合图像保留了感知上有意义的信息，具有更高的图像质量、更清晰的边缘细节和更强的对比度，并且与源图像连续得更好。

表 7.3.6　不同融合方法的客观比较结果

指标	SR	DSIFT	GFDF	CNNF	SFSF-Fuse	GACN	IFCNN	本节方法
AG	7.700	7.853	7.664	7.654	7.828	7.697	7.716	7.979
EN	7.447	7.448	7.434	7.440	7.443	7.441	7.440	7.455
GLD	13.956	14.242	13.899	13.885	14.186	13.961	13.957	14.496
MI	14.902	14.904	14.878	14.887	14.894	14.891	14.883	14.919
SF	0.072	0.073	0.073	0.072	0.075	0.073	0.073	0.074
VIFF	0.875	0.889	0.888	0.885	0.893	0.884	0.910	0.893

7.3.4.3　定量结果

直观地，图 7.3.9（a）～（j）展示了本节方法与七种较先进的多聚焦图像融合方法之间的定性比较。粗略地看，所有方法都可以在一定程度上融合源图像的焦点区域。然而，不同方法的性能在具有挑战性的区域表现出差异。例如，矩形框中的小区域由于距景深较远而非聚焦，而周围区域则聚焦，如图 7.3.9（a）所示。然而，DSIFT、GFDF、CNNF 和 SFSF-Fuse 方法生成的结果未能融合该区域，导致图像模糊，如图 7.3.9（d）～（g）所示。

7.3.4.4　序列多聚焦图像融合

本节验证了融合序列多聚焦图像（包括近、中、远聚焦图像）的结果［见图 7.3.10（d）］，本节方法可以生成包含序列多聚焦图像中所有清晰区域的全清晰图像。具体来说，对于序列多聚焦图像，可将它们一一串联地融合。首先融合近聚焦图像［见图 7.3.10（a）］和中聚焦图像［见图 7.3.10（b）］，同时采用近聚焦图像的深度图［见图 7.3.10（e）］。然后将中间融合结果［见图 7.3.10（f）］进一步与远聚焦图像融合，并利用中间融合结果的深度图［见图 7.3.10（g）］，获得最终的融合结果。因此每个融合阶段的深度图始终与离焦图像一致，逐一融合序列多聚焦图像不会影响性能。

(a) 近聚焦图　　　　　(b) 中聚焦图　　　　　(c) 远聚焦图　　　　　(d) 融合结果

(e) 近聚焦图像的深度图　　　　(f) 中间融合结果　　　　(g) 中间融合结果的深度图

图 7.3.10　序列多聚焦图像融合的示例

7.4　小结

本章针对非聚焦图像去模糊中存在非聚焦区域和同质区域提出了两个多聚焦图像融合模型。7.2 节提出了多级深度监督卷积神经网络的学习框架。该框架通过分析不同层次所含有的视觉独特特征，结合低级特征和高级特征来融合多聚焦图像的低频内容和高频内容，实现对非聚焦区域的增强。此外，在训练过程中对多层输出进行联合监督，加快了深度网络的收敛速度。7.3 节提出了深度蒸馏多聚焦图像融合网络的学习框架。该框架利用深度图为同质区域提供位置先验的能力设计了深度提取模型，将深度知识引导到多聚焦图像融合中，采用多级决策图融合模型，将多级中间输出组合在一起，以提高最终决策图的预测精度。此外，采用图像重建作为辅助任务，有利于源图像的特征表示。根据 7.2 节和 7.3 节所提出的思路，读者可以同时联合多级特征及深度图实现进一步扩展，解决在真实复杂场景下图像同时存在非聚焦区域和同质区域的问题。通过这种方式训练网络，可以提高网络在真实场景下的鲁棒性。

　　7.2 节所提出的方法，由于训练所采用的真值是由相机直接获得的自然清晰的图像，所以生成的去模糊图像和自然清晰的图像具有相似质量。但是，当输入图像存在不配准的时候，该方法会引入一些伪影。7.3 节所提出的方法，适用于存在纹理性较弱的非聚焦场景下的去模糊。虽然深度线索通过蒸馏被视作辅助线索可以在测试过程中被丢弃，但是在训练过程中模型需要借助深度图做辅助训练。因此，该方法局限于要在同时包含多聚焦图像和深度图的情景下进行去模糊。总的来说，本章方法考虑了真实场景的多样性，在具有明显的非聚焦区域和几乎没有任何纹理信息的同质区域的场景下均能够实现对非聚焦图像去模糊。

参 考 文 献

[1] ZHAO W, WANG D, LU H. Multi-focus image fusion with a natural enhancement via a joint multi-level deeply supervised convolutional neural network[J]. IEEE Transactions on Circuits and Systems for Video Technology, 2018, 29(4): 1102-1115.

[2] ZHAO F, ZHAO W, LU H, et al. Depth-distilled multi-focus image fusion[J]. IEEE Transactions on Multimedia, 2021.

[3] BAI X, LIU M, CHEN Z, et al. Multi-focus image fusion through gradient-based decision map construction and mathematical morphology[J]. IEEE Access, 2016, 4: 4749-4760.

[4] NEJATI M, SAMAVI S, KARIMI N, et al. Surface area-based focus criterion for multi-focus image fusion[J]. Information Fusion, 2017, 36: 284-295.

[5] LIU Y, CHEN X, PENG H, et al. Multi-focus image fusion with a deep convolutional neural network[J]. Information Fusion, 2017, 36: 191-207.

[6] LI H, QIU H, YU Z, et al. Multifocus image fusion via fixed window technique of multiscale images and non-local means filtering[J]. Signal Processing, 2017, 138: 71-85.

[7] ZHANG B, LU X, PEI H, et al. Multi-focus image fusion algorithm based on focused region extraction[J]. Neurocomputing, 2016, 174: 733-748.

[8] ZHOU Z, LI S, WANG B. Multi-scale weighted gradient-based fusion for multi-focus images[J]. Information Fusion, 2014, 20: 60-72.

[9] GUO D, YAN J, QU X. High quality multi-focus image fusion using self-similarity and depth information[J]. Optics Communications, 2015, 338: 138-144.

[10] YANG Y, QUE Y, HUANG S, et al. Multiple visual features measurement with gradient domain guided filtering for multisensor image fusion[J]. IEEE Transactions on Instrumentation and Measurement, 2017, 66(4): 691-703.

[11] ZHANG Y, BAI X, WANG T. Boundary finding based multi-focus image fusion through multi-scale

morphological focus-measure[J]. Information Fusion, 2017, 35: 81-101.

[12] DUAN J, MENG G, XIANG S, et al. Multifocus image fusion via focus segmentation and region reconstruction[J]. Neurocomputing, 2014, 140: 193-209.

[13] LI S, KANG X, HU J, et al. Image matting for fusion of multi-focus images in dynamic scenes[J]. Information Fusion, 2013, 14(2): 147-162.

[14] LIU Z, CHAI Y, YIN H, et al. a Novel multi-focus image fusion approach based on image decomposition[J]. Information Fusion, 2017, 35: 102-116.

[15] ABDIPOUR M, NOOSHYAR M. Multi-focus image fusion using sharpness criteria for visual sensor networks in wavelet domain[J]. Computers & Electrical Engineering, 2016, 51: 74-88.

[16] YU B, JIA B, DING L, et al. Hybrid dual-tree complex wavelet transform and support vector machine for digital multi-focus image fusion[J]. Neurocomputing, 2016, 182: 1-9.

[17] ZHANG Q, GUO B. Multifocus image fusion using the nonsubsampled contourlet transform[J]. Signal Processing, 2009, 89(7): 1334-1346.

[18] CAO L, JIN L, TAO H, et al. Multi-focus image fusion based on spatial frequency in discrete cosine transform domain[J]. IEEE Signal Processing Letters, 2014, 22(2): 220-224.

[19] LUO X, ZHANG Z, ZHANG C, et al. Multi-focus image fusion using HOSVD and edge intensity[J]. Journal of Visual Communication and Image Representation, 2017, 45: 46-61.

[20] LIU Y, LIU S, WANG Z. a General framework for image fusion based on multi-scale transform and sparse representation[J]. Information Fusion, 2015, 24: 147-164.

[21] LI X, LI H, YU Z, et al. Multifocus image fusion scheme based on the multiscale curvature in nonsubsampled contourlet transform domain[J]. Optical Engineering, 2015, 54(7): 073115.

[22] NEJATI M, SAMAVI S, SHIRANI S. Multi-focus image fusion using dictionary-based sparse representation[J]. Information Fusion, 2015, 25: 72-84.

[23] LIU Y, WANG Z. Simultaneous image fusion and denoising with adaptive sparse representation[J]. IET Image Processing, 2015, 9(5): 347-357.

[24] ZHANG B, LU X, PEI H, et al. Multi-focus image fusion based on sparse decomposition and background detection[J]. Digital Signal Processing, 2016, 58: 50-63.

[25] YANG B, LI S. Multifocus image fusion and restoration with sparse representation[J]. IEEE Transactions on Instrumentation and Measurement, 2009, 59(4): 884-892.

[26] ZHANG Q, LEVINE M D. Robust multi-focus image fusion using multi-task sparse representation and spatial context[J]. IEEE Transactions on Image Processing, 2016, 25(5): 2045-2058.

[27] LI S, KANG X, HU J. Image fusion with guided filtering[J]. IEEE Transactions on Image Processing, 2013, 22(7): 2864-2875.

[28] YANG Y, TONG S, HUANG S, et al. Multifocus image fusion based on NSCT and focused area detection[J]. IEEE Sensors Journal, 2014, 15(5): 2824-2838.

[29] LI S, KANG X, FANG L, et al. Pixel-level image fusion: a survey of the state of the art[J]. Information Fusion, 2017, 33: 100-112.

[30] SHAO J, LOY C C, KANG K, et al. Crowded scene understanding by deeply learned volumetric slices[J]. IEEE Transactions on Circuits and Systems for Video Technology, 2016, 27(3): 613-623.

[31] HU Q, WANG P, SHEN C, et al. Pushing the limits of deep cnns for pedestrian detection[J]. IEEE

Transactions on Circuits and Systems for Video Technology, 2017, 28(6): 1358-1368.

[32] ZHANG K, ZUO W, CHEN Y, et al. Beyond a gaussian denoiser: Residual learning of deep cnn for image denoising[J]. IEEE Transactions on Image Processing, 2017, 26(7): 3142-3155.

[33] KIM J, LEE J K, LEE K M. Accurate image super-resolution using very deep convolutional networks[C]//Institute of Electrical and Electronics Engineers. Proceedings of the IEEE Conference on Computer Vision and Pattern Recognition. New Jersey, IEEE, 2016: 1646-1654.

[34] LEE C Y, XIE S, GALLAGHER P, et al. Deeply-supervised nets[C]//Artificial Intelligence and Statistics. Pmlr, 2015: 562-570.

[35] YANG J, WRIGHT J, HUANG T S, et al. Image super-resolution via sparse representation[J]. IEEE Transactions on Image Processing, 2010, 19(11): 2861-2873.

[36] MARTIN D, FOWLKES C, TAL D, et al. a Database of human segmented natural images and its application to evaluating segmentation algorithms and measuring ecological statistics[C]// Institute of Electrical and Electronics Engineers. ICCV 2001. New Jersey, IEEE, 2002: 416-423.

[37] GLOROT X, BENGIO Y. Understanding the difficulty of training deep feedforward neural networks[J]. Journal of Machine Learning Research, 2010: 249-256.

[38] JIA Y, SHELHAMER E, DONAHUE J, et al. Caffe: convolutional architecture for fast feature embedding[C]//Association for Computing Machinery. Proceedings of the 22nd ACM international conference on Multimedia. New York, ACM, 2014: 675-678.

[39] PETROVIĆ V, XYDEAS C. Objective evaluation of signal-level image fusion performance[J]. Optical Engineering, 2005, 44(8): 087003-8.

[40] HOSSNY M, NAHAVANDI S, CREIGHTON D. Comments on'Information measure for performance of image fusion'[J]. Electronics Letters, 2008, 44(18):1066-1067.

[41] JANG J H, BAE Y, RA J B. Contrast-enhanced fusion of multisensor images using subband-decomposed multiscale retinex[J]. IEEE Transactions on Image Processing, 2012, 21(8): 3479-3490.

[42] BAI X, ZHOU F, XUE B. Noise-suppressed image enhancement using multiscale top-hat selection transform through region extraction[J]. Applied Optics, 2012, 51(3): 338-347.

[43] CUI G, FENG H, XU Z, et al. Detail preserved fusion of visible and infrared images using regional saliency extraction and multi-scale image decomposition[J]. Optics Communications, 2015, 341: 199-209.

[44] SONG G, LEE K M. Depth estimation network for dual defocused images with different depth-of- field[C]// Institute of Electrical and Electronics Engineers.2018 25th IEEE International Conference on Image Processing (ICIP).New Jersey, IEEE, 2018: 1563-1567.

[45] CARVALHO M, LE SAUX B, TROUVÉ-PELOUX P, et al. Deep depth from defocus: how can defocus blur improve 3D estimation using dense neural networks[C]//European Computer Vision Association. Proceedings of the European Conference on Computer Vision (ECCV) Workshops. Cham, Springer International Publishing, 2018.

[46] KINGMA D P, BA J. Adam: a method for stochastic optimization[DB/OL].

[47] LI Z, SNAVELY N. Megadepth: learning single-view depth prediction from internet photos[C]//Institute of Electrical and Electronics Engineers.Proceedings of the IEEE Conference on Computer Vision and Pattern Recognition. New Jersey, IEEE, 2018: 2041-2050.

[48] RANFTL R, LASINGER K, HAFNER D, et al. Towards robust monocular depth estimation: Mixing

datasets for zero-shot cross-dataset transfer[J]. IEEE Transactions on Pattern Analysis and Machine Intelligence, 2020, 44(3): 1623-1637.

[49] WEI Y, GU S, LI Y, et al. Unsupervised real-world image super resolution via domain-distance aware training[C]//Institute of Electrical and Electronics Engineers.Proceedings of the IEEE/CVF Conference on Computer Vision and Pattern Recognition. New Jersey, IEEE, 2021: 13385-13394.

[50] HU X, JIANG Y, FU C W, et al. Mask-shadowgan: Learning to remove shadows from unpaired data[C]// Institute of Electrical and Electronics Engineers. Proceedings of the IEEE/CVF International Conference on Computer Vision. New Jersey, IEEE, 2019: 2472-2481.

[51] LIU Y, LIU S, WANG Z. Multi-focus image fusion with dense SIFT[J]. Information Fusion, 2015, 23: 139-155.

[52] QIU X, LI M, ZHANG L, et al. Guided filter-based multi-focus image fusion through focus region detection[J]. Signal Processing: Image Communication, 2019, 72: 35-46.

[53] MA B, YIN X, WU D, et al. End-to-end learning for simultaneously generating decision map and multi-focus image fusion result[J]. Neurocomputing, 2022, 470: 204-216.

[54] ZHANG Y, LIU Y, SUN P, et al. IFCNN: a general image fusion framework based on convolutional neural network[J]. Information Fusion, 2020, 54: 99-118.

第 8 章　图像非聚焦模糊智能处理的实际应用

8.1　引言

现代光学成像系统的工作原理决定了因非聚焦产生的模糊必然广泛存在于自然捕获的图像中[1]。这预示着非聚焦模糊并非作为一种需要纠正的系统错误而存在，恰恰相反，非聚焦模糊作为图像不可或缺的组成部分，同清晰区域一样包含了重要且丰富的信息。发掘和提取这些信息绝非最终目的，如何将其转化并应用于图像获取、图像处理、图像分析等流程中使之服务于具有应用价值的具体任务，才是工程场景需要重点关注的。

本章主要描述图像非聚焦模糊智能处理技术在几种典型场景下的应用，并着重阐述将模糊处理与功能系统结合的方法，为相关技术的工程转化提供参考和指引。

8.2　图像非聚焦模糊检测的应用

8.2.1　自动对焦系统

对焦，即通过调整光学成像系统的各项参数使目标在成像面上的像清晰的过程。其虽发源于朴素的凸透镜成像理论，但在光学成像系统日趋精密复杂的今天，对焦早已不再局限于单纯地对物距与像距进行调整。透镜组、光圈等光学结构的引入及数字式成像设备的出现为成像提供丰富可能性的同时，也极大地增加了光学系统对焦的难度和复杂度。虽然手工对焦仍具有较大的灵活性和操控性，但无疑需要操作者对成像系统的性能和原理进行深入理解，因而多留存于对图像质量有极高或特殊需要的个别专业和艺术创作领域中。而在更广泛的工业场景乃至大众的日常生活中，设备使用者显然难以具备更高的专业素养，无法驾驭复杂的光学成像系统。如此一来便需要成像系统配备自动对焦（AutoFocus，AF）的功能，根据外部信息或图像自身判断系统的对焦情况，确定调整方向并反馈至光学系统进行调整，如此循环直至对焦情况满足要求。虽然自动对焦系统所能够实现的功能单一，但由于一般使用者对于成像设备的期望大多停留在由普适性审美所主导的画面锐利、目标清晰的基础阶段，因此完成较基本的对焦于目标的功能便足以胜任应用场景的需求。

自动对焦技术早在 20 世纪 60 年代便被提出，历经半个多世纪的探索和发展已然形成了一套完善的理论技术体系[2-3]。在一个典型的自动对焦应用场景中，光学成像系统的状态是已知可控的，进而可以直接推算出当前状态下的系统景深。唯一的未知信息来自目标对象与成像系统间的相对位置，即目标与景深的相对关系。如果能明确目标与当前景深之间的方向和距离，将其反馈为对光学系统的动作，则仅仅是简单的换算和机械调整。在手工对焦的过程中，这一信息的获取是由人类操作者依据视觉观察和经验判断完成的；而在自动对焦系统中，这一外部环境的不确定信息必须由设备自主获取，由此诞生了两大类传统自动对焦系统的实现方法[4-5]：主动式自动对焦和被动式自动对焦。

主动式自动对焦通过额外的主动信息探测直接明确的目标与成像系统间的相对位置关系，进而推算光学系统的调整动作。典型的主动探测方式有红外线、超声波和激光等，基于简单的回波定位原理便可以确定成像系统与目标之间的相对距离。得益于主动式位置探测系统提供的高精度、高可靠的位置信息，主动式自动对焦可以拥有较高的对焦精度和抗干扰能力，且对于细小物体甚至运动物体，只要在位置探测系统的探测精度范围内，主动式自动对焦都可以完成正确对焦。然而主动式自动对焦的弊端也是明显的，独立的主动式位置探测系统所带来的额外成本、空间和能耗开销，在消费级影像系统设计日趋轻量化的今天，显然难以平衡其并不显著的性能优势。

被动式自动对焦仅通过接收目标反射或发出的可见光就可以完成对焦，因此可以借用或复用光学成像系统的光路和组件而极大减少额外的系统开销。经典的被动式自动对焦有相位对焦、反差对焦等。相位对焦通过在感光元件上设置一些特殊遮蔽像素点来进行相位检测，通过像素之间的距离及其变化等来决定对焦的偏移值从而实现准确对焦控制。反差对焦假设完全对焦时相邻像素的对比度最大，根据连续调整对焦距离后图像的对比度变化，搜寻对比度最大值进而确定对焦位置。被动式自动对焦在一般消费级光学成像系统中拥有较高的使用率，这主要得益于其几乎可以忽略不计的系统硬件成本，尤其是以反差对焦为代表的图像级自动对焦系统[6-9]，对于成像系统的结构没有任何特殊需求而仅通过图像分析和反馈控制方法来实现，这为其赋予了优秀的系统间迁移适配和泛化应用能力。然而越少的额外辅助信息意味着越大的对焦难度，这使依赖传统图像统计分析方法作为参考的被动式自动对焦在对焦速度和效果上处于劣势。

基于深度学习的非聚焦模糊智能处理方法的出现，有望成为补齐被动式自动对焦性能短板的最后一片拼图。由前面的分析可知，自动对焦系统的核心在于如何对外界环境中的对焦目标与成像系统景深之间的相对关系信息进行感知。在主动式自动对焦系统中这一抽象关系被具象化为可以实际度量的距离信息经探测后通过数学演算获得，而在被动式自动对焦中，探测手段的缺失恰恰使对于这一信息的变换和解构得以被省略，解决方案的构建得以直面对焦过程的本质：使目标由非聚焦模糊变得清晰。这正好与手工对焦的逻辑不谋而合，由此可以引出被动式自动对焦系统的一般工作流程，如图 8.2.1 所示。整个系统是在已知成像系统参数状态下采集对应图像，经处理后对当前的对焦情况进行分析和判断的。系统根据当前失焦模糊的情况搜索系统调整方向，转译为机械动作指令后反馈于对应硬件结构对光路进行调整并重新获取新装填下的图像，如此循环直至满足目标清晰度要求则结束对焦。

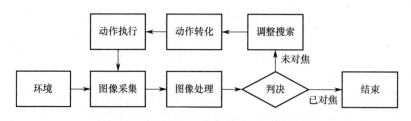

图 8.2.1　被动式自动对焦系统的一般工作流程

在手工对焦过程中，图像采集由人眼承担，随后的图像处理、判决和调整搜索则由大脑的思维过程负责，动作转化与动作执行靠脊椎传导信号至手部肌肉动作完成。由方法模拟整个过程的瓶颈便出现在基于采集信息的处理和决策上，人类进行这一过程可以将大量过往知识和经验作为先验参考，而传统方法单纯从图像中按固化规则进行机械式判断，构成了二者之间难以逾越的鸿沟，这使将基于深度学习的图像智能处理方法与这一环节的结合显得水到渠成。

以本书第 2～5 章介绍的众多基于深度学习的非聚焦模糊检测方法为例，这些方法可以通过大量先验样本的学习获得对于给定图像输入的聚焦清晰区域与非聚焦模糊区域的像素级分割能力。相比基于统计的图像清晰度评价方法[10-12]，深度学习方法能够更好地结合图像的全局性语义特征进行判断，而不局限于对局部像素的比较，因而其具有更加优异的鲁棒性和对于复杂场景的适应性。将模糊检测方法应用于待判决图像上便可以获得对于当前成像系统状态下图像的聚焦情况。而目标对象在图像中的位置是固定（假设以处于画幅中固定位置的对象作为目标）或基于外部提示（由操作者指明对象在画幅中的大致位置）已知的，结合边缘检测方法[13-14]可以大致确定目标对象的轮廓。检测出的清晰区域与目标对象的轮廓重合度越高，就意味着景深和目标的重合度越高、对焦越准确。以此为优化方向进行搜索调整，便可实现自动对焦的功能。基于非聚焦模糊智能检测的自动对焦流程如图 8.2.2 所示。

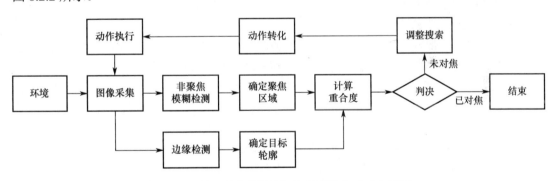

图 8.2.2　基于非聚焦模糊智能检测的自动对焦流程

与其他基于图像的被动式自动对焦方法相同，非聚焦模糊智能检测的自动对焦方法不需要任何形式的额外信息作为补充和参考便可完成对焦功能，因而其泛用性是毋庸置疑的。虽然深度学习方法相比传统统计方法具有更高的计算和处理开销，但是一方面其对于先验知识的学习与继承使其能获得更强的鲁棒性，另一方面也可以通过模型剪枝[15]、量化[16]等操作使该类方法在性能受限终端依旧保持高可用性。因而总的来说，这类方法在常规工程及消费级应用场合拥有广阔的市场和发展前景。另外值得注意的是，在极端条件（如细小目标、复杂场景）下，基于非聚焦模糊智能检测的自动对焦方法依然难以避免处理结果质量降低的问题，这主要归因于光学图像局促的信噪比使关键信息难以被发掘和利用。在此类场合下主动式自动对焦依然具有不可替代的地位，因此进一步考虑多种自动对焦策略的复合使用可以显著提升系统的综合环境适应性。

8.2.2　计算摄影 "人像模式"

随着智能移动终端功能的日益强大和丰富，手机逐渐取代相机承担起大众消费者的摄影需求。现代智能手机发展的趋势是在不断承载更多功能的同时保持甚至削减自身的质量和体积以满足便携要求[17-19]。如果说作为绝大多数复杂功能载体的集成电路在微处理器架构和制程工艺飞速迭代的背景下才能够勉强满足智能手机的需要，那么自诞生至今近 200年来从未迎来革命性进步的光学成像结构早已成为现代手机的"负担"。再复杂的透镜组也无法摆脱折射定律的约束，再曲折的光路也不能逾越镜头模组尺寸的限制。虽然镜头和传感器的参数仍在不断增长、镜头组的体积和规模仍在不断扩大，但光学成像的本质决定了物理硬件尺寸对成像质量的严格制约——智能手机和传统相机的成像效果依然有着难以逾越的鸿沟。

既然物理硬件层面的劣势难以在短期内弥补，业界便开始在软件层面寻求出路。进而计算摄影[20]的概念被提出，计算摄影旨在通过各种方法对传感器捕获的图像进行后处理，使其在视觉观感上达到甚至超越传统相机，或是与用户个性化需求相结合以实现特殊影像效果。从简单的美颜、背景虚化，到复杂的高动态范围（HDR）成像、夜景成像，传统图像处理方法早已无法满足需求，唯有深度学习方法的大规模应用才能使计算摄影成为可能。如今在智能手机的影像系统中，深度学习图像处理方法占有极大的比重[21]。而在这其中最能够代表利用软件方法弥补硬件差距这一理念的，便是已然在主流价位段智能手机中普及应用的"人像模式"摄影。

虽然名为"人像模式"，实则不过是从服务商业宣传的角度将抽象的影像系统术语转换为容易被大众理解和记忆的应用情景，其本质是通过方法模拟具有大光圈的单反相机拍摄图像中的浅景深效果，即背景虚化[22-23]。光圈在成像系统中不仅能用来控制进光量，还能用来控制景深。大光圈似乎在直觉上与普通摄影的需求相悖，因为一般拍照的第一要素是清晰，而大光圈带来的浅景深使偏离焦点很近的物体从成像便开始模糊，同时大大增加了对焦的难度。在摄影中使用大光圈更多的是为了追求进阶的艺术效果，一方面背景虚化所营造的朦胧感与现代人的审美较契合，另一方面模糊的背景可以掩盖环境的杂乱进而突出主体以方便构图。为了满足摄影的一般需求，首先手机镜头的光圈不会做得过大，同时由于空间和成本等客观因素的限制可变光圈结构尚且难以普及，因此多数手机镜头的光圈是固定且大小适中的[24]，自然难以拍摄出浅景深效果。

为了精确模拟浅景深效果，"人像模式"图像处理方法需要重点解决两个问题。

（1）目标与背景的精确分离：在任何景深的构图中，处于景深内的对象都不会呈现明显的模糊和虚化。因而对于常规景深的拍摄图像，只要该图像存在聚焦目标，那么在背景虚化处理后该目标仍然会保持聚焦清晰。相反，任何处于原始非聚焦区域的图像局部在"人像模式"处理后应加深虚化和模糊，进而形成与聚焦清晰区域更加鲜明的边界。倘若目标局部被错误地当作背景而遭到模糊，抑或背景局部没有被正确判断而未做处理，都会严重影响图像整体的视觉效果。

（2）背景虚化的层次：景深外物体成像的模糊程度和其与景深的距离相关，距离景深近的物体虚化程度轻，距离景深远的物体模糊程度重。因而在通过图像处理方法实现背景虚化的过程中需要考虑背景中不同对象距离成像平面的深度差异,通过施加不同程度的模糊处理来模拟真实浅景深构图中背景虚化的层次感。

图 8.2.3 所示为"人像模式"计算摄影的一般流程。对于传感器捕获的图像,首先利用本书第 2~5 章介绍的非聚焦模糊检测技术进行精确的像素级分割以确定目标和背景区域;然后针对确定的背景区域,结合图像深度估计方法确定背景的层次结构,进而辅助图像模糊方法进行差异化虚化处理形成背景层次感;最后将背景重新与聚焦目标组合形成输出图像。

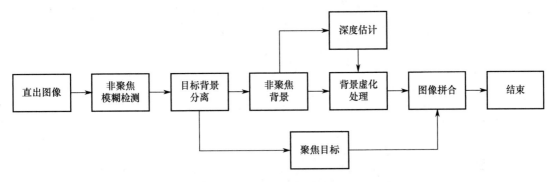

图 8.2.3　"人像模式"计算摄影的一般流程

为了实现更好的背景虚化效果,在模糊处理的过程中引入背景结构层次信息是有必要的,然而背景结构层次信息并不一定需要独立的深度估计流程。事实上,本书中介绍的部分模糊检测方法可以直接给出非二值离散的图像模糊预测,即对像素的模糊程度进行预测,借此也可以间接反映背景结构层次信息。在实际工程和应用场景中,读者可根据实际需要自行判断以何种方式实现。

8.2.3　图片重定向

在未经处理的情况下,光学成像设备能够获取图像的最大尺寸与分辨率由感光元件的大小和灵敏度等直接决定。加之广泛应用的纷繁图像后处理和计算摄影对原始图像的裁切,造成了一个近乎必然的结果:不同来源的图像在尺寸上无法形成统一。多数情况下图像尺寸的多样性并不会导致任何问题,事实上正是这种图像尺寸的多样性赋予了摄影艺术更多的可能。而真正的挑战来自这些内容的消费过程,特别是当下流行的各类以互联网为依托的应用。以互联网为基础的内容消费崇尚效率至上,这需要被消费的内容本身不仅要具备高度一致的规格以供统一编排、精简的内容实现高效的信息呈现,还要能够针对不同的用户终端设备和使用场景进行动态适配和调整。

显然,文本内容与互联网应用的适配性是极佳的。作为信息的抽象表述,文本内容天生便具有上述全部特质,这使其在互联网应用发展的早期成为内容消费的主导。然而文本信息的抽象性所带来的理解门槛限定了内容的传播范围,其形式单一性与表述同质性也从根本上阻碍了用户体验的进一步提升。因而随着网络基础设施的日益成熟和完善,更为直观、具体的图像影音等便逐渐跃升为互联网内容的主体,并大量取代传统文本内容。以图像为代表的视觉信息在内容直观性上无疑拥有巨大的优势,但为了与现代内容消费偏好进行适配,它必须要在表现力上做出适当让步,首当其冲的便是图像尺寸。图像需要以固定的尺寸展示原始图像的精要信息，从而为用户提供快速浏览和识别内容的途径。例如，新闻平台和搜索引擎等各类互联网应用中广泛应用的缩略图，其小巧的尺寸和简明扼要的展示方式使用户能够快速浏览大量内容，并快速决定是否深入了解特定内容；同时，面对移动终端的普及和用户对高效获取信息的需求，图像在适应不同显示屏幕大小方面也显得尤为重要。良好的图像内容需要考虑在不同设备上的显示效果，以提供舒适的用户体验。

　　图像重定向[25-26]，即在尽可能保留原始图像视觉信息的同时对图像尺寸、分辨率等进行调整，显然是图像内容在消费过程中必须解决的问题。简单的裁切和缩放固然可以实现调整图像尺寸，但由此引入的重要信息缺失和物体形变使其在多数情况下难以实现令人满意的视觉效果。因而众多的进阶方法被研究者提出以处理这个问题，其中不乏借助深度学习技术进行处理的方法[27-29]。

　　然而无论何种方法，即便是人工裁切，其解决思路都是相近的。首先要对图像中不同区域的重要程度进行度量。重要区域应该包含图像中的信息主体，在图像调整的过程中应尽量不施加非均匀处理以保证基本视觉特征不发生改变。不重要区域对应原始图像中的目标所处环境等背景信息，是主要的调整对象。其次在不重要区域根据需要进行像素填充或消除，以实现对图像整体尺寸的调整。最后将不同部分重新合并形成最终的重定向结果并输出。

　　显然，精确度量图像中不同区域的视觉重要性是保证图片重定向效果的前提，但这种表征在图像全局层面的抽象信息难以被作用于局部像素的传统统计方法[30-31]。因而为了解决这个问题，不但需要获取图像的高维语义信息，更重要的是为抽象的"重要性"寻找一个可以被度量的具象视觉表征，而图像的非聚焦检测处理恰好可以与这两个需求良好契合。图 8.2.4 所示为应用非聚焦模糊检测的图像重定向流程示意图。使构图中想要重点表现的目标处于对焦清晰状态是常规拍照中约定俗成的首要原则，这为后续处理度量图像中不同区域的视觉重要程度提供了天然的标准和参考。聚焦清晰的区域极有可能包含整张图像中的重要视觉目标，而非聚焦模糊区域往往代表了不重要的背景信息。通过非聚焦模糊检测确定重要区域的方式，既综合了全图语义信息，又实现了对图像视觉重要性的具象转化，因而其结果可以为后续像素级处理提供优良参考，进而实现高质量的图像重定向效果。

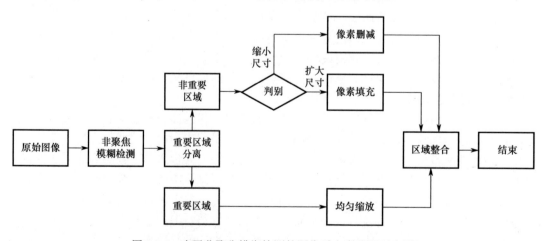

图 8.2.4　应用非聚焦模糊检测的图像重定向流程示意图

非聚焦模糊智能检测方法可以作为区域重要性度量与多数现有图像重定向策略相结合的方法。部分重定向流程并不能显式地对图像进行重要和非重要的二元划分，而是通过评估像素的重要程度为所施加的处理赋予连续权重。此时可考虑应用模糊预测同样为连续取值的智能检测方法，以形成更为恰当的前后适配。

8.2.4　自动驾驶目标检测

自动驾驶是一种使车辆能够在无须人类操控和介入的情况下自主感知周围环境、做出决策并执行相应行动的技术。这项技术的出现和兴起旨在为人们提供更便捷的出行体验的同时，改善地面交通安全性、减少交通事故、改善交通效率。为实现对人类驾驶员的完全取代，自动驾驶技术需要实现的功能远不止控制车辆的速度和转向，更重要的是实时对周遭环境进行全面感知和系统理解，并在任何紧急和突发情况下做出及时而正确的决策[32-35]。作为一项复杂的系统性工程，自动驾驶是众多学科领域较前沿技术成果交叉融合的结晶。

作为自动驾驶系统能够获得自主感知决策能力的关键，人工智能和机器学习方法在整个自动驾驶系统中的地位是毋庸置疑的[36-37]。而在其中，计算机视觉方法又是现阶段自动驾驶实现环境感知功能的重中之重。诚然，视觉图像由于其抽象且高维的信息表征方式，远没有雷达、超声波等信息载体传递信息简单、直接。但考虑到自动驾驶技术在商用化初期的相当长一段时间内必然面临与传统有人驾驶技术共存的复杂环境，图像数据强大的信息承载能力使其依然成为环境信息的主要载体。

自动驾驶系统搭载的图像传感系统与普通光学影像系统在原理上并无本质区别，并且出于对系统可靠性和稳定性因素的考虑，其光学结构往往被尽可能地简化以降低机械故障的概率[38-39]。然而在功能性上它却与一般摄影系统有本质区别：相比主动"获取"，自动驾驶所需的图像信息来源于从环境中被动"记录"；它不需要主动关注特定的目标，但也不会遗漏任何潜在的信息。以基本的目标检测任务为例，自动驾驶系统需要根据环境影像信息判断车辆周遭对象的位置及种类，以便后续根据不同对象的处理优先级进行动作决策。虽然作为经典的计算机视觉任务，目标检测的相关研究已较为广泛和深入，但在与自动驾驶应用的实际需求相结合时依然面临着严峻的挑战[40-41]。一方面，在车辆行驶场景下周遭环境的变化是复杂且不可预料的，这使以被动记录为导向获取的图像信息无法有效过滤对无用信息的处理，进而对目标检测的稳定性造成影响；另一方面，车辆行驶中所处的环境是瞬息万变的，为保证反映和决策的有效性，从数据采集到环境感知再到决策执行这一流程中任意环节的时延都应尽可能低，而在复杂场景中进行感知处理的计算和时间开销都是难以接受的。

从上述自动驾驶实际应用场景的需求出发，在应用目标检测等方法进行分析处理前，要过滤掉大部分无用的复杂背景信息，对于提升环境感知的效率和效果都具有正面意义。进一步将图像非聚焦模糊智能检测与自动驾驶目标检测功能相结合，则是再次利用自动驾驶系统设计的底层思想：车辆外部环境包含的信息是无穷的，但它们对下一时刻车辆动作产生的影响可能随着相对距离的增加而快速降低，因而超过一定距离的信息即便重要也不需要在当前时刻被纳入考虑和决策。以此为基础，对象在图像中的聚焦情况可以被用来度量其重要性。结合非聚焦模糊检测的自动驾驶目标检测流程示意图如图 8.2.5 所示。通过在目标检测前应用非聚焦模糊智能检测方法，可以首先将需要关注的近距离清晰区域与不需要关注的远距离模糊区域分离，然后将非重要区域直接掩盖再进行目标检测处理，便可以有效降低复杂场景对检测的负面影响，综合提升场景分析和感知的精度和速度。

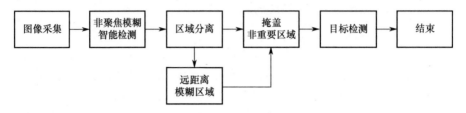

图 8.2.5　结合非聚焦模糊检测的自动驾驶目标检测流程示意图

这一应用存在一个重要前提，即自动驾驶系统的影像组件具备将重点关注距离内的对象置于镜头景深内，从而确保对焦清晰的能力。由于图像非聚焦模糊的特性，请读者在相关的工程实践过程中务必明确实际影像设备的规格、性能及其成像特点，结合特定任务需求有针对性地对流程或方法进行调整，方能实现理想的应用效果。

8.2.5　多孔材料缺陷检测

多孔材料是一种具有许多微小孔隙或空隙的材料，这些孔隙可以是微观或纳米级别的。由于其高度开放的表面积和大量的内部空间，使多孔材料在吸附、催化、分离、传输等方面具有特殊的性能，因此近年来在化工、生物医学、建筑材料等领域逐渐受到越来越多的关注[42-43]。多孔材料的诸多优良性能都源于其特殊的物理结构，一般表现为大量多面体形状的孔洞在空间的聚集。因而任何物理结构的细微改变，乃至生产加工过程中产生的缺陷都会对多孔材料的性能产生严重影响，这对多孔材料在制造过程中的质量控制提出了很高的要求。

在任何材料的工业制备过程中，缺陷都是普遍存在且不可避免的。区别于具有显著视觉特征的传统材料缺陷，多孔材料的缺陷更多地体现在复杂的孔洞结构中，如孔洞缺失、孔洞阻塞等，这些缺陷隐藏在错综复杂的材料整体结构中，视觉特征不鲜明、辨识度较低[44]，使广泛应用于一般材料缺陷检测的计算机视觉方法难以奏效，因而多数的生产流水线依然沿用传统的人工目测方法针对多孔材料产品进行缺陷检测。人工检测方法在消耗大量劳动力的同时检测效率低下，因人为因素导致的漏检、错检等问题仍无法完全避免。这极大地限制了材料的生产效率，也使制造成本难以显著降低，严重阻碍了这类优质材料的商业化应用。

在多孔材料的缺陷检测中，用自动化检测方法取代人工方法，其优点是显然的。然而传统自动化检测方法依赖的缺陷视觉特征在多孔材料中难以被发掘，这意味着需要借助其他信息判别缺陷的存在。考虑因材料缺损导致的孔洞缺失缺陷，这直接表现为材料结构中连续的大体积空腔，其直径远大于正常孔洞的直径。这样的孔洞缺失夹杂在正常材料孔洞之中，没有明确的纹理、形状特征，自然难以借此进行判别。因此可以转而考虑其空间关系特征，若材料某个部位出现缺损，缺损的存在会使相机与缺损部位的距离较远，固定景深的相机镜头就不能正确对焦到该部位，所以采集到的该部位图像会比无缺损表面呈现非聚焦模糊。

利用图像非聚焦模糊智能检测实现对多孔材料的缺陷检测,其本质思想依旧是利用聚焦情况与物体和镜头距离二者间的紧密联系。图 8.2.6 所示为应用非聚焦模糊检测实现对多孔材料孔洞缺失检测的流程示意图。将对材料缺陷的检测转化为对缺陷部位空间关系特征的识别,进而利用成像过程中非聚焦模糊的产生与物距间的映射关系对问题进行求解。

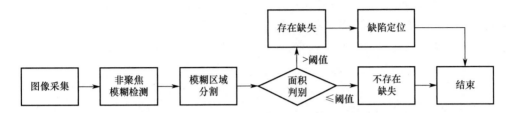

图 8.2.6　应用非聚焦模糊检测实现对多孔材料孔洞缺失检测的流程示意图

在类似的工业场景中,图像与普通自然图像的风格有较大区别。因而在将现有理论研究成果迁移并应用至此类场景时,应重点考察相应方法的场景迁移泛化能力;同时由于不可避免地要引入目标场景的训练用图像样本用于模型调整,若人工进行标注存在一定困难,则可以考虑使用对训练样本需求较低的方法。读者可分别参考第 4、5 章的有关内容进一步理解有关概念。

8.3　非聚焦图像去模糊的应用

8.3.1　视频目标跟踪系统

目标跟踪系统旨在一段固定长度或实时的视频中定位并跟踪感兴趣的运动目标,同时获取目标完整的运动轨迹[45-46]。虽然目标跟踪系统的最终呈现效果与在图像帧上单独重复进行图像目标检测极为类似——事实上目标检测确为目标跟踪系统中的重要环节,但其并非目标检测在时间序列上的简单重复。跟踪的核心在于"跟",这需要同时在时间维度和空间维度上对目标的变化进行动态关联,通过时空一体的建模形成对目标的运动估计。作为与实际应用贴合较紧密的图像处理任务之一,目标跟踪系统已被广泛应用于视频监控、智能驾驶、人机交互等领域,应用价值和发展前景非常广阔[47-49]。

在面向工程实践的系统设计过程中,首先需要满足的往往是系统的稳定性需求,即面对各种可能的突发情况和复杂环境时的可用度。为达到这样的标准,系统性能甚至可以进行不同程度的妥协。视频目标跟踪系统往往被部署于长期处于运行状态的影像以获取终端,如固定摄像头[50]、侦察无人机[51]等。这些终端的运行环境复杂多变,遮挡、光照、形变等环境因素交替高频次出现,使获取的影像质量有很大起伏,对目标跟踪系统的鲁棒性和抗干扰能力提出了极大的考验。

出于对成本和可靠性等因素的考虑,终端影像获取设备往往不具有复杂的光学成像结构,即便如无人机等所搭载的相机具备调节能力且由人类操作者实时控制,也难以避免因被追踪目标运动和行为的不确定性所导致的成像模糊。通常意义下的成像模糊可依据诱因分为两类[52]，运动模糊和非聚焦模糊。

（1）运动模糊：运动模糊是由于拍摄过程中物体与成像设备在一次曝光时间内发生相对位移所导致的，多发生于对快速运动物体的跟踪过程或拍摄设备自身处于持续运动的情况中。

（2）非聚焦模糊：非聚焦模糊是由于目标物体离开成像设备景深范围所导致的，多发生于固定的无人值守设备的拍摄过程或对于设备参数调整不当或不及时的情况中。

成像模糊对于目标跟踪具有严重的不利影响，同时由于其发生的不确定性、因素的复杂性、层次的随机性，使独立的目标跟踪方法难以进行适应性调整。由此造成的目标丢失将使跟踪方法的可靠性大幅降低，制约了其可能的应用场景。

为了解决和应对诸如此类的复杂情况，完善的目标跟踪系统在核心的跟踪方法之外要通过加入大量的预处理与后处理方法以保证系统的稳定性。为处理潜在的成像模糊给追踪带来的不利影响，简单的做法是在执行目标跟踪预测前首先通过去模糊处理，尽可能地使图像序列清晰易于辨别。图 8.3.1 所示为添加去模糊预处理的目标追踪系统的流程图。原始视频序列在进行目标跟踪预测前要完成对清晰视频的重建，这需要逐帧进行判别。如果当前图像帧的清晰程度满足要求，则无须进行任何处理直接进入重建视频的缓冲队列；否则要进一步判别造成当前图像帧模糊的原因，针对非聚焦模糊和运动模糊分别应用针对性的去模糊方法重建清晰图像。

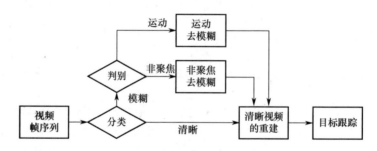

图 8.3.1　添加去模糊预处理的目标追踪系统的流程图

应该认识到，即便采用本书第 6、7 章介绍的先进去模糊方法进行去模糊处理，其带来的系统性额外计算和时间开销对于跟踪处理实时性具有较高要求的场合也是难以接受的。针对该类应用场景，对于清晰视频重建的要求应适当降低，以便可以应用更加轻量化的去模糊方法尽可能地减少计算开销；此外对于突发性的模糊情况，可视其影响视频帧的数量多少在不影响整体跟踪效果的前提下适度采取抛弃模糊帧的操作，以进一步加快系统的响应速度。

8.3.2　虚拟现实技术

虚拟现实（Virtual Reality，VR）技术是一种通过计算机生成的模拟环境，让用户感觉好像身临其境的技术。VR 技术通常使用专门设计的头戴式显示器，以及传感器和控制器等硬件设备，来模拟视觉、听觉和触觉等感官。用户戴上 VR 头戴设备后，就能够沉浸在虚拟环境中，与虚拟对象互动[53-55]。这种技术在游戏、教育、医学等领域已经得到较广泛的应用。例如，在医学领域，VR 技术可用于模拟手术操作，提供实践经验，降低医疗风险[56-57]；在教育领域，VR 技术可以创造出生动的学习场景，提高学生的学习兴趣和参与度[58-60]。虽然当前市场上已存在许多商业化 VR 产品，但其大多用途单一且具有明显的局限性，与大多数消费者构想中的成熟设备仍具有较大差距。例如，可穿戴显示设备的轻量化、显示效果的改善、能源供应、外部信息接收和处理方式等问题都亟待处理和解决[61-63]。

　　VR 技术的发展是一个系统化的工程，包含硬件设备和软件方法两个层次的同步推进和相互依托。在软件层面，同样是近十年来逐渐兴起并日益壮大的人工智能技术无疑将成为其最好的助力，其中关联性较强的便是计算机视觉和图像处理领域的成果。由于其与外界环境形成的信息交互的主体依然是视觉图像，同时最终呈现形式中可视化内容也是较核心的部分，因此可以说 VR 的多样化功能和终端交互效果的实现都离不开常规计算机视觉的研究。这使正处于发展初期的 VR 技术成为计算机视觉技术较合适的实验性应用场景。

　　在现阶段 VR 技术中存在这样一种应用场景，VR 头戴设备通过外部摄像头获取环境影像，经处理后叠加额外的虚拟数字信息投影到内部显示设备上，以达到类似增强现实的效果。区别于一般 VR 应用全虚拟场景的构建，此类应用场景要求显示内容在相当程度上保留外界真实环境的效果，因此会产生一个关键问题，VR 设备并非通透，不存在外部环境到使用者双眼的直接光路，环境影像必须经摄像头接收后以数字形式显示。而摄像头的成像原理决定其必然存在景深，这使其拍摄的影像存在聚焦和非聚焦。如果将所成图像直接显示在使用者眼前，则人眼自带的聚焦功能无法发挥作用——因为相机无法跟随人眼同步进行聚焦。当人眼观察的区域处于相机景深外时，无论如何聚焦都无法使图像清晰。一方面这将严重降低 VR 的沉浸感和真实感，另一方面人眼在观察因非聚焦而导致模糊的物体时会反复进行重聚焦，这会加速使用者的视疲劳，影响使用体验[64]。

　　解决这一问题的最优解自然是设法调整相机聚焦，使其和人眼聚焦同步，这离不开对于使用者眼球及晶状体等关键结构运动的精细化扫描和建模[65-66]，现阶段的实现成本和难度较高。另一个退而求其次的策略便是消除外部相机成像过程中对景深的影响，使呈现给使用者的图像中不存在因镜头非聚焦导致的模糊。结合非聚焦去模糊的 VR 环境投影显示内容生成如图 8.3.2 所示。在获得镜头拍摄的原始环境影像后应用去模糊方法消除存在的非聚焦模糊，在此基础上计算和生成用于双眼显示的内容。如此不但可以保证使用者的双眼聚焦于视野内任何物体时都为聚焦的清晰状态，达到逼真的通透显示效果，而且有助于提升叠加虚拟内容时的准确性，使此类 VR 应用综合使用体验获得进一步提升。

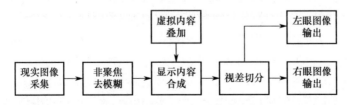

图 8.3.2　结合非聚焦去模糊的 VR 环境投影显示内容生成

　　本书第 6、7 章介绍的非聚焦去模糊方法均可直接或间接应用于 VR 技术的提升投影显示应用中。其中第 6 章介绍的方法可以从单个摄像头单个景深设定下拍摄的图像中去除非聚焦模糊，对硬件设备的需求相对较低；而第 7 章介绍的方法需要通过在多个摄像头不同景深设定下的多组图像中消除模糊，去模糊效果更理想。在实际工程应用中，应结合实际 VR 终端设备的硬件条件选择与之相匹配的软件方法才能实现最优的效果。

8.3.3　无人探测设备应急救援系统

在无人探测设备技术成熟之前，应急救援领域面临着一系列挑战，其效率和响应速度的限制较大。传统的救援方法主要依赖于人工搜索和勘察，救援人员往往需要冒着风险穿越受灾区域寻找被困人员，这在面对大范围灾害或复杂地形时显得非常耗时且困难。在现代应急救援领域，无人探测设备尤其是无人机，已经成为一项不可或缺的技术[67-69]。这些先进的技术在灾害响应、搜救行动等任务中发挥着关键作用，为救援人员提供了强大的支持。首先，无人机在灾害现场的迅速响应方面具有巨大优势。由于无人机可以迅速部署并在空中长时间持续飞行，因此它们能够在紧急情况下提供即时的空中视角。这对于确定灾情范围、寻找被困人员、评估道路和建筑物的状况等至关重要。此外，无人机、无人艇可以灵活地穿越危险区域，提高救援的成功率[70]。其次，无人机在搜救行动中能提供先进的传感技术和救援设备[71]。通过搭载高分辨率相机、红外传感器、热成像仪等设备，无人机能够在各种条件下快速、精确地定位和识别目标。这对于在复杂的地形和恶劣的气象条件下寻找失踪人员或掌握灾害影响范围至关重要。综合而言，无人机在现代应急救援中的应用为救援行动提供了更高效、安全和全面的解决方案。通过整合先进的技术，人们能够更迅速、准确地响应灾害，最大限度地减少损失并挽救生命。

在上述的种种应用中，无人探测设备的工作都无法离开视觉模块这一核心部分的支持。多数无人探测设备配备了摄像头，并将所获影像输送至操作者处，由操作者根据影像决策下一步的救援行动；当然，受限于复杂危险的应急救援现场环境，远程通信并非总是可靠的，也有针对搭载于无人探测设备上的智能处理模块的研究[72]，该模块能在无人探测设备本地对原始所获图像进行一定的处理和决策，如自动避障、寻物等。在上述无人探测设备的视觉模块中，较常搭载的是可见光摄像头，因此必须考虑在应急救援任务中可能出现的非聚焦模糊问题，以免对人工决策和智能处理模块的工作造成负面影响。实际上，应急救援场合中确实存在多种因素容易催生非聚焦模糊。首先，在部分场合中存在多个救援目标待定位援救，且往往较分散，若摄像头聚焦于单个目标可能会导致其余待救援目标被忽视；其次，救援目标超出景深范围或是被如建筑残骸等阻挡物遮挡，都会导致非聚焦模糊的产生。为确保救援的成功率，非聚焦模糊问题必须纳入考量。

将非聚焦模糊智能处理应用于无人探测设备应急救援系统是可行的解决方案。此处以无人机群目标搜寻应急救援行动为例，展示了结合非聚焦去模糊的无人探测设备应急救援系统流程图，如图 8.3.3 所示。具体来讲，非聚焦去模糊可以集成于无人探测设备的视觉处理模块中，在摄像头获取影像后先对影像进行去模糊处理，然后将去模糊图像送入其余图像处理模块进行处理，最后驱动电机、输出影像或是与其他设备进行信息互通。

本书的第 6、7 章介绍的去模糊方法可以应用于应急救援系统中，特别是目前已有部分型号的无人机搭载多个摄像头，运用第 7 章的多聚焦图像融合方法能取得更好的效果。在实际应用中，工程人员应注意选用易于移植无人探测设备的方法，如专门轻量化的去模糊网络，或是对本书提出的方法进行剪枝等处理。

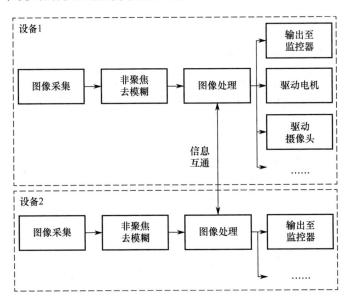

图 8.3.3　结合非聚焦去模糊的无人探测设备应急救援系统流程图

8.3.4　医学内窥镜系统

医学影像学是一门基于各种介质（如 X 射线、电磁波）的成像技术，来获取人体内部结构、密度和功能信息的医学专业领域，在医学诊断、疾病监测和治疗计划等方面发挥着重要作用。医学影像学不仅使许多疾病的诊疗过程更加可见和准确，还衍生出超声医学、核医学等子领域，成为现代临床诊疗体系中不可或缺的重要组成部分[73-75]。近年来，光学成像技术在医学影像诊断领域中迅速发展，为临床医疗提供了一种安全且具高分辨率的影像获取方式，时至今日，光学成像早已在生物医学领域中扮演着不可或缺的角色。相比传统的医学成像方法，如电子计算机断层扫描（CT）、核磁共振成像（MRI）等，基于光学成像技术的医学成像具有独特的优势和特点。首先受益于光波比电磁波的波长更短，光学成像的空间分辨率一般更高，能够超越超声成像、CT 和 MRI，与此同时，其成像速度也更快。其次光学成像不需要使用放射性物质，能免去对患者的电离辐射，具有较低的副作用和更高的安全性。当然，与之相对的是光学成像的穿透能力较差，无法像多数传统的医学成像一样有丰富的生物组织结构信息[76-77]。

目前，医疗诊断中常见的光学成像方法有光学相干断层成像、内窥镜等。其中，内窥镜可以通过人体的自然腔道或者细小手术切口进入体内，利用光学成像系统对病变组织进行成像，最后将图像数据传输至监控屏以便医生在手术中进行观察及诊疗操作。内窥镜摄像系统主要由光源、导光束、摄像头和监视器组成[78]。基于光学原理的内窥镜系统无法离开聚焦问题，在医疗领域的内窥镜系统中，聚焦问题则更重要。试想，只有当镜中所映射的图像完美聚焦时，医生才能更好地了解病患的情况。然而，内窥镜系统也面临着与聚焦相关的问题[79-80]。首先可以预见的是，受限于内窥镜探入人体内有限的长度，其拍摄角度和位置的自由度低，调节光圈焦距获得清晰图像的难度大。其次人体体内组织复杂，部分腔体结构弯曲复杂，摄像头容易聚焦于遮挡物。最后在人体内部，内窥镜借助医学冷光源提供的光照进行成像，光照条件不佳，此时摄像头的自动聚焦功能效果将大大降低。综上，在医学内窥镜系统中，成像时出现非聚焦模糊是值得考虑和解决的问题。

事实上，已有部分厂商着手解决这类问题。一方面，是对方法的继续探索，将重心放在更好的自动对焦方法上；另一方面，是对硬件的优化，但是受医疗器具规定尺寸、成像系统中光源等其他部件的制约，针对硬件进行改进以达到系统整体上的优秀并不容易。为了应对上述内窥镜系统中的非聚焦模糊问题，一个可行的解决方案是将非聚焦图像智能处理方法纳入整个内窥镜系统中。图 8.3.4 所示为结合非聚焦去模糊方法的医用内窥镜系统成像部分的系统流程图。首先判别摄像头采集到的图像是否具有非聚焦模糊现象，这步是为了避免非聚焦去模糊方法对清晰聚焦图像做出期望外的变动；然后将经由去模糊处理或原聚焦图像送入图像修复方法中，这是为了去除非聚焦模糊以外的图像退化因素；最后将处理完成的图像送至医用监控器。

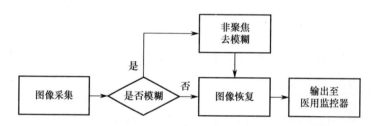

图 8.3.4 结合非聚焦去模糊方法的医用内窥镜系统成像部分的系统流程图

本书第 6 章介绍的非聚焦去模糊方法可以应用于该系统，第 7 章介绍的多聚焦图像融合方法则不适用。但需要注意的是，医学内窥镜成像结果与自然图像之间的域差异极大，在实际工程应用中应选取鲁棒性较强的方法，或是针对该场景进行专门的方法训练和网络设计。

8.3.5 光学显微镜系统

光学显微镜是一种基础而重要的科学仪器，精密的光学系统使其能够深入观察微小的结构和生物体。这种显微镜利用可见光的特性，通过透镜和镜片来聚焦光线，从而放大样本并提供高分辨率的图像。光学显微镜的基本构造包括物镜、目镜、光源和可调焦系统。物镜位于显微镜底部，是样本所在的区域，它能收集并聚焦通过样本的光线。目镜位于显微镜顶部，它能将物镜所产生的放大图像传送到观察者的眼睛或相机中。光源通常是一种强光，它能通过透明的样本并反射回目镜，形成最终的图像。光学显微镜的使用极为广泛，适用于生物学、医学、材料科学等领域，它使对细胞结构、微生物、晶体等微小对象的观察成为可能，为生命科学的发展和医学诊断提供了基础。光学显微镜的优势在于其简单的操作、相对低的成本及对大多数样本类型的适用性。随着技术的进步，光学显微镜不断得到改进和升级，一些新型光学显微镜结合了先进的光学设计、高灵敏度的检测器及数字成像技术，能提供更高的分辨率和更丰富的图像信息[81-82]。因此，光学显微镜在科学研究、医学诊断和教学等方面仍然扮演着不可或缺的角色。

一方面，虽然高精度光学显微镜的放大倍数高，但是其景深相对较小，对焦并非易事。另一方面，待观测样本的制作工艺也会影响光学显微镜的对焦，若待观测样本的不同部分不处于同一焦平面上，则无法观察到清晰的样本全貌[83]。例如，工业上观察焦炭切片以评估煤炭综合质量时[84]，容易出现该问题；在观察藻类液体等具有厚度的样本时，处于不同厚度位置的细胞并不能总处于景深内，从而产生非聚焦模糊[85]。

为了解决上述光学显微镜的对焦问题，业界已经有诸多研究，非聚焦模糊处理作为解决方案之一被采用。首先，较广泛的做法是在光学显微镜中加入自动对焦系统[86]，该系统同样可以按照 8.2.1 节介绍的，其形式分为主动式自动对焦和被动式自动对焦两类。主动式自动对焦需要在光学显微镜上添加额外的信号发生器，以测量距离，进而调整对焦，但是这类方法会增添额外的设备成本。被动式自动对焦则使用各种方法确定对焦位置，来驱动电机进行对焦（将非聚焦模糊检测应用到光学显微镜自动对焦系统的指导可以参考 8.2.1 节，此处仅讨论非聚焦去模糊）。自动对焦方法虽然能有效协助科研工作者寻找焦点，但是正如之前所介绍的，可能有部分样本厚度较大，导致待观测目标之间深度的距离超出了显微镜景深，从而造成非聚焦模糊。针对此类模糊，自动聚焦功能也只能找到一个尽可能令大部分待观测目标清晰的对焦点，无法做到全聚焦。在这种情况下，可以采用多聚焦融合图像去模糊方法，对所获聚焦于不同待观测目标的图像进行融合、去模糊以达成全局聚焦。结合多聚焦融合图像去模糊方法的光学显微镜系统成像流程图如图 8.3.5 所示。首先对于每个感兴趣的待观测目标，结合自动对焦进行拍摄和存取，然后便可以使用多张聚焦于不同目标的非聚焦模糊图像进行融合，完成去模糊。

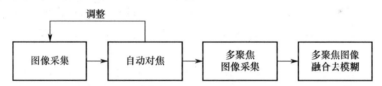

图 8.3.5　结合多聚焦融合图像去模糊方法的光学显微镜系统成像流程图

值得注意的是，该方法适用于设备景深无法满足所需求的情景，当自动对焦效果不佳时，也可以尝试用第 6 章所介绍的单张图像去模糊的方法，工程人员需要根据实际情况考虑方法的选取和设计。

8.4　小结

本章探讨非聚焦模糊检测与去模糊技术在自动对焦系统、计算摄影"人像模式"、视频目标跟踪系统等多个典型场景中的应用，对场景中亟须解决的问题进行了分析，展示了非聚焦模糊智能处理技术在提升图像质量、增强图像信息等方面的效能。本章还为读者提供了针对性强的指导意见和技术实施建议，给出了在实际工程中应用技术的启发性案例和参考，以期使读者加深对非聚焦模糊智能处理技术的多方位理解，体会技术的工程价值，建立起理论到实践之间的桥梁。

参 考 文 献

[1] 于春和, 祁奇. 离焦模糊图像复原技术综述[J]. 沈阳航空航天大学学报, 2018, 35(05): 57-63.

[2] 梁翠萍, 李清安, 乔彦峰, 等. 简析光学系统自动调焦的方法[J]. 电光与控制, 2006, (06): 93-96.

[3] 郑玉珍, 吴勇, 倪旭翔. 实时自动对焦的研究[J]. 光电工程, 2004, (04): 64-66.

[4] 王虎. 自动对焦原理及方法[J]. 科技信息（科学教研）, 2008, (13): 38.

[5] 徐仁东. 手机摄像头自动对焦技术[J]. 科技传播, 2020, 12(17): 164-165.

[6] 尤玉虎, 刘通, 刘佳文. 基于图像处理的自动对焦技术综述[J]. 激光与红外, 2013, 43(02): 132-136.

[7] 冯华君, 毛邦福, 李奇, 等. 一种用于数字成像的自动对焦系统[J]. 光电工程, 2004, (10): 69-72.

[8] 王灿, 张红霞, 刘鑫, 等. 机器视觉系统的自动对焦技术研究[J]. 计算机测量与控制, 2019, 27(03): 150-154.

[9] 李奇, 冯华君, 徐之海. 面向自动对焦的图像预处理技术[J]. 光电工程, 2004, (09): 66-68.

[10] 李奇, 冯华君, 徐之海, 等. 数字图象清晰度评价函数研究[J]. 光子学报, 2002, (06): 736-738.

[11] 曾海飞, 韩昌佩, 李凯, 等. 改进的梯度阈值图像清晰度评价算法[J]. 激光与光电子学进展, 2021, 58(22): 285-293.

[12] 熊锐, 顾乃庭, 徐洪艳. 一种适应多方向灰度梯度变化的自动对焦评价函数[J]. 激光与光电子学进展, 2022, 59(04): 373-380.

[13] 肖扬, 周军. 图像边缘检测综述[J]. 计算机工程与应用, 2023, 59(05): 40-54.

[14] 迟慧智, 田宇. 图像边缘检测算法的分析与研究[J]. 电子产品可靠性与环境试验, 2021, 39(04): 92-97.

[15] HAN S, POOL J, TRAN J, et al. Learning both weights and connections for efficient neural network[J]. Advances in Neural Information Processing Systems, 2015, 28.

[16] JACOB B, KLIGYS S, CHEN B, et al. Quantization and training of neural networks for efficient integer-arithmetic-only inference[C]//Institute of Electrical and Electronics Engineers. Proceedings of the IEEE Conference on Computer Vision and Pattern Recognition. Piscataway, New Jersey, IEEE, 2018: 2704-2713.

[17] 杨喻棋. 浅析智能手机发展历史及未来趋势[J]. 科技创新导报, 2019, 16(05): 1-3.

[18] 代昕雨. 智能手机产业链分析及行业发展趋势[J]. 中国市场, 2019, (02): 63-64.

[19] 程贵锋. 2020 年智能终端十大发展趋势展望[J]. 通信世界, 2020, (03): 18-20.

[20] 顿雄, 付强, 李浩天, 等. 计算成像前沿进展[J]. 中国图象图形学报, 2022, 27(06): 1840-1876.

[21] 顾彦. AI 拍照来了手机会取代相机吗?[J]. 中国战略新兴产业, 2018, (17): 87.

[22] 方临明. 学习隐藏技巧　轻松玩转手机摄影[J]. 照相机, 2020, (06): 38-41.

[23] 刘成民, 叶武剑, 刘怡俊. 基于图像感知与分割的自动背景虚化算法[J]. 激光与光电子学进展, 2022, 59(04): 69-78.

[24] 徐仁东. 浅谈手机双摄像头技术[J]. 电子制作, 2021, (02): 76-77, 90.

[25] RUBINSTEIN M, GUTIERREZ D, SORKINE O, et al. A comparative study of image retargeting[J]. ACM Transactions on Graphics (TOG), 2010, 29(6): 1-10.

[26] 牛玉贞. 图像和视频重定向方法研究[D]. 济南: 山东大学, 2011.

[27] TAN W, YAN B, LIN C, et al. Cycle-ir: deep cyclic image retargeting[J]. IEEE Transactions on Multimedia, 2019, 22(7): 1730-1743.

[28] YAN B, NIU X, BARE B, et al. Semantic segmentation guided pixel fusion for image retargeting[J]. IEEE Transactions on Multimedia, 2019, 22(3): 676-687.

[29] VALDEZ-BALDERAS D, MURAVEYNYK O, SMITH T. Fast hybrid image retargeting[C]//Institute of Electrical and Electronics Engineers. 2021 IEEE International Conference on Image Processing (ICIP). Piscataway, New Jersey, IEEE, 2021: 1849-1853.

[30] 吴志山, 张帅, 牛玉贞. 基于多尺度失真感知特征的重定向图像质量评估[J]. 北京航空航天大学学报, 2019, 45(12): 2487-2494.

[31] 郑庆阳. 内容感知的图像重定向算法研究[D]. 北京: 北京工业大学, 2015.

[32] 《中国公路学报》编辑部. 中国汽车工程学术研究综述·2017[J]. 中国公路学报, 2017, 30(06): 1-197.

[33] 姜允侃. 无人驾驶汽车的发展现状及展望[J]. 微型电脑应用, 2019, 35(05): 60-64.

[34] 王金强, 黄航, 郅朋, 等. 自动驾驶发展与关键技术综述[J]. 电子技术应用, 2019, 45(06): 28-36.

[35] 兰京. 无人驾驶汽车发展现状及关键技术分析[J]. 内燃机与配件, 2019, (15): 209-210.

[36] 张新钰, 高洪波, 赵建辉, 等. 基于深度学习的自动驾驶技术综述[J]. 清华大学学报（自然科学版）, 2018, 58(04): 438-444.

[37] 王科俊, 赵彦东, 邢向磊. 深度学习在无人驾驶汽车领域应用的研究进展[J]. 智能系统学报, 2018, 13(01): 55-69.

[38] 王建, 徐国艳, 陈竞凯, 等. 自动驾驶技术概论[M]. 北京: 清华大学出版社, 2019.

[39] 徐文轩, 李伟. 无人驾驶汽车环境感知与定位技术[J]. 汽车科技, 2021, (06): 53-60, 52.

[40] 茅智慧, 朱佳利, 吴鑫, 等. 基于 YOLO 的自动驾驶目标检测研究综述[J]. 计算机工程与应用, 2022, 58(15): 68-77.

[41] 王海, 徐岩松, 蔡英凤, 等. 基于多传感器融合的智能汽车多目标检测技术综述[J]. 汽车安全与节能学报, 2021, 12(04): 440-455.

[42] 卢天健, 何德坪, 陈常青, 等. 超轻多孔金属材料的多功能特性及应用[J]. 力学进展, 2006, (04): 517-535.

[43] 杨雪娟, 刘颖, 李梦, 等. 多孔金属材料的制备及应用[J]. 材料导报, 2007, (S1): 380-383.

[44] 金顺楠, 周迪斌, 朱江萍. 基于机器视觉的多孔材料缺陷检测[J]. 计算机系统应用, 2021, 30(01): 270-276.

[45] 刘艺, 李蒙蒙, 郑奇斌, 等. 视频目标跟踪算法综述[J]. 计算机科学与探索, 2022, 16(07): 1504-1515.

[46] 单明娟, 王华通, 郑浩岚, 等. 视频运动目标跟踪算法研究综述[J]. 物联网技术, 2019, 9(07): 76-78, 82.

[47] 黄凯奇, 陈晓棠, 康运锋, 等. 智能视频监控技术综述[J]. 计算机学报, 2015, 38(06): 1093-1118.

[48] 徐涛, 马克, 刘才华. 基于深度学习的行人多目标跟踪方法[J]. 吉林大学学报（工学版）, 2021, 51(01): 27-38.

[49] 顾立鹏, 孙韶媛, 李想, 等. 无人车驾驶场景下的多目标车辆与行人跟踪算法[J]. 小型微型计算机系统, 2021, 42(03): 542-549.

[50] 王泽昕. 利用人头信息辅助的摄像头人员跟踪[J]. 信息与电脑（理论版）, 2022, 34(08): 58-60.

[51] 陈琳, 刘允刚. 面向无人机的视觉目标跟踪算法: 综述与展望[J]. 信息与控制, 2022, 51(01): 23-40.

[52] 刘子伟, 许廷发, 赵鹏. 运动与离焦耦合的模糊图像参数辨识方法[J]. 北京理工大学学报, 2014, 34(03): 327-330.

[53] 刘颜东. 虚拟现实技术的现状与发展[J]. 中国设备工程, 2020, (14): 162-164.

[54] 喻国明, 耿晓梦. 元宇宙: 媒介化社会的未来生态图景[J]. 新疆师范大学学报（哲学社会科学版）, 2022, 43(03): 110-118, 2.

[55] 杨青, 钟书华. 国外"虚拟现实技术发展及演化趋势"研究综述[J]. 自然辩证法通讯, 2021, 43(03): 97-106.

[56] 赵明锴, 张一丹, 郭月. VR 在医学领域的应用实践探索[J]. 数字技术与应用, 2021, 39(06): 34-36.

[57] 张博文. 浅谈虚拟现实技术在医学领域中的应用[J]. 中国高新区, 2017, (24): 17.

[58] 刘德建, 刘晓琳, 张琰, 等. 虚拟现实技术教育应用的潜力、进展与挑战[J]. 开放教育研究, 2016, 22(04): 25-31.

[59] 刘革平, 王星, 高楠, 等. 从虚拟现实到元宇宙: 在线教育的新方向[J]. 现代远程教育研究, 2021, 33(06): 12-22.

[60] 丁楠, 汪亚珉. 虚拟现实在教育中的应用: 优势与挑战[J]. 现代教育技术, 2017, 27(02): 19-25.

[61] 高源, 刘越, 程德文, 等. 头盔显示器发展综述[J]. 计算机辅助设计与图形学学报, 2016, 28(06): 896-904.

[62] VR 头戴设备的趋势: 无线连接和模块化[J]. 办公自动化, 2017, 22(06): 11.

[63] 王文晓, 张谦, 徐国祥. 头戴式增强现实显示设备技术综述[J]. 河南科技, 2016, (17): 90-92.

[64] 范丽亚, 马介渊, 张克发, 等. 虚拟现实硬件产业的发展[J]. 科技导报, 2019, 37(05): 81-88.

[65] 吴荣荣. VR 环境下的眼动追踪系统及其应用研究[D]. 天津: 天津财经大学, 2019.

[66] 丁妮, 赵恬. VR 眼动追踪技术的应用及进展[J]. 现代电影技术, 2023, (02): 43-49.

[67] 晏磊, 廖小罕, 周成虎, 等. 中国无人机遥感技术突破与产业发展综述[J]. 地球信息科学学报, 2019, 21 (04): 476-495.

[68] 韩文权, 任幼蓉, 赵少华. 无人机遥感在应对地质灾害中的主要应用[J]. 地理空间信息, 2011, 9(05): 6-8, 163.

[69] 宋杰, 闻佳. 无人船技术在海事的应用[J]. 中国海事, 2015, (10): 47-50.

[70] 雷添杰, 李长春, 何孝莹. 无人机航空遥感系统在灾害应急救援中的应用[J]. 自然灾害学报, 2011, 20 (01): 178-183.

[71] 南江林. 消防无人机研究与应用前景分析[J]. 消防科学与技术, 2017, 36 (08): 1105-1107, 1112.

[72] 朱华勇, 牛轶峰, 沈林成, 等. 无人机系统自主控制技术研究现状与发展趋势[J]. 国防科技大学学报, 2010, 32 (03): 115-120.

[73] 朱文珍, 胡琼洁. 人工智能与医学影像融合发展: 机遇与挑战[J]. 放射学实践, 2019, 34(09): 938-941.

[74] 韩冬, 李其花, 蔡巍, 等. 人工智能在医学影像中的研究与应用[J]. 大数据, 2019, 5(01): 39-67.

[75] 窦瑞欣. 深度学习算法在医学影像学中的应用及研究进展[J]. 中国医学计算机成像杂志, 2018, 24(05): 369-372.

[76] 付玲, 骆清铭. 生物医学光学成像的进展与展望[J]. 中国科学: 生命科学, 2020, 50(11): 1222-1236.

[77] 沈彬, 李加, 张彦军, 等. 新型光学成像技术及其在生物医学中的应用[J]. 激光杂志, 1999, (02): 51-54.

[78] 鲍玉冬, 齐东博, 魏雯, 等. 医用内窥镜装置的研究进展[J]. 哈尔滨理工大学学报, 2021, 26(05): 25-33.

[79] 董渭华. 基于深度学习的胃部内窥镜图像修复研究与应用[D]. 南昌: 南昌大学, 2023.

[80] 陈祉漱. 基于残差网络和混合注意力机制的内窥镜图像超分辨率方法[D]. 武汉: 湖北大学, 2023.

[81] 周疆明, 程路明, 贾宏涛. 显微镜技术研究进展[J]. 新疆农业科学, 2006, (S1): 53-56.

[82] 王莉, 蒋洪, 孙丽丽. 显微镜的发展综述[J]. 科技信息, 2009, (11): 117-118, 133.

[83] 邓仕超. 光学显微镜图像处理技术及应用研究[D]. 天津: 天津大学, 2011.

[84] 刘怀广, 董渊, 汤勃, 等. 焦炭光学组织离焦显微图像去模糊算法研究[J]. 智能计算机与应用, 2023, 13(09): 25-32.

[85] 贾仁庆, 殷高方, 赵南京, 等. 浮游藻类细胞显微多聚焦图像融合方法[J]. 光学学报, 2023, 43 (12): 113-120.

[86] 田畔, 谷朝臣, 胡洁, 等. 显微镜自动对焦方法研究综述[J]. 光学技术, 2014, 40(01): 84-88.

第9章 回顾、建议与展望

9.1 引言

本书首先引入了非聚焦模糊的形成原理，并给出了非聚焦模糊处理的目的、相关基本概念、评估指标及研究历史；然后以基于深度学习的非聚焦模糊检测和非聚焦图像去模糊为主要内容，详细介绍了现有的研究成果，每项研究成果都由理论动机和实际问题引出，包含对方法结构和实现方式的深入介绍，并辅以充分的实验证明其实用性。各项研究成果的方法、种类齐全，研究角度多样，能涵括基于深度学习的非聚焦模糊处理的大部分研究内容。

本章将首先回顾本书介绍的现有研究成果，然后提出研究中的现存问题和相应意见，最后展望非聚焦模糊智能处理技术的未来。

9.2 研究成果回顾

9.2.1 非聚焦模糊检测的研究成果

本书的第 2、3、4、5 章分别以特征学习方式（多尺度特征学习）、网络整体框架（集成学习）、网络性能（强鲁棒性）和网络训练方式（弱监督学习）为中心，介绍了 8 种非聚焦模糊检测的研究成果。这 4 个方面覆盖面广，从各个角度给出了目前非聚焦模糊检测存在的问题及相应的解决方案，并提供了详细的实验和结果分析。

第 2 章介绍了级联映射残差学习网络和图像尺度对称协作网络，前者开发了一个端到端的完全卷积网络来提取和集成非聚焦模糊检测的多层次多尺度特征，后者提出了具有双向传输机制的端到端图像尺度对称协作网络。第 3 章介绍了深度交叉集成网络和 AENet，深度交叉集成网络增强了非聚焦模糊检测器的多样性，从而使估计误差可以相互抵消；AENet 通过为一个骨干网络构建了一系列轻量级序列适配器来学习每个检测器的少量新参数，产生了更多样化的结果，实现了更高的准确性。第 4 章介绍了多层级蒸馏学习的全场景非聚焦模糊检测和基于 MRFT 的非聚焦模糊检测攻击，前者利用分离组合思想，使其在不同类型的非聚焦模糊检测场景上达到了良好的性能，后者通过一种分而治之的攻击图像生成策略来攻击聚焦区域和非聚焦区域。第 5 章介绍了基于 RCN 的弱监督焦点区域检测和基于双对抗性鉴别器的自生成非聚焦模糊检测，前者采用静态和动态训练两个阶段，以框级监督生成了高质量的非聚焦模糊区域检测结果，后者通过设计双重对抗性鉴别网络避免了输出退化的检测结果。

9.2.2 非聚焦图像去模糊的研究成果

本书的第 6、7 章介绍了弱监督非聚焦图像去模糊和多聚焦图像融合的非聚焦图像去模糊，分别从训练方式和去模糊方式两个角度展开，描述了 4 种方法。

第 6 章介绍了基于对抗促进学习的非聚焦去模糊，以及通过模糊感知变换攻击非聚焦检测以实现非聚焦去模糊，前者联合模糊检测和去模糊任务完成了弱监督训练，后者通过设计模糊感知变换模块提取输入图像的模糊信息，以构建对完成对去模糊模型的训练。第 7 章介绍了一种基于卷积神经网络的端到端自然增强多聚焦图像融合方法和深度提取多聚焦图像融合方法，前者提出了一种基于联合多级特征提取的卷积神经网络，以完成图像融合进行去模糊，后者通过设计深度蒸馏模型来在决策图中正确处理同质区域，以进行更可靠的去模糊。

9.2.3　非聚焦图像智能处理技术的应用

第 8 章引入了 10 种使用非聚焦图像智能处理技术的工程实践场景，并提供了将非聚焦图像智能处理技术集成进入系统的案例及说明，给出了技术的落地应用指导。这 10 种典型场景如下：①应用非聚焦模糊检测的包括自动对焦系统、计算摄影"人像模式"、图片重定向、自动驾驶目标检测、多孔材料缺陷检测；应用非聚焦去模糊的包括视频目标跟踪系统、VR 技术、无人探测设备应急救援系统、医学内窥镜系统、光学显微镜系统。

自动对焦系统可应用模糊检测弥补被动式自动对焦的缺陷。计算摄影"人像模式"利用模糊检测方法准确完成了目标与背景的精确分离和对背景虚化层次的评估，以实现人像摄影。图片重定向引入了模糊检测以精确度量图像中不同区域的视觉重要性。自动驾驶目标检测能应用非聚焦模糊检测过滤无意义背景，进行更好的决策。多孔材料缺陷检测采用模糊检测辅助现代自动化检测作业。视频目标跟踪系统采用去模糊方法使图像序列清晰易于辨别，避免追踪目标丢失。VR 技术可利用去模糊方法，消除由外部相机成像过程中景深的干扰，避免使用者的视疲劳和眩晕。无人探测设备应急救援系统存在摄像头聚焦于遮挡物，或是漏掉景深外待救援人员的问题，去模糊方法能补全这一缺陷。医学内窥镜系统的重点问题是如何在复杂的人体内部实现高质量成像，可采用去模糊方法进行后处理。光学显微镜系统可利用去模糊方法获取多个待观测目标的全聚焦图像，摆脱景深限制。

在实际应用场合中，工程人员需要根据非聚焦图像模糊检测和非聚焦图像去模糊两项任务的本质和特性，适当地部署方法。

9.3　问题与建议

9.3.1　训练数据集的制约问题

目前，基于深度学习的非聚焦模糊智能处理难以离开专门的训练数据集，当然，也有如第 5、6 章所介绍的弱监督训练方法摆脱了对大量数据的依赖，但多数弱监督训练方法难以在性能上赶超全监督训练方法。然而，用于非聚焦模糊智能处理方法训练的数据集往往是十分昂贵的，一方面非聚焦模糊检测需要像素级的真值标注，这需要花费大量的时间和人力资源；另一方面去模糊所需的数据集需要足够高质量的训练图像，以免网络输出的图像质量不佳，还需要针对同一场景分别拍摄其清晰和非聚焦模糊版本，这项摄影任务的设备开销和人力开销同样十分巨大。因此，非聚焦模糊智能处理的训练数据集相对不多，囊括的场景不够丰富，这直接导致了部分如人像、文字等特定场景的去模糊任务难以训练，阻碍了模型应用于现实世界中的部分特定任务。

为克服该问题，一方面可以深入对大规模、多场景数据集建立探索，或是借由迁移学习，克服不同数据集和场景之间的域差异；另一方面可以继续探索性能更好的弱监督、无监督等非聚焦模糊处理方法，免去模型对数据的高度依赖。

9.3.2　模型规模和计算开销的问题

为了将非聚焦模糊应用于各类实际应用中，其实时性是关键设计指标之一。但是目前大部分的非聚焦模糊智能处理方法均在电脑或服务器端使用 GPU 进行训练和推理，所需的时间较长。且基于深度学习的非聚焦模糊智能处理方法的网络规模一般较大，参数量多，移植困难。在智能摄像头、手机等图形计算能力相对不足的终端设备上，运行上述复杂的非聚焦模糊处理方法，难以达到实时处理的要求，且由于实际设备的拍摄图像像素普遍高于用于训练的图像像素，此时的计算开销还会成倍增加。

为了改善该问题，可以开展关于轻量化非聚焦模糊处理方法的研究。例如，进一步研究剪枝、蒸馏、量化等模型压缩技术与非聚焦图像智能处理技术的结合，以精简模型规模。

9.3.3　网络模型的问题

现有的非聚焦模糊智能处理方法大多数基于以卷积层为基本单位的卷积神经网络，并设计了各式的网络结构来应对非聚焦模糊智能处理的问题。然而非聚焦模糊智能处理方法在处理复杂场景和多样化数据时难免会出现错漏和失误，从网络模型架构本身出发来增强性能是值得思考的问题。

近年来，相当一部分新的深度学习 Backbone 和网络结构范式被提出，如性能极佳的 Transformer，或是在图像生成领域大放光彩的 Diffusion，将 Transformer 应用于非聚焦模糊检测，或是将生成模型 Diffusion 用于非聚焦去模糊任务中，尚待深入探索。开展全新 Backbone 和网络结构的相关研究，可能是进一步提高非聚焦模糊智能处理方法性能的潜在解决方案。

9.4　研究方向展望

9.4.1　多任务结合的联合训练

本书在第 6 章介绍了一种同时结合非聚焦模糊检测和非聚焦图像去模糊的任务，以在两项任务中都获得更好的性能。与其他深度学习任务结合的联合训练大概率能补足非聚焦模糊智能处理方法的不足和缺陷。例如，可以借助分割和显著性检测任务，给非聚焦模糊智能处理流程提供更丰富的语义信息。深度挖掘其他任务与非聚焦模糊智能处理之间的潜在联系，并以此为依据来同时促进两者训练，有望引入更多样化和全面的信息，互补任务之间的优势，具有发展新方法和理论的潜力。

9.4.2　通用性非聚焦模糊处理大模型

近年来，以 ChatGPT 为代表的大模型，已经走入人们的视野，并引起学术领域的广泛研究。这些大型模型通过在大规模数据上进行自监督训练或半监督训练，展现出在各种下游任务中的出色性能。这种训练方式不仅使它们能够在自然语言处理领域表现卓越，而且通过学习弥合不同模态之间的差异，为大模型在测试阶段的上下文推理、泛化和提示功能提供了有力支持。最初，大模型主要聚焦于自然语言处理，但近期也涌现了一些专注于计算机视觉领域的大模型，如具有卓越泛化性能的分割模型 SAM。这种趋势表明，大模型在跨不同领域并展现出强大泛化能力的同时，为各种任务的处理提供了新的可能性。非聚焦模糊智能处理任务对于大模型的泛化特性有迫切需求，以应对各种类的模糊及不同的模糊处理要求，从而为实际应用场景提供更加强大和全面的处理能力，研究和开发通用性强、泛化性能卓越的非聚焦模糊处理大模型是一个十分具有潜力且重要的研究课题。

9.4.3　与前沿应用结合的特化研究

本书在第 8 章介绍了一些非聚焦模糊智能处理的应用，如将非聚焦模糊智能处理与 VR 技术相结合。将非聚焦模糊智能处理与前沿应用方向结合，并进行特化的方法设计和改进，或是开发不同于去模糊和模糊检测的全新处理方式，是十分重要的探索方向。例如，Zhong 等人研究了如何从输入的模糊图像中推测出可能的清晰视频，该项工作明显具有广泛的应用前景。通过对如何结合前沿应用这一问题的探索，有望发现更多新的方法和子任务，为非聚焦模糊智能处理技术的发展打开新局面。

9.5　小结

本章首先回顾了全书内容，并进一步提供了非聚焦模糊检测和去模糊领域中尚存的重要问题和未来的发展方向，期望能为读者补全理解该领域现状的最后一块"拼图"。本书介绍的非聚焦模糊检测和去模糊的研究成果，从网络结构和训练方式两大深度学习研究方向，全面介绍了包括特征学习、鲁棒性学习等非聚焦模糊处理的研究方案，使读者能够了解非聚焦模糊智能处理方法中各个环节的重要性和可行改进方案。本章进一步给出了非聚焦模糊智能处理领域发展的阻碍，如训练数据集的制约、模型规模和计算开销、网络模型等，并进行了简要分析，给出了潜在解决路径。最后，本章展望了非聚焦模糊智能处理领域的潜力和发展方向，结合前沿知识，分析了多任务结合的联合训练、通用性非聚焦模糊处理大模型和与前沿应用结合的特化研究等具有前途的研究方向。